Jörn Henrich
LAPLACE

Die Fixierung des modernen Wissenschaftsideals durch LAPLACE

Akademie Verlag

Einbandgestaltung unter Verwendung eines Frontispiz aus den von der Académie des sciences herausgegebenen Œuvres complètes de Laplace, Paris 1878–1912.

Bibliografische Information der Deutschen Nationalbibliothek
Die Deutsche Nationalbibliothek verzeichnet diese Publikation in der Deutschen Nationalbibliografie; detaillierte bibliografische Daten sind im Internet über http://dnb.d-nb.de abrufbar.

ISBN 978-3-05-004663-1

Das eingesetzte Papier ist alterungsbeständig nach DIN/ISO 9706.

Einbandgestaltung: pro:design, Berlin
Druckvorlage: Peter Rotkehl, Berlin
Druck und Bindung: Druckhaus „Thomas Müntzer" GmbH, Bad Langensalza

Printed in the Federal Republic of Germany

Inhaltsverzeichnis

Vorwort

Das hier vorgelegte Buch ist als Habilitationsschrift in den Jahren 2001 bis 2006 an der Technischen Universität Berlin, am Max-Planck-Institut für Wissenschaftsgeschichte und in der Arbeitsgruppe „Die Welt als Bild" der Berlin-Brandenburgischen Akademie der Wissenschaften entstanden. Der Hauptbetreuer war Prof. Dr. Eberhard Knobloch. Ihm und den Gutachtern Prof. Dr. Erwin Sedlmayr und Prof. Dr. Peter McLaughlin gilt mein außerordentlicher Dank. Es freut mich, mit ihnen Vertreter aus den Fächern Wissenschaftsgeschichte, Astrophysik und Philosophie unter einem Habilitationsdach vereint zu haben. Interdisziplinarität ist oft gefordert, selten unterstützt und nicht immer fruchtbar umgesetzt. Die drei Gutachter zeigten sich erfreulich offen für eine fächerübergreifende Kooperation.

Während der Produktionszeit umgaben mich oder ich umgab Menschen, die Aristoteles' Anthropologie wie nur wenige andere Artexemplare bestätigen: ἄνθρωπος ζῷον λόγον ἔχον. Für scharfsinnige, lehr- und geistreiche Gespräche bzw. Briefwechsel zu danken habe ich Prof. Dr. Domenico Bertoloni-Meli, Dr. Peter Beurton, Dr. Jeroen van Dongen, Prof. Dr. Ricardo Lopes Coelho, Dipl. Ing. André Große-Wöhrmann, Prof. Dr. Norbert Henrichs, Prof. Dr. Ladislav Kvasz, Dr. Christoph Lehner, Prof. Dr. Hans Poser, Dr. Volkmar Schüller, Prof. Dr. Renate Wahsner und Prof. Dr. Daniel Warren. Dr. Erik Strub und Prof. Dr. Peter Brosche haben durch viele Hinweise zur Verbesserung der Arbeit beigetragen. Dr. Lisa Hamacher danke ich für das Korrekturlesen und ihre Kritik.

Die Deutsche Forschungsgemeinschaft gewährte mir zur Untersuchung von Laplace' Naturphilosophie ein Forschungsstipendium, das mir ermöglichte, den Grundstock der vorliegenden Arbeit zu legen; dafür möchte ich der DFG sehr danken. Auch danke ich Prof. Dr. Jürgen Renn vom MPIWG, an dem ich als Gastwissenschaftler tätig sein durfte. Prof. Dr. Dieter Birnbacher hat sich in der unmittelbaren Post-doc-Zeit an der Universität Düsseldorf für mich eingesetzt; dafür sei ihm nachträglich gedankt. Dem Präsidenten der ukrainischen Kant-Gesellschaft Prof. Dr. Anatolij Loj von der Nationalen Taras-Schewtschenko-Universität Kiew danke ich für die Einladung zur Gastprofessur im Frühjahrssemester 2007, Prof. Dr. Miroslaw Popowitsch für die Einladung an die Abteilung für Logik des Skoworoda-Instituts für Philosophie der Ukrainischen Akademie der Wissenschaften, Kulturattaché Jean-Pierre Froehly (Deutsche Botschaft, Ukraine) für sein Engagement in der Wissenschaftspolitik. Meine Mutter Christel Henrich hat immer wieder ihre Hilfe angeboten und umgesetzt. Zu danken habe ich auch der Freundschaft von Dr. Gabi Bruckmann, Vincent und Dr. Sabine Meister und Dr. Minou B. Friele.

In Anbetracht von Stellenstreichungen und Einsparungen übersteht man eine Habilitation nur mit Idealismus und Leidenschaft im Fach. Weite Strecken überbrückte ich als musikalischer Botschafter der Bundesrepublik Deutschland in der Jazzband des Auswärtigen Amts und als Kontrabassist in zahlreichen Formationen. An dieser Stelle sei auch den extrem guten Musikern gedankt, mit denen oder in deren Bands ich in den letzten Jahren spielen durfte: John C. Marshall (ehemals Gitarrist von Ray Charles), die Potsdamboys, Gregory Gaynair, Prof. Joe Viera, Michelangelo Mazzari und Andrea Marcelli (spielte mit Dizzy Gillespie), Olga Voichenko, TrioColor und die zahlreichen Kollegen aus den Jazzszenen in München, Berlin, Düsseldorf und Kiew.

In der Neuzeit traten an diejenigen vakanten Systemstellen, die zuvor von theologischen und dogmatischen Argumenten eingenommen wurden, mathematische und naturwissenschaftliche Denkmodelle. Der Kern des Rationalismus und der Wissenschaften der Aufklärungszeit ist der Humanismus. Dessen eingedenk möchte ich dieses Buch Gesa und Lex widmen.

Juli 2009
Jörn Henrich

Einleitung

Pierre Simon Laplace, am 28. März 1749 in Beaumont-en-Auge geboren, ist einer der großen französischen Physiker-Philosophen des 18. und 19. Jahrhunderts, der Zeit, in der Frankreich die größten wissenschaftlichen Leistungen Europas hervorbrachte. Nach einem Studium in Caen vermittelte d'Alembert ihm 1772 eine Professur für Mathematik an der École militaire, an der er Lehrer von Napoleon Bonaparte war. 1773 wurde er beigeordneter Mécanicien, 1783 assoziierter Mécanicien und 1785 Pensionnaire der Classe de Mécanique der Académie des sciences. Laplace war Mitglied der Société d'Arcueil, einer privaten Gelehrtengesellschaft im Pariser Vorort Arcueil, die von Berthollet begründet wurde und intensiven Kontakt mit Napoleon pflegte. Die Société d'Arcueil entwickelte sich kurz nach 1800 zur bedeutendsten privaten Wissenschaftsgesellschaft in Frankreich. Namhafte Mitglieder waren neben Berthollet und Laplace Alexander von Humboldt, Jean-Baptiste Biot, Joseph Louis Gay-Lussac, Dominique François Arago, Siméon Denis Poisson etc.[1]

Es war in Frankreich für Wissenschaftler üblich, in die Politik oder die Verwaltung in irgendeiner Form eingebunden zu sein, weshalb die Revolutionszeit buchstäblich lebensgefährlich wurde.[2] Der Chemiker Antoine Laurent de Lavoisier, mit dem Laplace zusammenarbeitete, war unter dem ancien regime Steuerpächter und wurde 1794 hingerichtet.[3] Auch die Académie stand in enger Verbindung mit der alten Regierung und Laplace hatte politisch relevante Arbeiten zur Bevölkerungsstatistik verfaßt und war in der Militärausbildung beschäftigt. Er gehörte zur gesellschaftlichen Elite, sowohl finanziell als auch im Umgang. Nach allem Anschein sah er es als besser an, sich 1793–94 nicht in Paris aufzuhalten, und überlebte die Unruhen. 1795 ernannte Napoleon ihn zum Innenminister, entließ ihn aber nach nur sechs Wochen mit der Begründung, Laplace nehme den Geist des unendlich Kleinen in die Verwaltung mit: „Laplace apporte l'esprit des infiniment petits dans la gestion des affaires."[4] 1812 wurde Laplace Präsident der Académie des sciences und 1816 Mitglied der Académie française.

---

1 Siehe Maurice Grosland: „The Society of Arcueil", London 1967, S. xx–xxi.

2 Siehe Hahn: „Laplace", Kapitel 7: „Revolutionary Tumult", S. 98–119.

3 Siehe Henry Guerlac: „Lavoisier, Antoine-Laurent", in: DSB, Bd. 8, S. 84–85.

4 Napoleon, zit. nach: Marcel Berger: „Cinq siècles de mathématiques en France", Paris 2005, S. 61. Siehe Grosland: „The Society of Arcueil", S. 64.

Louis XVIII erhob ihn 1817 zum Marquis de Laplace.[5] Er starb im Alter von 78 Jahren am 5. Mai 1827 in Paris.

Laplace' wissenschaftliche Arbeiten bestehen aus Mémoires und aus Monographien. Die Mémoires sind kürzere Abhandlungen oder Niederschriften von Vorträgen und lagen der Académie schriftlich vor. Sie wurden zum Teil nicht veröffentlicht und lagen in den Archiven der Académie, zum Teil publizierte die Académie sie in den Procès-Verbaux.[6] Die Anzahl der Monographien ist wissenschaftlich nicht unbedingt aussagekräftig, sie ergibt sich auch aus Karrieregründen und Bemühungen um die Kontaktaufnahme mit der Académie. Nicole und Jean Dhombres sprechen davon, daß Laplace das Sekretariat der Académie mit Mémoires ‚bombardiert' habe.[7] Die Monographien sind:

- „Exposition du système du monde", Erstausgabe in zwei Bänden, Paris 1796; letzte von Laplace überarbeitete und posthum erschienene 6. Auflage, Paris 1835; überarbeitete Neuausgabe der 6. Auflage, Paris 1984.
- „Traité de mécanique céleste", fünf Bände, Paris 1798–1825 (Neudruck, Brüssel 1967).
- „Théorie analytique des probabilités", Paris 1812 (Neudruck, Brüssel 1967).
- „Essai philosophique sur les probabilités", Paris 1814 (Neudruck, Brüssel 1967). Der Essai ist eine nachträglich verfaßte Einleitung in die Théorie analytique des probabilités und wurde sowohl gesondert als auch im Zusammenhang mit der Théorie analytique ediert.
- „Précis de l'histoire de l'astronomie", Paris 1821, 2. Auflage 1863. Der Abriß der Geschichte der Astronomie ist das abschließende Buch V der Exposition du système du monde.

Drei Titel wurden ins Deutsche übersetzt:

- „Darstellung des Weltsystems", von Johann Karl Friedrich Hauff, Frankfurt 1797; Hauffs Übersetzung basiert auf der französischen Erstausgabe, so daß Laplace' spätere Überarbeitungen nicht in die Übersetzung eingegangen sind. Heinrich Schmidt hat das Kapitel zur Kosmogonie aus der Exposition zusammen mit der Weltentstehungslehre von Kant herausgegeben: „Die Kant-Laplace'sche Theorie. Ideen zur Weltentstehung von Immanuel Kant und Pierre Laplace", Leipzig 1925.
- „Mechanik des Himmels", von Johann Carl Burckhardt, Berlin 1800–1802. Burckhardts Übersetzung umfaßt die ersten zwei Bände der Mécanique céleste.

---

5 Deshalb liest man gelegentlich: Pierre Simon *de* Laplace, was falsch ist. Ostwald's Klassiker der exakten Wissenschaften führen ihn unter: de Laplace.

6 Einen bibliographischen Überblick gibt Charles Coulston Gillispie with the collaboration of Robert Fox and Ivor Grattan-Guinness: „Pierre-Simon Laplace, 1749–1827: A Life in Exact Science", Princeton 1997, S. 300–306.

7 Siehe Nicole und Jean Dhombres: „Naissance d'un nouveau pouvoir: sciences et savants en France 1793–1824", Paris 1989, S. 156.

- „Philosophischer Versuch über die Wahrscheinlichkeit", hrsg. von Richard von Mises, Leipzig 1932, 2. Auflage, Frankfurt 1996.

Ferner gibt es zwei Werkausgaben:

- „Œuvres", acht Bände, Paris 1843–1847.
- „Œuvres complètes", vierzehn Bände, Paris 1878–1912, hrsg. von der Académie des sciences. Diese Ausgabe ist heute maßgeblich.

Aufgrund des editorischen Befunds ist bei einer sehr detaillierten Analyse der Rezeption deren Editionsabhängigkeit also durchaus zu beachten. Gerade bei der Rezeption der Exposition in Deutschland sollte Hauffs Übersetzung zugrunde gelegt werden. Die Exposition du système du monde ist die Ausarbeitung von öffentlichen Vorlesungen, die Laplace 1795 im Muséum National d'Histoire Naturelle gehalten hat. Sie bietet eine ausführliche Darstellung des astronomischen Wissens ihrer Zeit, gibt einen Einblick in die Methode und Methodenlehre seines Weltsystems, präsentiert die mit beidem zusammenhängende Philosophie und schließt mit einem Überblick über die Geschichte der Astronomie. Durch die Exposition war Laplace auch den deutschen Philosophen des 19. Jahrhunderts bekannt. Herder, Schleiermacher, Hegel, Ernst Mach etc. haben nachweisbar mit ihr gearbeitet. Sie ist philosophisch radikal und hat Laplace viele Gegner beschert, zumal in Deutschland philosophische Themen wie Geist und Freiheit kursierten, an denen die analytische Denkweise nicht greift. Für Anhänger wie Alexander von Humboldt ist sie ein Meisterwerk:

> „Unsere Nachbarn jenseits des Rheins besitzen ein unsterbliches Werk, Laplaces Entwicklung des Weltsystems, in welchem die Resultate der tiefsinnigsten mathematisch-astronomischen Untersuchungen verflossener Jahrhunderte, abgesondert von den Einzelheiten der Beweise, vorgetragen werden."[8]

Zu Beginn der Exposition formuliert Laplace, welche Themen er in ihr behandelt:

> „L'exposition de ces découvertes [die der Astronomie] et de la manière la plus simple dont elles ont pu naître et se succéder, aura le double avantage, d'offrir un grand ensemble de vérités importantes, et la vraie méthode qu'il faut suivre dans la recherche des lois de la nature. C'est l'objet que je me suis proposé dans cet Ouvrage."[9]

---

8 Alexander von Humboldt: „Kosmos – Entwurf einer physischen Weltbeschreibung", Bd. I, Stuttgart, Tübingen 1845, S. 30. Gillispie spricht von „one of the most successful works of science ever composed" (Gillispie: „Laplace", S. 169). Weitere Urteile gehen in dieselbe Richtung: – Arthur Berry: „one of the most perfect and charmingly written popular treatises on astronomy ever published" (Arthur Berry: „A short history of Astronomy", New York 1961, S. 306). – Giorgio Abetti: „his Exposition du système du monde, a work which stimulated the progress of scientific thought during the nineteenth century" (Giorgio Abetti: „The History of Astronomy", London 1954, S. 155).

9 SdM, S. 1.

Das wissenschaftliche Niveau der Exposition schwankt zwischen dem Extrem des naiven Sinneseindrucks und dem von anspruchsvollen Theorien zu Planetenstörungen. Anscheinend muß sich Laplace auch mit Irrtümern auseinandersetzen, für deren Aufkommen in der Antike und im 18. Jahrhundert dieselben Gründe bestehen, z. B. Konformität mit dem Christentum und Geozentrik. Daher trifft man sowohl auf eine Beschreibung der Himmelskörper aus geozentrischer Perspektive als auch auf Begründungen der Annahme der Erdrotation und auf Erörterungen zur Periodizität säkularer Störungen. Offenbar ist Laplace bemüht, die Vereinbarkeit von Alltags- und von wissenschaftlicher Erfahrung dem astronomisch oder sogar dem physikalisch ungebildeten Leser vorzuführen. In der Mécanique céleste ist dies anders: In ihr fehlt die sinnliche Beschreibung, die Planetenbewegung ist auf die Veränderung von Koordinaten beschränkt.

Das mit der vorliegenden Arbeit verfolgte Ziel ist, das Geflecht aus wissenschaftlichen Errungenschaften der Himmelsmechanik, verwendeter Methode, methodologischer Reflexion, Naturphilosophie und Auffassung der Wissenschaftsgeschichte herauszuarbeiten und verständlich zu machen. Die Kohärenz, die Konsistenz und die Überzeugungskraft dieser unterschiedlichen Elemente von Laplace' Weltsystem sollen beurteilt werden, und zwar aus Sicht zeitgenössischer als auch aus Sicht heutiger Wissenschaftsphilosophie. Im Hintergrund der Überlegungen steht das Interesse, warum, womit und inwieweit Laplace für die Ausprägung von Wissenschaftstheorie und -philosophie des 19. Jahrhunderts maßgeblich war. Dadurch ist die Arbeit auch heute systematisch wertvoll: Autoren wie Newton und Laplace haben bei der Etablierung einer weit verbreiteten wissenschaftlichen Intuition einen kaum zu überschätzenden Beitrag geleistet. Laplace hat nicht den Anfang einer radikalen reduktionistischen und deterministischen Naturphilosophie eingeleitet, als deren Hauptvertreter er heute zählt, er hat aber das moderne Wissenschaftsideal maßgeblich fixiert. Nimmt man Lakatos' Paraphrase von Kants Diktum – „Wissenschaftsphilosophie ohne Wissenschaftsgeschichte ist leer; Wissenschaftsgeschichte ohne Wissenschaftsphilosophie ist blind.“[10] – ernst, dann ist eine Aufgabe von Wissenschafts- und Philosophiegeschichtsschreibung und Wissenschaftstheorie, Fragen der Wissenschaftstheorie historisch rückzubinden. Laplace' Werk ist ein Meilenstein einer uns unterschwellig leitenden Wissenschaftstradition: Säkularität, Metaphysikfreiheit, Fokussierung von Gesetzeserklärungen etc. haben von Laplace ihren Ausdruck bekommen, durch den sie auf die nachfolgende Physik und Wissenschaftstheorie gewirkt haben. Die Naturwissenschaften stehen auch heute unter den Vorzeichen derartiger und derzeitiger Leitbilder. Eine wissenschafts- und philosophiehistorische Arbeit zu Laplace besitzt systematisch heuristischen Wert,

---

10 Imre Lakatos: „Die Geschichte der Wissenschaft und ihre rationalen Rekonstruktionen“, in: Werner Diederich (Hrsg.): „Beiträge zur diachronen Wissenschaftstheorie“, Frankfurt 1976, S. 56.

und zwar ganz im Sinne des philosophischen Imperativs des Delphischen Apollo aus Platons Protagoras: Γνῶθι σαυτόν – Erkenne Dich selbst.

Möchte man ein Gefühl für die philosophische Relevanz der Himmelsmechanik haben, ist die Kenntnisnahme von fünf zentralen Theorien und Methoden unerläßlich. Es wäre wohl realitätsfern zu erwarten, daß außerhalb der Astronomiegeschichte bekannt wäre, auf welchen himmelsmechanischen Theoremen Laplace' Philosophie basiert. Daher referiere ich im ersten Teil die kosmologischen Errungenschaften, die seit Newton und vor allen von Laplace selbst erlangt wurden.

Laplace ist Physiker mit philosophischem Anspruch und die Exposition du système du monde bezeugt eine physikalische Weltsicht, deren wichtige Merkmale Ganzheitlichkeit und Geschlossenheit sind. Die Phänomene des Alltags und die Themen der himmelsmechanischen Forschung werden gleichsam von dieser Weltsicht umfaßt. Beides wird in der Exposition nicht nur interpretiert, sondern auch beschrieben; die ersten beiden Teile der Arbeit geben deshalb die Resultate und Methoden der Laplaceschen Himmelsmechanik wieder:

1. Laplace ist Anhänger der Newtonschen Mechanik; Roger Hahn spricht vom „Newtonianism of Laplace's work"[11]. Die Newtonsche Mechanik wurde seit den Philosophiae Naturalis Principia Mathematica (1687) beständig weiterentwickelt, in ihrer himmelsmechanischen Anwendung von Laplace selbst. Der erste Teil der Arbeit legt dar, welche himmelsmechanischen Errungenschaften seit Newton hinzugekommen sind. Die philosophische Relevanz ist selten offenkundig, in der Regel wird sie erst vor dem Hintergrund der vorausgehenden oder der zeitgenössischen Philosophie- und Wissenschaftsgeschichte sichtbar.

2. Im zweiten Teil der Arbeit rekonstruiere ich die Methode der Himmelsmechanik, so wie Laplace sie in der Exposition darstellt. Laplace arbeitet keine Methodologie aus, äußert sich aber öfter zu seinen Methoden. Ich analysiere das Verhältnis von Methode und impliziter Methodologie und beurteile es zum einen auf der Basis der Exposition und der Mécanique céleste, zum anderen mit heutigem Problembewußtsein. Die Wissenschaftsgeschichte hat dafür sensibilisiert, daß die Praxis der Wissenschaften keineswegs so klar und streng ist, wie es die traditionelle Wissenschaftstheorie nahe gelegt hat. Vergleichbares gilt auch für Laplace.

3. Der dritte Teil widmet sich der naturphilosophischen Bedeutung des Laplaceschen Weltsystems. Hier zeige ich, wie die doch noch relativ frühe Newton-Rezeption in der Himmelsmechanik vorzustellen ist. Die Begriffe der Mechanik wurden durchgängig reduktionistisch neuinterpretiert. Das führt mit sich, daß Laplace Begriffe von Newton übernimmt und das Bewußtsein für deren metaphysische Implikationen verlorengeht. Solche Implikationen bestehen weiterhin, werden aber nicht mehr als solche eingestuft. Letzteres liegt freilich auch daran,

11 Roger Hahn: „Laplace as a Newtonian Scientist", Los Angeles 1967, S. 1.

daß der Metaphysikbegriff nicht statisch ist. Die Abgrenzungsdebatte in der Wissenschaftstheorie des 20. Jahrhunderts versperrt oft den angemessenen Blick für historische naturphilosophische Systeme.

4. Der vierte Teil der Arbeit widmet sich dem Précis de l'Histoire de l'Astronomie und der Wissenschaftsauffassung, die dem Précis und den systematischen Büchern immanent ist. In der Aufklärung des 18. Jahrhunderts beanspruchten und besaßen Wissenschaftler wie Laplace eine stärkere gesellschaftliche und kulturelle Relevanz als es heute der Fall ist. Die Exposition du système du monde ist eine Bemühung um das Public Understanding of Sciences, wodurch sie in ihrem Ziel eine hohe Aktualität besitzt und durchaus Vorbildfunktion übernehmen kann. Die Motivation der aufklärerischen Wissenschaftler lag in der Säkularisierung, sei es in religionskritischer Absicht, sei es um dem Anthropozentrismus entgegenzuwirken, sei es um die Furcht vor himmlischen Vorgängen zu nehmen.

5. Im letzten Teil gebe ich einen Ausblick auf die Wirkungsgeschichte der analytischen Himmelsmechanik. Sie hat zu unterschiedlichsten Reaktionen der Philosophie, der Naturwissenschaften und der aufkommenden positivistischen Wissenschaftstheorie geführt. Wer die analytische Methode ablehnt, hat die Alternativen in Abgrenzung zu ihr entwickelt.

Neben der Würdigung eines äußerst scharfsinnigen Kopfes und einem Verständnis der historischen Gründe der heutigen wissenschaftspolitischen Situation ist es auch in allgemeinerer Hinsicht lohnenswert, Laplace' Schaffen und seine Auswirkungen aufzubereiten. Der wissenschaftskulturelle Wert wissenschaftshistorischer und -philosophischer Arbeiten besteht in der Annäherung von Natur- und Geisteswissenschaften; keine anderen Disziplinen sind dazu so geeignet wie die Wissenschaftsgeschichte und die Philosophie.[12] Auf Seiten der Geisteswissenschaftler wird anscheinend in der Regel erwartet, daß der Vektor der Annäherung in ihre Richtung weisen müsse. Laplace ist für viele Bereiche einer der wirkungsmächtigsten Wissenschaftler, z. B. für die Ausgestaltung der Wissenschaftstheorie und -philosophie oder auch für die Ausdifferenzierung unserer Fakultätenstruktur. Das Feindbild dieses Szientismus ist die Metaphysik. Für die akademische Philosophie stellt sich die Frage, ob sie ihre Gegner integriert oder nicht, für die Philosophiegeschichtsschreibung, ob sie ihre Verschlossenheit und Konservativität aufgibt und den nicht-kanonischen Reichtum der Geistesgeschichte aufgreift. Bereits im Vorfeld habe ich unterschiedliche Reaktionen auf Vorträge und auf das Typoskript bekommen. Die Kritiken hatten stets den Grund-

12 Der ehemalige Präsident der DFG Wolfgang Frühwald hat von Geisteswissenschaftlern den Grenzgang gefordert und die den Grenzgängern allgemein entgegengebrachte Inakzeptanz kritisiert (Wochenzeitschrift ZEIT, 7. Dezember 2000, S. 42). Vergleichbares forderte Hans-Jörg Rheinberger: Es sei nicht nachzuvollziehen, „wieso Platon, Descartes und Jakob Burckhardt zum geisteswissenschaftlichen Kanon gehören sollen, Euklid, Newton und Darwin aber nicht" (Hans-Jörg Rheinberger: „Die Rückseite der Fakten", in: ZEIT, Nr. 4, 18. Januar 2001, S. 30).

ton, daß den Interessen und Erwartungen gewohnter Philosophiegeschichtsschreibung nicht entsprochen werde, wie z. B. eine Kontrastierung der Laplaceschen Kausalitätslehre mit der von Leibniz oder Locke. Doch die traditionelle Metaphysik (Aristoteles, Descartes, Leibniz und auch Newton) ist für Laplace buchstäblich eine anthropologische Blamage, so sehr, daß sie nicht einmal diskutiert, sondern nur beiläufig abgelehnt wird. Die Laplacesche Philosophie resultiert nicht aus dem, das heute weitläufig und einfältig als Philosophie zählt, sondern aus der Mechanik und Himmelsmechanik. Dieser Punkt kann nicht überbetont werden, wenn man die Frage stellt, wieviel dessen, was wir als akademische Philosophie verstehen, in der analytischen Himmelsmechanik relevant gewesen ist: nichts. Deshalb hatte in der unmittelbaren Rezeption die romantische Naturphilosophie und der deutsche Idealismus gegen die reduktionistische Analytik opponiert. Möchte man aber Laplace, die Haltung vieler weiterer vorpositivistischer Wissenschaftler und das Verhältnis von Philosophie und Naturwissenschaften in der Geschichte verstehen, sind die Idealvorstellungen, Methoden und vor allem die elitäre Mentalität weit verbreiteter Philosophiegeschichtsschreibung nicht nur inadäquat, sondern kontraproduktiv. Die Psychologie nennt dies Übertragung: Man hat eine Erwartungshaltung, der nicht entsprochen wird, und ist enttäuscht, bzw. in den Wissenschaften schätzt man gering. Erstens sollte man unsere Philosophiekonzeption in ihrer historischen Bedeutung nicht überbetonen, zweitens zählen Leute wie Laplace im 18. und 19. Jahrhundert zur Philosophie, wenngleich nicht zur Metaphysik. Man erfaßt die philosophiehistorische Entwicklung seit d'Alembert über Dilthey bis zum Wiener Kreis nicht, wenn man die Metaphysikablehnung, die die positivistischen Naturwissenschaftler der Philosophie zu sagen haben, nicht ernst nimmt. In dem Maß, in dem man heute in der Philosophie beispielsweise in einer unausgereiften Kausalitätslehre einen Mangel sehen kann, in dem Maß sehen Laplace und viele Naturwissenschaftler und vor allem auch Ingenieure und Techniker in der traditionellen Naturphilosophie eine phantasievolle Verirrung, die für das Fortschreiten der Wissenschaften mindestens völlig belanglos ist. Daß das nicht so sein muß, lehren viele fruchtbare Interaktionen von Philosophie und Physik in der Folge, dennoch: Die philosophische Empfehlung der Laplaceschen Œuvre ist, die Interpretation der Differentialgleichungen nicht spekulativ zu übertreiben; die physikalischen Prinzipien und Gleichungen sind die Naturphilosophie, wie es zuvor schon Galilei vertreten hatte. Wer deshalb hier einen Mangel an Philosophie verortet, dem sei die Lektüre der Œuvre nahegelegt.

Die Wirkungsmacht dieser Reduktion kann philosophiehistorisch nicht überschätzt werden und wirkt sich bis heute aus: die Trennung von Philosophie und Naturwissenschaften in unserer Fakultätenstruktur und die zu geringe Repräsentanz der Wissenschaftsgeschichte in der Philosophie. Unsere Philosophiegeschichtsschreibung orientiert sich noch immer an den Vorgaben des 19. Jahrhunderts, weshalb nicht zuletzt auch die Sensibilität für den kulturellen Wert der Naturwissenschaften und der Mathematik gesellschaftlich gering ausgeprägt ist.

Hilary Putnam hat der Erneuerung der Philosophie das Wort geredet,[13] für die Philosophiegeschichtsschreibung gilt dies in höchstem Maß. Diese ist zu einfallslos, zu eng, zu eitel und zu elitär. Wir könnnen in der Philosophie über Sokrates habilitieren, Sokrates würde aber keinen Ruf bekommen, und zwar aus just dem Grund, dessentwegen wir ihn als philosophischen Habilitationsgegenstand anerkennen: intelligente kritische Unkonventionalität. Der Mainstream der Philosophiegeschichte ist gut erforscht und weitere Monographien zu Klassikern dürften schon lange nicht mehr den Großteil philosophiehistorischer Veröffentlichungen ausmachen, wenn die Philosophiegeschichte gesellschaftlich relevant sein soll. Die systematischen Fragen der Philosophie haben sich im 20. Jahrhundert durch die an der Mathematik und Physik orientierte Analytische Philosophie geändert und das argumentatorische Niveau wurde in der Folge von Frege auf zuvor unbekannte Höhen gehoben, auf die Philosophiegeschichtsschreibung hatte dies zuwenig Auswirkungen. Die Designer der Rationalität sind nicht nur in der Philosophie, sondern auch und vielleicht sogar maßgeblich in den Wissenschaften, insofern sie nicht eine unio in persona darstellen.

Forschungsstand

Laplace' Name ist auch heute noch bekannt: Mit ihm verbinden sich die Idee des Laplaceschen Geists, die Kant-Laplacesche Nebularhypothese, die Napoleon-Anekdote und vielleicht noch die Definition und Interpretation der Wahrscheinlichkeit. Sein Werk ist jedoch weitgehend ungelesen, obwohl es für die Philosophie, für die Entwicklung der Physik und der Kultur- und Geistesgeschichte von zentraler Bedeutung ist. Alexandre Koyré sagt zu recht:

> „Si j'avais pris tout à fait à la lettre de ma communication: les cosmologies scientifiques, c'est-à-dire celles qui poussent jusqu'au bout la séparation, et donc la déshumanisation, du cosmos, je n'aurais vraiment pas grand-chose à dire et j'aurais dû commencer tout de suite avec l'époque moderne, probablement avec Laplace."[14]

Gemessen an seiner philosophiehistorischen Bedeutung ist Laplace schlecht erforscht. Das dürfte mehrere Gründe haben:

1. Seine Lebensleistung wird stärker naturwissenschaftlich als philosophisch eingeordnet.
2. Er setzt die Kosmologie Newtons um und verschärft ihre weltanschaulichen Konsequenzen; dennoch trat er in der Wissenschafts- und Philosophiegeschichtsschreibung nie aus dessen Schatten heraus.

---

[13] Dieses Anliegen verfolgt Putnam in „Für eine Erneuerung der Philosophie", Stuttgart 1997.

[14] Alexandre Koyré: „Les étapes de la cosmologie scientifique", in: ders., „Études d'histoire de la pensée scientifique", Paris 1973, S. 87.

3. Die letzten Jahrzehnte seines Lebens fielen in die Zeit, in der naturwissenschaftliche Fakultäten gegründet wurden und die Naturwissenschaftler sich aufgrund der spekulativen Naturphilosophie von der Philosophie abwandten.
4. Die editorische Situation war und ist der Rezeption hinderlich: Die Gesamtausgabe ist im Handel schon lange nicht mehr erhältlich, befindet sich nicht unbedingt in Universitätsbibliotheken und falls doch, dann eher in den Regalen der Mathematik und Physik als in denen der Philosophie. Aus der obigen Darstellung der Laplace-Editionsgeschichte geht hervor, daß außerhalb der Akademie-Ausgabe die französischen Texte um 1967, als in Frankreich die Neudrucke erstellt wurden, bereits seit etwa 150 Jahren nicht mehr erhältlich waren.
5. Laplace frohlockt nicht mit Lyrik. Schon die intendiert populärwissenschaftliche Exposition du système du monde ist trocken und schwer und dürfte nach heutigen Wissenschafts-PR-Kriterien nicht zweckgeeignet sein. Ohne eine Vertrautheit mit der Denkweise der theoretischen Mechanik und der Begrifflichkeit der Himmelsmechanik kommt man nicht weit. Um beispielsweise eine beiläufige Kritik an Eulers teleologischer Interpretation des Prinzips der kleinsten Wirkung zu verstehen, sind profunde Kenntnisse der klassischen Mechanik unabdingbar. Doch deren Stand bei Euler, d'Alembert, Lagrange und Laplace ist hoch und vor der mathematisch-physikalischen Virtuosität und Kreativität dieser Köpfe kann man sich nur verneigen.

Diese fünf Gründe sind dafür verantwortlich, daß es zu Laplace keine einzige philosophische Monographie gibt und er dem Kanon der Philosophiegeschichte nicht zugehörig ist. Nicht einmal thematische Verwandtschaft von philosophisch orientierter Fachliteratur garantiert sein Vorkommnis: Das Buch „Sternstunden des Prometheus – Vom Weltbild zum Weltmodell" (1998) von Ernst R. Sandvoss verfügt im Register über 26 Einträge zu Newton und keinen zu Laplace. Gleiches gilt für das 962 Seiten umfassende Werk: „Französische Aufklärung", in dem das fünfte Kapitel dem „Beitrag der Naturwissenschaften zur Säkularisierung des Weltbilds" gewidmet ist.[15]

In der Wissenschaftsgeschichte sieht es etwas besser aus. Es gibt drei Laplace-Monographien:

– H. Andoyer: „L'œuvre scientifique de Laplace", Paris 1922.

– Charles C. Gillispie in Zusammenarbeit mit Robert Fox und Ivor Grattan-Guinness: „Pierre Simon Laplace, 1749–1827: A Life in Exact Science", Princeton 1997, 2. Auflage 2000. Die Monographie ist die Ausarbeitung des Artikels im Dictionary of Scientific Biography. Der Untertitel zeigt den biographischen Charakter des Bandes an, den die Autoren beabsichtigen: Das Buch bietet eine

[15] Siehe Ernst R. Sandvoss: „Sternstunden des Prometheus – Vom Weltbild zum Weltmodell", Frankfurt 1998, S. 427 ff., und Winfried Schröder (Hrsg.): „Französische Aufklärung", Leipzig 1974.

Lebens- und eine gute Werkbeschreibung, aber keine philosophische Rekonstruktion. Dieses Buch markiert den Stand der Forschung.
– Roger Hahn: „Pierre Simon Laplace – 1749–1827, A Determinated Scientist", London 2005. Hahns Anspruch liegt darin, die biographischen Leerstellen von Gillispie auszufüllen und über Laplace' Rolle in der Gesellschaft, seine Haltungen in Politik und Religion und sein Familienleben zu schreiben; seit Diogenes Laërtios ist letzteres in der Philosophiegeschichtsschreibung toleriert. Das Buch bietet einiges zur Philosophie, jedoch häufig auf einer schwer nachvollziehbaren Basis von „unpublished papers", was zu gleichsam schwer nachvollziehbaren Philosophiezuweisungen führt. Hahns Plan einer intellektuellen Biographie beruht also nicht nur auf Veröffentlichungen und erscheint schon philologisch in vielem spekulativ; ich halte Hahns Buch für verzerrend.

Außerhalb der genannten Biographien gibt es Aufsätze, die ebenfalls eher Laplace' streng naturwissenschaftlichen oder wahrscheinlichkeitstheoretischen als die philosophischen Aspekte in den Mittelpunkt rücken; die tendenziell berechtigte, aber doch zu einseitige Einordnung von Laplace als Naturwissenschaftler setzt sich hier fort.

Philologisches

Weder die Exposition du système du monde noch die Mécanique céleste geben darüber hinreichend Auskunft, woher Laplace sein Wissen hat. Verläßliche Aussagen sind aufgrund der von ihm verwendeten Bücher nicht mehr möglich; ein Brand hat seine nachgelassene Bibliothek 1925 vernichtet.[16]

Der wissenschaftliche Werdegang ist von Studium, kurzzeitiger wissenschaftlicher Lehre an der École normale, wissenschaftlicher Tätigkeit im Auftrag der Regierung und der Akademiemitgliedschaft geprägt. Vieles dürfte durch Gespräche vermittelt worden sein. Man findet nahezu wörtliche Übereinstimmungen von Stellen bei Laplace und bei Lagrange, ich sehe aber nicht, daß man Lagranges Mécanique Analitique als direkte Vorlage bei der Ausarbeitung der Exposition du système du monde betrachten kann, insofern sie nicht als Zitat markiert sind. Laplace schreibt beispielsweise: „Galilée jeta les premiers fondements de la science du mouvement [...]."[17] Lagrange: „Galilée est celui qui en [der Dynamik] a jetté les premiers fondemens."[18] Wörtliche oder fast wörtliche Übereinstimmungen kommen nur bei solchen umgangssprachlich sehr einfachen Sätzen vor.

Zurückhaltung bei der Zusprechung von Lektüre ist insbesondere dann geboten, wenn es um heute gut erschlossene Autoren geht, die für eine Innovation, z. B. Copernicus oder Galilei, oder eine Philosophie, z. B. Leibniz, stehen. Daß Laplace die neuzeitliche Naturwissenschaft mit Galilei ansetzt, impliziert nicht,

---

16 Siehe Roger Hahn: „Laplace as a Newtonian Scientist", S. 11.
17 SdM, S. 151.
18 Joseph Louis Lagrange: „Mécanique Analitique", Paris 1788, S. 158.

daß er ihn gelesen hat.[19] – Die damalige Situation war von unserer nicht unterschieden: Ein Bruchteil derer, die Euklidische Mathematik betreiben, kennen die Elemente. – Das mechanische Wissen von Galilei und die Keplergesetze sind zum Kanon der Mechanikausbildung geworden und haben sich von ihren historischen Quellen abgelöst. Gleiches gilt bei Leibnizens Satz vom Grund. Autoren wie Galilei, Kepler oder Leibniz werden nicht zitiert; Laplace zitiert ohnehin sehr wenig. Eventuell kannte Laplace einige Texte aus seiner Studienzeit in Caen, ich sehe aber keinen Anlaß zur Annahme, daß ihm z. B. Leibniz noch durch Primärliteratur präsent war.[20] Texte, die vermutlich verwendet wurden, sind Voltaires „Elémens de la Philosophie de Neuton", „La Métaphysique de Neuton ou Parallèle des Sentiments de Neuton et de Leibnitz" und die Encyclopédie von Diderot und d'Alembert. Im 18. Jahrhundert haben viele Autoren ihre Systematiken historisch ein- oder hergeleitet, z. B. d'Alembert und Lagrange.[21] Auch daraus kann Laplace' historisches Wissen genommen sein. Letztlich bleiben die genauen Wege der Wissensvermittlung nicht nachvollziehbar.

Im Folgenden arbeite ich mit französischen Übersetzungen, insofern sie zu Laplace' Lebzeiten verfügbar waren.[22] Daß er mit Übersetzungen gearbeitet hat, läßt sich philologisch anhand von Newtons Principia und von den Optics nachweisen. Beide lagen im 18. Jahrhundert ins Französische übersetzt vor: 1. die Übersetzung der Philosophiae Naturalis Principia Mathematica von du Chastellet (1759); 2. die Optics in der Übersetzung von Coste (1722) und von Marat (1787). Ein philologischer Nachweis der Verwendung der Übersetzung von Chastellet ist leicht zu führen. Ein Zitat ist unverändert aus ihrer Übersetzung entnommen: „Tous ces mouvements si réguliers n'ont point de causes mécaniques; puisque les comètes se meuvent dans des orbes fort excentriques, & dans les parties du ciel."[23] Daß Laplace mit der älteren Optics-Übersetzung von Coste gearbeitet hat, zeigt ein Zitat aus den Optics, Question XXXI. Laplace zitiert:

---

19 Vgl. Smith über Newton: „The two most prominent books presenting mathematical theories of motion before the Principia were Galileo's *Two New Sciences* (1638) and Huygens's *Horologium Oscillatorium* (1673). Newton almost certainly never saw the former, but he knew the latter well, and it together with Galileo's *Dialogues on the Two Chief World Systems* (1632) and various secondary sources made him familiar with Galileo's results." (George E. Smith: „The methodology of the Principia", in: I. Bernard Cohen, George E. Smith (Hrsg.): „The Cambridge Companion to Newton", Cambridge 2002, S. 142.)

20 Auch Roger Hahn betont, daß die Quellen von Laplace schwer nachzuvollziehen seien (Roger Hahn: „Laplace", S. 53–57).

21 Zur Funktion historischer Ausführungen in neuzeitlicher Wissenschaftsliteratur siehe weiter unten, Kapitel IV.3.

22 Laplace beherrschte die englische Sprache nicht (siehe Roger Hahn: „Laplace", S. 59).

23 Newtons scholium generale, zit. nach Laplace, SdM, S. 479, in der Übersetzung von Chastellet S. 175.

> „ ‚Un destin aveugle', dit-il, ‚ne pouvait jamais faire mouvoir ainsi toutes les planètes, à quelques inégalités près à peine remarquables, qui peuvent provenir de l'action mutuelle des planètes et des comètes, et qui probablement deviendront plus grandes par une longue suite de temps, jusqu'à ce qu'enfin ce système ait besoin d'être remis en ordre par son auteur.' "[24]

Costes Übersetzung von 1722:

> „Car tandis que les Cometes se meuvent en tous sens dans des Orbes extrêmement excentriques, un Destin aveugle ne pouvoit jamais faire mouvoir toutes les Planetes en un même sens dans des Orbes concentriques, à quelques irrégularités près, de nulle importance, lesquelles peuvent provenir de l'action mutuelle que les Cometes & les Planetes exercent les unes sur les autres, & qui seront sujettes à augmenter jusqu'à ce que ce Systême ait besoin d'être réformé [...]."[25]

Marats Übersetzung von 1787:

> „Tandis que les comètes se meuvent en tous sens dans des orbes très-excentriques, comment un destin aveugle feroit-il mouvoir toutes les planètes en un même sens dans des orbes concentriques, à quelques petites irrégularités près, qui peuvent provenir de l'action réciproque des comètes & des planètes, & qui pourront augmenter jusqu'à ce que ce systême ait besoin d'être réformé?"[26]

Auch wenn das Zitat nicht wörtlich wiedergegeben ist und Laplace die Stelle seinem Vokabular angepaßt hat, ist die teilweise wörtliche Übereinstimmung mit der Version von Coste ein Indiz für die Arbeit mit dessen Version. Die Gründe für die Verwendungen einer Ausgabe bei mehreren zur Verfügung stehenden dürften sich nicht von den heutigen Gründen unterscheiden: Eine Ausgabe steht im Regal, und ein Austausch oder die Zweitanschaffung ist nicht erforderlich. – Wir müssen uns damit abfinden, daß die philologische Strenge heutiger geisteswissenschaftlicher Arbeiten im 18. Jahrhundert nicht zum Standard gehört, vor allem nicht bei naturwissenschaftlichen Texten. Es werden nicht nur Zitate nie lokalisiert, sondern auch verändert oder entstellt. Laplace ist dort keine Ausnahme, wie ein Blick in die Werke von Euler, d'Alembert, Lagrange oder auch Voltaires Métaphysique de Neuton zeigt.

---

24 Newtons queries, zit. nach Laplace, SdM, S. 479.

25 Newton: „Traité d'Optique sur les Reflexions, Refractions, Inflexions, et les Couleurs, de la Lumiere", übersetzt von M. Coste, 2. Aufl., Paris 1722, S. 489–490.

26 „Optique de Newton – Traduction Nouvelle", übersetzt von Marat, Bd. II, Paris 1787, S. 276.

I. Wissenschaftliche Errungenschaften

In diesem Kapitel werden die Aspekte von Laplace' wissenschaftlicher Arbeit in dem Maß dargelegt, in dem sie für das Verständnis von seiner Methode, seiner Methodenlehre und seines Weltsystems erforderlich sind. Das ist der Grundgedanke der Exposition du système du monde selbst: Laplace verzichtet in ihr auf Formalismen und Berechnungen und beschränkt sich auf Ergebnisse, die ihm für die Darstellung des Weltsystems relevant erscheinen. Die theoretischen Arbeiten befinden sich in den zahlreichen Mémoires und in der Mécanique céleste. Die Exposition umfaßt nicht nur die Ergebnisse, die Laplace selbst erarbeitet hat, sondern sie bietet auch Darstellungen grundsätzlicher Neuerungen der neuzeitlichen Mechanik, vor allem der von Newton. Laplace leitet z. B. im Buch IV, Kapitel 1 der Exposition die $1/r^2$-Proportionalität des Gravitationsgesetzes her, verzichtet aber auf eine formale Darstellung, die er in der Mécanique céleste, Buch II ausführt. Die Argumentation zur Herleitung des Produkts zweier Massen im Gravitationsgesetz wird weder in der Exposition noch in der Mécanique céleste präzise rekonstruiert. Das $1/r^2$-Element ist freilich historisch bedeutender, da die Keplergesetze vom Quadrat des Abstands abhängen. Laplace sagt zum Produkt $m_1 \cdot m_2$ lediglich: „On a vu que si les planètes et les comètes étaient placées à la même distance du soleil, leurs poids vers cet astre, seraient proportionnels à leurs masses".[1]

Wie enorm die Wirkungsmacht von Newtons Entdeckungen im 18. Jahrhundert ist, verdeutlicht Laplace' Précis de l'Histoire de l'Astronomie. Der Précis schließt mit der Darlegung: „De la découverte de la pesanteur universelle", in dem Newton als „un homme de génie" gelobt wird.[2] Newtons Identifikation der Kraft, die die Körper auf der Erde anzieht, mit der, die den Mond auf der Bahn hält, war zu Laplace' Zeiten offenbar noch kein Wissen, das zu den Selbstverständlichkeiten naturwissenschaftlicher Allgemeinbildung gehörte. Laplace adelt Newton:

> „Malgré ces défauts inévitables, l'importance et la généralité des découvertes sur ce système [dem Weltsystem Newtons] et sur les points les plus intéressants de la Physique mathématique, un grand nombre de vues originales et profondes, qui ont été le germe des plus brillantes théories des géomètres du

---

1 SdM, S. 211.
2 SdM, S. 455.

> dernier siècle, tout cela présenté avec beaucoup d'élégance, assure à l'ouvrage des Principes, la prééminence sur les autres productions de l'esprit humain."[3]

Es sei betont, daß die Übersetzung von Newtons Principia durch die Marquise du Chastellet zum Zeitpunkt der ersten Auflage der Exposition 37 Jahre zurück lag. Seit der Ausarbeitung der analytischen Mechanik durch Lagrange (1788) war nur ein Jahrzehnt vergangen und die Erschließung ihres Anwendungsbereichs stand noch am Anfang.

Worum es geht: In der Himmelsmechanik werden Planetenpositionen berechnet, die in erster Näherung den Kepler-Gesetzen entsprechen. Die Kepler-Gesetze stimmten, wenn das Sonnensystem ein Zwei-Körper-System wäre und nur aus Sonne und einem Planeten bestünde. Die Bahnen der Planeten werden jedoch durch die gravitative Wechselwirkung mit dritten Körpern verändert. Die Aufgabe der Störungsrechnung ist, die Änderung der Bewegung der Planeten um die Sonne zu berechnen.[4] Laplace betont an mehreren Stellen der Œuvre drei himmelsmechanische Errungenschaften[5]:

1. die Theorie der Mondungleichheiten;
2. die Theorie der Jupitersatelliten;
3. die Theorie der Jupiter- und Saturnstörung.

Die jeweiligen Bewegungsgesetze gelten im Précis de l'histoire de l'Astronomie als die Naturgesetze ‚les plus remarquables'.

Neben diesen drei Neuerungen besteht Laplace' Anliegen auch darin, den empirischen Grund der Himmelsmechanik darzustellen. Daher beginnt die Exposition mit zwei Beschreibungen: Livre I: „Des mouvements apparents des corps célestes"; Livre II: „Des mouvements réels des corps célestes". Schon in diesen als Beschreibungen angelegten Büchern begegnen dem Leser Darstellungen sehr unterschiedlicher Niveaus. Laplace ist in dieser populärwissenschaftlichen Schrift bemüht, die Himmelsmechanik in ihren Grundlagen vorzustellen und selbst für die Annahme der Erdbewegung bzw. für die Heliozentrik zu argumentieren. Zu den Grundlagen gehören Informationen wie, daß Sterne auf und untergehen, oder die Keplergesetze.[6] Ich beschränke mich im Folgenden auf die Neuerungen, die Laplace als Verbesserungen gegenüber Copernicus, Kepler und Newton anführt.

---

3 SdM, S. 461.

4 Himmelsmechanische Störungsrechnung sind sehr kompliziert. Die Formeln heutiger Mondtheorie beispielsweise bestehen aus mehreren hundert Gliedern.

5 Siehe neben der Exposition du système du monde und der Mécanique céleste auch das Kapitel „Application du Calcul des Probabilités à la Philosophie naturelle" im „Essai philosophique sur les probabilités", OC, Bd. VII, S. LVI ff.

6 Anscheinend ist in populärwissenschaftlichen Darstellungen zur Kosmologie Grundlegendes nicht vermeidbar. Hans-Heinrich Voigt führt in „Das Universum" an, daß Sonne, Mond und Sterne im Osten auf- und im Westen wieder untergehen, und daß die tägliche Sternbewegung die Rotation der Erde widerspiegele (Hans-Heinrich Voigt: „Das Universum", Stuttgart 1994, S. 13).

1. Zur Erd-, Planeten- und Sternbewegung

Die Beschreibungen der scheinbaren und die der tatsächlichen Bewegungen unterscheiden sich dadurch von einander, daß im ersten Fall die Kinematik der Geozentrik, wie sie sich von der Erde aus darstellt, und im zweiten Fall die heliozentrische Kinematik beschrieben werden. Die Geozentrik entspricht eher dem Sinneseindruck, ist aber kinematisch komplizierter; historisch geht sie der Heliozentrik voraus. Daher sind die Beschreibungen der Planetenbewegung unterschiedlich lang. Die Beschreibungen der scheinbaren Bewegung der Planeten umfaßt 16 Kapitel, die der tatsächlichen Bewegung zehn Kapitel weniger. Laplace holt den Leser beim naiven Sinnesereignis des nächtlichen Himmels ab. Daß er zumindest bei der Beschreibung das geozentrische System ernst nimmt, zeigt die Mühe, mit der er zunächst die Sonnenbewegung beschreibt und an ihr die Keplergesetze entwickelt.[7] Dies ist verwunderlich, da es nicht zu seiner später folgenden anthropozentrischen polemischen Deutung der Geozentrik paßt.[8] Innerhalb der Darstellung der scheinbaren Planetenbewegung verwendet Laplace für die resultierende Bewegung die Bezeichnung: „le vrai mouvement de cet astre [der Sonne] autour de la Terre“[9].

Der Grundgedanke bei der Erstellung einer zweiten Beschreibung ist, daß verschiedene topozentrische Beschreibung grundsätzlich möglich sind: Man kann nicht zwischen der Angemessenheit von Geo- und Heliozentrik ausschließlich durch Beobachtung der Planetenbewegung vom irdischen Standpunkt und durch die entsprechenden kinematischen Strukturen definitiv entscheiden. Schon auf der Ebene der kinematischen Beschreibung wird die Plausibilität der Heliozentrik mit kinematischen und dynamischen Argumenten begründet, wobei als einziges, beide Systeme relativierendes Argument angeführt wird, daß unter der Annahme der Erdrotation die Sternbewegung nicht andersartig erscheine:

> „Mais les astres se présentent à nous de la même manière, soit que le ciel les entraîne autour de la Terre supposée immobile, soit que la Terre tourne en sens contraire sur elle-même, il paraît beaucoup plus naturel d'admettre ce dernier mouvement et de regarder celui du ciel comme une apparence.“[10]

Dabei geht es nicht nur um die alte Frage, ob sich der Himmel oder die Erde täglich dreht, sondern auch um präzisere Phänomene wie die Präzession der Tag- und Nachtgleichen. Die Himmelspole scheinen sich um die Rotationsachse der Erde zu drehen, wobei die Himmelssphäre die Sterne mitbewegt. Hält man die Distanzen der Pole bei und spricht statt den Himmelspolen der Rotationsachse

---

7 Siehe zu den ersten beiden Keplergesetzen SdM, S. 11 und zum dritten Keplergesetz SdM, S. 130.

8 Siehe unten Kapitel IV.2.

9 SdM, S. 7.

10 SdM, S. 112.

der Erde die Bewegung zu, so wird wie bei der täglichen Himmelsbewegung die Bewegung der Himmelspole zur bloßen Erscheinung relativiert.

Weitere dynamische oder analogische Argumente für die Erdbewegung sind zahlreich: Wir sehen, daß sich auch andere Planeten drehen und eine Polabplattung haben, wie sie sich auch bei der Erde nachweisen läßt. Ferner muß die Zentrifugalkraft am Äquator größer als an den Polen bzw. die Körper müssen dort leichter sein, was Pendelversuche bestätigen. Auch wenn die Kapitelüberschriften eine bloße kinematische Beschreibung vermuten lassen, liegt im zweiten Buch keine strenge Trennung von Beschreibung und dynamischer Erklärung vor.

Interessant und wissenschaftshistorisch nicht zu den Standardelementen der traditionsreichen Diskussion um Geozentrik versus Heliozentrik gehörend ist die Ausführung zur Aberration: Die Fixsterne bewegen sich in Laplace' Darstellung scheinbar auf einem kleinen Kreis, der parallel zur Ekliptik verläuft. Der Mittelpunkt des Kreises wird durch die mittlere Position des Sterns bestimmt, wobei der Kreisdurchmesser nach Laplacescher Angabe einen Durchmesser von 125" hat. Die Aberration kommt bei einer stationären Lichtquelle zustande, wenn sich der Beobachter im Winkel zu den Lichtstrahlen bewegt.

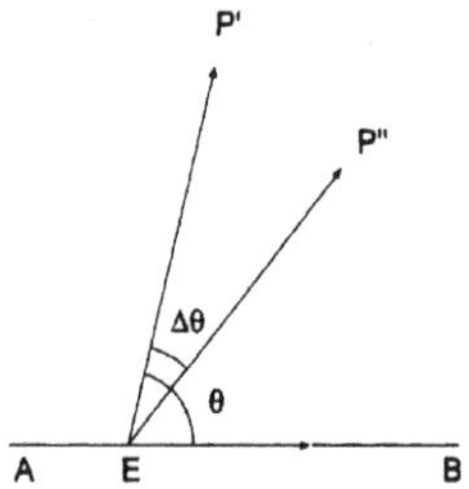

Beobachter E bewegt sich von A in Richtung B und sieht das Objekt P' an der Stelle P".

Wendet man die Gesetzmäßigkeit der Aberration auf die Erde und die Fixsterne an, so findet eine scheinbare Verschiebung der Fixsterne an der Himmelskugel in der Richtung statt, in der die Erde sich gerade relativ zum Fixstern bewegt. Es gibt aufgrund der Bahnellipse der Erde ein Kontinuum von Richtungen, die bei ekliptiknahen Sternen in Konjunktion und in Opposition im rechten Winkel zu den Lichtstrahlen eines Sterns stehen; die Fixsterne schwanken somit scheinbar hin und her (stellare Aberration):

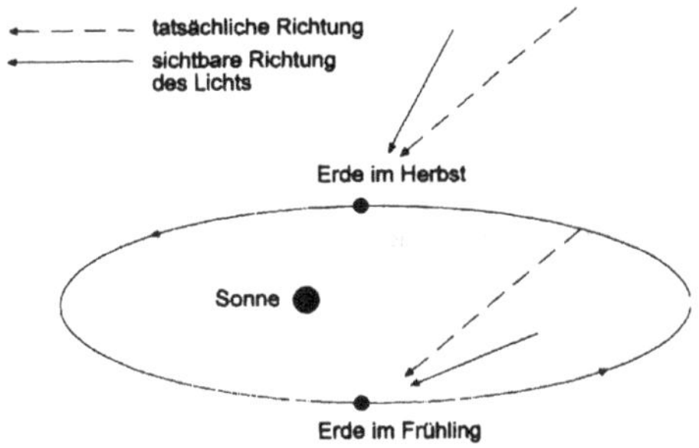

Der Wert ist gering, da die Geschwindigkeit der Erde gegenüber der Lichtgeschwindigkeit klein ist, sie ist aber nicht unmerklich. In der Literatur wird der Wert mit 20 Bogensekunden angegeben.[11]

Das Argument setzt die Einsicht in die Endlichkeit der Lichtgeschwindigkeit voraus, die 1676 vom dänischen Astronom Ole Rømer bestimmt wurde. Laplace berichtet Rømers Entdeckung im systematischen Teil der Exposition, nicht im Précis.[12] Rømer hatte beobachtet, daß die scheinbaren Verfinsterungen der Jupitermonde in den Quadraturen sich verfrühten oder sich verspäteten. Seine Deutung dieses Phänomens war, daß die Übertragung des Lichts nicht instantan geschehe, sondern das Licht eine endliche Geschwindigkeit besitze.[13] Die mittlere Verfinsterungsdauer des Jupitermonds Io beträgt 42 Stunden, 28 Minuten und 28 Sekunden. Wenn die Erde sich auf den Jupiter zu bewegt, dann geht sie dem Jupiter 560 000 Meilen entgegen. Bei dieser Bewegung erscheint die Jupitermondverfinsterung 14 Sekunden früher, woraus als Wert der Lichtgeschwindigkeit von 40 000 Meilen/Sekunde folgt. Entfernt die Erde sich vom Jupiter, erscheint die Jupitermondverfinsterung 14 Sekunden später.[14] Laplace zieht aus der stellaren Aberration das Fazit:

> „[...] leur [der Fixsterne] mouvement annuel n'est donc qu'une illusion produite par la combinaison du mouvement de la lumière avec celui de la Terre. Ses rapports avec la position du Soleil pouvaient faire soupçonner qu'il n'est qu'apparent; mais l'explication précédente le prouve avec évidence."[15]

---

11 Siehe Simon Mitton (Hrsg.): „Cambridge Enzyklopädie der Astronomie", Berlin 1978, S. 441.

12 Siehe SdM, S. 116–117.

13 Der Bericht darüber befindet sich im Journal des Scavans, 7. Dezember 1676. Von Rømer selbst gibt es keine Monographien (siehe dazu I. Bernard Cohen: „Roemer and the first determination of the velocity of light (1676)", in: Nr. 84, Isis XXXI (2), April 1940, S. 327–379; Cohen bietet ein Faksimile des Artikels).

14 Dies sind die Einheiten und Größen der Darstellung in Adolph Drechsler: „Illustriertes Lexikon der Astronomie", Leipzig 1881, S. 103, auf die ich verweisen möchte.

15 SdM, S. 118.

Laplace mißt dem Phänomen der Aberration hohe Bedeutung bei, da sie nach seiner Auffassung die Erdbewegung beweise, „une preuve sensible“[16]. Das ist wichtig, weil heute die Auffassung kursiert, daß Bessels Messung der Fixsternparallaxe die Erdbewegung nachgewiesen hätte.[17] Laplace erkennt die Aberration als einen optischen Beweis der Erdbewegung an.

Neben dem optischen Phänomen der Aberration gibt es mechanische Phänomene, die von der Erdbewegung abhängen. Laplace diskutiert die in Galileis Dialogo erörterte Frage, warum ein von einem Turm fallender Körper am Fuß des Turms aufkommt und nicht, falls die Fallzeit 2 Sekunden beträgt, ca. 800 Meter weiter westlich.[18] Das Gegenteil ist der Fall: Der Körper prallt geringfügig weiter östlich auf, weil die Geschwindigkeit an der Spitze des Turms größer als an dessen Fuß ist. Die Abweichung ist damit von der Turmhöhe und vom Breitengrad abhängig. Ist man im Besitz einer korrekten Mechanik und sehr genauer Meßinstrumente, dann ist allein anhand der Fallbewegung die Erdrotation aufzudecken.

Innerhalb des Abschnitts zu den von der Erdbewegung abhängigen Erscheinungen werden auch allgemeine Sätze über die Planetenbewegung formuliert, die noch im Zusammenhang der Entstehungslehre des Sonnensystems relevant werden.[19] So erläutert Laplace, daß alle Planeten sich in derselben Richtung um die Sonne bewegen und daß sie mit zunehmender Entfernung von der Sonne eine langsamere Bahngeschwindigkeit haben.

Sterne und ihre Bewegung

Das Kapitel XIII des Buch I der Exposition trägt zurecht den Titel: „Des étoiles et de leurs mouvements“; es behandelt nicht nur die Bewegung der Sterne, sondern auch die Frage, was ein Stern ist, bzw. was als Stern betrachtet werden muß. Laplace verläßt bei den Sternen die Himmelsmechanik und nimmt Gedanken späterer Astrophysik vorweg.

Sterne besitzen optische Eigenschaften, durch die sie sich von den Planeten unterscheiden. Trotz ihres scheinbar kleinen Durchmessers verfügen sie über eine hohe Leuchtkraft. Da das Sonnenlicht nicht über eine ausreichende Helligkeit verfügt, um Sterne außerhalb des Sonnensystems derart zu beleuchten, daß sie ihrerseits das Sonnenlicht so reflektieren, daß es auf der Erde sichtbar ist, schließt Laplace, „qu'elles n'empruntent point comme elles leur clarté du Soleil,

---

16 SdM, S. 116.

17 Siehe z. B. die Einleitung von Hans Günter Zekl in: Nicolaus Copernicus: „Das neue Weltbild“, Hamburg 1990, S. XX.

18 Siehe Galileo Galilei: „Dialogo sopra i due massimi sistemi del mondo tolemaico e copernicano“, Florenz 1632, S. 117 ff.; Werkausgabe: „Le Opere“, Bd. VII, Neudruck der Nationalausgabe von 1890–1909, Firenze 1968, S. 150 ff.

19 Siehe dazu weiter unten, S. 38 ff.

mais qu'elles sont lumineuses par elles-mêmes"[20]. Das Phänomen der étoiles changeantes, der veränderlichen Sterne, bestätigt die eigene Leuchtkraft von Sternen: Die stella nova im Sternbild der Kassiopeia wurde nach 16 Monaten unterschiedlicher Erscheinungsfarben wieder unsichtbar. Es gibt also zahlreiche Sonnen und vermutlich auch zahlreiche Sonnensysteme.

Neben den Sternen lassen sich Nebel oder nebelartige Erscheinungen beobachten, deren bekannteste die Milchstraße ist. Die Milchstraße erweist sich bei instrumenteller Betrachtung als eine Ansammlung von Sternen, die mit bloßem Auge als Einheit zu sehen sind. Interessanter als diese sind jedoch die Nebel, die als weiße kontinuierliche Lichtflecke erscheinen und als leuchtende dünne Materie vorgestellt werden. Die Nebel sind weder homogen noch statisch. Laplace erklärt dies durch Kondensation: Sterne haben sich herausgebildet, und sichtbare Materiekonzentrationen innerhalb der Nebel sind Kondensate, die das Stadium des Sterns noch nicht erreicht haben:

> „Les changements remarquables que l'on a observés dans quelques nébuleuses, et particulièrement dans la belle nébuleuse d'Orion, s'expliquent d'une manière heureuse dans cette hypothèse, et lui donnent une grande vraisemblance."[21]

Im Zusammenhang mit der Entstehungslehre des Sonnensystems wird auch die Kondensation von Nebeln nochmals von Bedeutung sein.[22]

Das Problem bei einer Kartographie der Sterne ist, daß sie so weit entfernt sind, daß sich eine Parallaxenbestimmung nicht mit Erfolg durchführen lässt;[23] eine bestimmte Mindestentfernung kann daher nicht unterschritten sein. Die Dauer, die ein Stern benötigt, um vom Mond verdeckt zu werden, beträgt weniger als eine Sekunde. Dies ist nur durch eine sehr große Entfernung oder durch einen äußerst kleinen Durchmesser erklärlich; ein kleiner Durchmesser hätte aber nicht die Parallaxenbestimmung verhindert.

Neben diesen Bewegungen erwähnt Laplace noch die Eigenbewegungen von Sternen. Sie verläuft äußerst langsam und läßt sich nur über Jahrhunderte feststellen, wobei Laplace weitere Bewegungen annimmt. Beispielhaft für die Sterne, die ihre Position relativ zur Fixsternsphäre ändern, sind Sirius und Arktur (hell-

---

20 SdM, S. 58.

21 SdM, S. 59.

22 Siehe unten, S. 40.

23 Dies gelang erst später: Thomas Henderson hat 1832, fünf Jahre nach Laplace' Tod, die Jahresparallaxe eines Fixsterns beobachtet und davon unabhängig hat Friedrich Wilhelm Bessel 1838 anhand der Fixsternparallaxe die Entfernung des 61. Sterns im Sternbild Schwan bestimmt. Siehe zu Henderson, Bessel und Wilhelm Struve: Stephen F. Mason: „Geschichte der Naturwissenschaften", Stuttgart 1961, S. 670, und Friedrich Wilhelm Bessel: „Messung der Entfernung des 61. Sterns im Sternbilde des Schwans" (1838), in: Jürgen Hamel: „Astronomiegeschichte in Quellentexten", Heidelberg 1996, S. 277–279. Bessel gibt die Parallaxe mit 0,3136 Bogensekunden und die Entfernung mit 657 700 Radien der Erdbahn an; dies entspricht 10 Lichtjahren.

ster Stern im Sternbild Bootes).[24] Laplace sagt dies nicht ausdrücklich, letztlich geht es aber darum, daß die traditionell als Fixsternhimmel bezeichnete Sphäre veränderlich ist.

2. Zur Mondtheorie

Zunächst sei angemerkt, daß die Mondtheorie die Astronomen vor enorme Probleme gestellt hat. Der Mond weist zahlreiche Störungen mit Jahresperiode auf, von denen einige zu Laplace' Zeiten erklärt waren. Die Hauptursache der Mondstörungen ist, daß sich die Ungleichheiten vor allem aus der gegenseitigen Gravitation von Sonne, Erde und Mond ergeben. Es gibt bei der Mondtheorie Fragen, die erst in einem Zeitraum von mehreren Jahrhunderten auftauchen. Halley hatte eine säkulare Mondstörung als erster bemerkt und sie wurde von Richard Dunthorne, einem Astronomen aus Cambridge, und Tobias Mayer, dem damaligen Direktor der Göttinger Sternwarte, bestimmt.[25] Das Problem lag darin, daß die für den Mond berechnete mittlere Geschwindigkeit nicht mit den Daten der Babylonier und Araber übereinstimmte.

Diese zeigen an, daß die mittlere Winkelgeschwindigkeit zunimmt, und zwar pro Jahrhundert um ca. 6". Dunthorne und Mayer hatten aus den Daten abgeleitet, daß in der säkularen Gleichung die Länge des Monds um einen Betrag ergänzt werden müsse, der proportional zum Quadrat der Anzahl der Jahrhunderte vor oder nach 1700 ist. In diesem Fall stellte sich die Frage, ob die Geschwindigkeit auf Dauer unendlich groß wird, bzw. wie die derzeitige Situation zu beurteilen ist. Im Vertrauen auf die Korrektheit des Gravitationsgesetzes lautet die Frage:

> „Maintenant quelle est la cause de ce phénomène? La gravitation universelle, qui nous a fait si bien connaître les nombreuses inégalités de la Lune, rend-elle également raison de son inégalité séculaire?“[26]

Die Frage ist deshalb wichtig, weil ihr das Potential zur Falsifikation der Gravitationsformel innewohnt. Alternativen zu einer Erklärung mittels der Gravitationsformel sind:

- Einwirkung von Kometen,
- Widerstand des Äthers,
- sukzessive Fortbewegung der Gravitationskraft und
- die Leugnung der säkularen Mondgleichung.[27]

---

24 SdM, S. 63.

25 Zu Tobias Mayer siehe Eric G. Forbes: „Mayer, Johann Tobias“, in: DSB, Bd. 9, S. 232–235.

26 SdM, S. 243.

27 Vgl. SdM, S. 249.

Laplace stellt diesen vier Möglichkeiten eine Theorie entgegen, deren Kern darin besteht, daß sie mit der Gravitationstheorie vereinbar ist und die Beschleunigung des Monds in Abhängigkeit zur veränderlichen Exzentrizität der Erdbahn setzt:

> „*L'équation séculaire de la Lune est due à l'action du Soleil sur ce satellite, combinée avec la variation séculaire de l'excentricité de l'orbe terrestre.*“[28]

Dabei geht es um folgende Größenordnungen:

> „Dans l'intervalle de 1750 à 1850, le carré de l'excentricité de l'orbe terrestre a diminué de 0,00000140595; l'accroissement correspondant de la vitesse angulaire de la Lune a donc été 0,0000000117821 de cette vitesse.“[29]

Die Werte zeigen an, daß ohne eine lange Dauer der Katalogisierung derartige Unterschiede überhaupt nicht festzustellen sind; es geht um Höchstleistungen der Beobachtung. Laplace betont die Kohärenz der Veränderung der Exzentrizität der Erdbahn und der Mondbewegung: „Il est remarquable que la diminution de l'excentricité de l'orbe terrestre soit beaucoup plus sensible dans les mouvements de la Lune que par elle-même.“[30] Worauf es ankommt, ist, daß die Veränderung eines himmelsmechanisch wenig berücksichtigten Elements wie die Veränderung der Exzentrizität der Erdbahn sich sichtbar auswirkt. Unter Einbeziehung neu entdeckter Elemente wird die Mondtheorie leistungsfähiger und genauer.

Die für Laplace wichtigste Frage ist, ob die Ungleichheiten periodisch sind oder nicht.[31] Bei jährlichen Ungleichheiten läßt sich die Periodizität innerhalb weniger Sonnenumläufe nachweisen. Dies geht nicht bei säkularen Ungleichheiten. Beim lunisolaren Zyklus, der sich über 600 Jahre hinzieht, konnte Laplace erst mit Hilfe der antiken Aufzeichnungen die Periodizität nachvollziehen. Andere Ungleichheiten lassen dies aufgrund ihrer Dauer noch nicht zu. Die Prognose für die Zukunft lautet dennoch:

> „Les siècles à venir développeront ces grandes inégalités [...]. Ces inégalités ne sont pas toujours croissantes; elles sont périodiques, comme celles de l'excentricité de l'orbe terrestre, dont elles dépendent, et ne se rétablissent qu'après des millions d'années.“[32]

Der Mond wird also nicht monoton schneller, sondern seine Geschwindigkeit hängt von der periodischen Änderung der Exzentrizität der Erdbahn ab.

Die zweite Störung, deren Erklärung Laplace betont, liegt in einer Breitenschwankung des Monds, die von der Ellipsoïdform der Erde abhängt. Aufgrund

---

28 SdM, S. 243.
29 SdM, S. 244.
30 SdM, S. 248.
31 Zur wissenschaftshistorischen Brisanz dieser Frage siehe weiter unten den Abschnitt „Beurteilung“ in Kapitel III.2.
32 SdM, S. 246.

der wissenschaftshistorischen Bedeutung dieses Zusammenhangs sei hier die Mécanique céleste herangezogen. Im zweiten Teil, Buch VII: „Théorie de la Lune“, Kapitel 1: „INTÉGRATION DES ÉQUATIONS DIFFÉRENTIELLES DU MOUVEMENT LUNAIRE“[33] entwickelt Laplace die Mondtheorie unter Einbeziehung der Planetenformen, der ‚non-sphéricité‘. Der Grundgedanke ist, daß die Gravitation zwischen allen Molekülen der Erde und des Monds berücksichtigt werden müßte. Die durch die Erdform bedingten Störungen sind äußerst gering, spielen erst bei hoher Präzision und dann nur bei einer Breitenschwankung des Monds eine Rolle: Die Mondbahn befindet sich nicht genau in der Ebene der Ekliptik, sondern zwischen der Ekliptik und dem Äquator. Der Winkel zwischen den Ebenen ist nicht konstant, sondern schwankt um einen sehr kleinen Betrag. Diese Schwankung der Mondbahn kommt dadurch zustande, daß die Rotationsachse der Erde ihrerseits eine Schwankung aufweist, die auf die Bewegung des Monds übertragen wird. Der Mond wird gewissermaßen neu ausgerichtet. Das heißt auch, daß sich mit Hilfe einer leistungsfähigen Mondtheorie die Erdabplattung berechnen läßt. Burckhardt hat den Wert der Erdabplattung auf 1/304,6 des großen Durchmessers bestimmt.[34]

Die Bedeutung dieser Erklärung ist deshalb groß, weil Planeten nicht mehr als Punktmassen, sondern als aus infinitesimal kleinen Partikeln zusammengesetzte Körper aufgefaßt werden. Eigentlich müßte Laplace jedes einzelne Molekül der Erde in seinem Abstand zu sämtlichen Molekülen des Monds berechnen, statt dessen integriert er über die Planetenformen. Die Einbeziehung der Planetenformen ist eine Verbesserung gegenüber Newton, der derartige Störungen noch nicht bewältigen konnte: Newtons „théorie de la figure des planètes est limitée par la supposition de leur homogénéité“.[35] Zum besseren Verständnis der Bedeutung sei erwähnt, daß sowohl die Störungstheorie als auch die genaue Bestimmung der Erdform zu den wichtigsten Aufgaben der Astronomie dieser Zeit gehörten. Es geht bei den Themen um die ‚Spitzenforschung‘, was daran ersichtlich wird, daß Laplace auch in den entsprechenden Kapiteln der Mécanique céleste auf die neuesten Kataloge und Arbeiten von Bouvard, Burckhardt, James Bradley, Flamsteed, Johann Tobias Mayer, Mason, Nevil Maskelyne und Bürg zurückgreift.

Himmelsmechanisch weniger virtuos, wohl aber wissenschaftshistorisch interessant ist Laplace' Theorie der Libration des Monds, der er ein eigenes Kapitel widmet: Eine himmelsmechanische Konstellation wird genetisch erklärt. Unter Libration versteht man „kleine scheinbare Verdrehungen des Mondkörpers gegen seine mittlere Stellung in bezug auf die Erde, wodurch etwas mehr als nur die Hälfte seiner Oberfläche von der Erde aus sichtbar wird“.[36] Es gibt vier

33 In der Akademie-Ausgabe Bd. III, S. 193 ff.

34 Siehe SdM, S. 250.

35 SdM, S. 461.

36 Helmut Zimmermann: „Lexikon der Astronomie“, 9. Aufl., Heidelberg 1999, S. 212.

Librationen (tägliche L., physische L., L. in Breite, L. in Länge). Alle Librationen zusammen ergeben, daß 59 % der Mondoberfläche von der Erde aus sichtbar sind. Laplace geht es im Folgenden um die Libration in Länge, die heute über die nicht konstante Winkelgeschwindigkeit bei konstanter Rotationsgeschwindigkeit erklärt wird.[37] Laplace' Argumentation beginnt mit Überlegungen zur Mondentstehung: Der Mond verfügt über eine geringe Polabplattung, die er durch seine Rotation bekommen hat. Dies besagt noch nichts über seine Form als ganze. Wäre der Mond flüssig und hätte eine homogene Massenverteilung, so wäre seine Form ein Ellipsoïd und er könnte gleichmäßig rotieren. Die kleine Achse des Ellipsoïds entspräche genau der Rotationsachse des Monds, und die Rotationsdauer des Monds wäre von seinem Umlauf unabhängig. Wäre dies der Fall, dann drehte sich der Mond, und man könnte auch seine Rückseite sehen, bzw. dann hätte er keine Rückseite in unserem Sinn. Nun ist dies nicht der Fall, da die Rotationsdauer mit der Dauer seines Umlaufs um die Erde übereinstimmt. Laplace erklärt die Übereinstimmung durch den gravitativen Einfluß der Erde während der Erstarrung des Monds: „l'attraction de la Terre a dû allonger son axe dirigé vers cette planète".[38] Die längere Achse ist auf die Erde gerichtet. Laplace stellt sich den Mond in Form eines Eis vor, dessen Schwingungsverhalten er mit dem eines Pendelgewichts vergleicht. So wie ein Pendelgewicht durch die Schwere immer wieder ausgerichtet wird, so richtet die Gravitation den Mond relativ zur Erde aus, wobei er aber weiterhin leicht schwankt. Diese Schwankung ist so klein, daß sie sich nicht feststellen läßt: „Cette libration est très petite, puisque les observations ne l'ont point fait connaître."[39] Das ist bemerkenswert, weil Laplace hier einem nach seiner eigenen Darstellung empirisch nicht nachgewiesenen Phänomen ein ganzes Kapitel widmet. Die Quintessenz der Argumentation ist, daß auch die gebundene Rotation des Monds durch die Gravitation erklärbar ist.[40]

---

37 „Die L[ibration] *in Länge* entsteht durch die Ungleichmäßigkeit der Bewegung des Mondes auf seiner Bahn. Nach dem 2. Keplerschen Gesetz läuft er im Perigäum schneller als im Apogäum, was eine ungleichmäßige Winkelgeschwindigkeit der Bahnbewegung zur Folge hat, hingegen erfolgt die Rotation des Monds mit konstanter Winkelgeschwindigkeit. Da beide Winkelgeschwindigkeiten wegen der gebundenen Rotation im Mittel gleich sind, ergeben sich periodisch Differenzen: Im Perigäum überwiegt die Winkelgeschwindigkeit der Bahnbewegung, im Apogäum die der Rotation. Der Mondkörper scheint dadurch in selenographischer Länge um einen kleinen Winkel, maximal um 7,9° nach der einen oder der anderen Richtung gedreht, so daß man etwas über den der mittleren Lage entsprechenden West- bzw. Ostrand hinaussehen kann." (Zimmermann: „Lexikon der Astronomie", S. 212.)

38 SdM, S. 334.

39 SdM, S. 335, siehe auch S. 336.

40 Nach heutiger Auffassung ist die gebundene Rotation des Monds das Resultat der Gezeitenreibung.

Der Entstehungsgedanke und die Analogie zu irdischen Verhältnissen begünstigen offenbar die Annahme kontinuierlicher Mondveränderungen. Laplace meint, daß die Berge und Krater des Monds irdischen Meerestiefen ähneln und der Mond geologische (korrekter: selenologische) Veränderungen aufweise:

> „Enfin cette surface paraît offrir des traces d'éruptions volcaniques; la formation de nouvelles taches, et des étincelles [Funken] observées plusieurs fois dans sa partie obscure semblent même y indiquer des volcans en activité."[41]

Die Mondbeschaffenheit ist also nicht statisch.

Der Mond ist der einzige Himmelskörper, der aufgrund seiner Nähe zur Erde und der Einführung optischer Instrumente Überlegungen zur Beschaffenheit seiner Oberfläche begründet erscheinen lassen. Seine Oberfläche sei fest und die Oberfläche „une masse aride [trocken, dürr, unfruchtbar]"[42]. Gegen die Fruchtbarkeit der Mondbedingungen spricht auch, daß der Mond optische Gründe gegen die Annahme einer Atmosphäre liefere. Bei einer Sonnenfinsternis müßte eine Atmosphäre die Lichtstrahlen der Sonne streuen, was sich aber nicht beobachten läßt. Deshalb ist die Atmosphäre höchstens sehr dünn, und zwar dünner als ein Vakuum, das sich auf dem derzeitigen Stand der Technik herstellen ließ.

3. Zum Jupiter und seinen Satelliten

Im 18. Jahrhundert waren vier Jupitersatelliten bekannt, die gemäß ihrem Abstand zum Jupiter von innen nach außen gezählt werden.[43] Die mittleren Distanzen der Satelliten mit der Einheit des äquatorialen Radius des Jupiters und ihre siderische Umlaufzeiten sind nach Laplace:

	Mittlere Entfernung	Umlaufzeit
Erster Satellit	6,04853 Radien	1,769137788148 Tage
Zweiter Satellit	9,62347 Radien	3,551181017849 Tage
Dritter Satellit	15,35024 Radien	7,154552783970 Tage
Vierter Satellit	26, 99835 Radien	16,688769707084 Tage

Sieht man sich die Tabelle an, so läßt sich feststellen, daß der Umlauf des 2. Satelliten ungefähr halb so lange dauert wie der des 3. – das gleiche gilt für das Verhältnis vom 1. zum 2. Satelliten und demgemäß gilt für die Winkelgeschwin-

---

41 SdM, S. 34.

42 SdM, S. 31.

43 Im Jahr 2004 waren 62 Jupitersatelliten bekannt. Der 13. Jupitermond Leda hat einen Durchmesser von nur 10 km. Die vier größten Satelliten sind erstmals von Galilei beobachtet worden.

digkeiten, daß sie sich von den inneren zu den äußeren Satelliten verdoppeln. Laplace drückt dieses Gesetz aus, wobei die Geschwindigkeit des ersten Satelliten als Bezugsgröße genommen wird:

> „S'ils la suivaient exactement, le moyen mouvement du premier satellite, plus deux fois celui du troisième, serait rigoureusement égal à trois fois le moyen mouvement du second satellite."[44]

Darüber hinaus läßt sich bei den Jupitersatelliten folgende kinematische Struktur beobachten: „la longitude moyenne du premier, moins trois fois celle du second, plus deux fois celle du troisième, n'a jamais différé de deux angles droits, que de quantités presque insensibles".[45] Dieser Befund hat große Bedeutung, weshalb hier die Mécanique céleste herangezogen sei. Dort schreibt Laplace über die mittleren Bewegungen:

> „on aura donc, en n'ayant égard qu'aux quantités moyennes, $n - 3n' + 2n'' = 0$; c'est-à-dire que *le moyen mouvement du premier satellite, moins trois fois celui du second, plus deux fois celui du troisième, est exactement et constamment égal à zéro.*"[46]

und über die Längen:

> „On a ensuite $\varepsilon - 3\varepsilon' + 2\varepsilon''$ égal à deux angles droits; ainsi, la *longitude moyenne du premier satellite, moins trois fois celle du second, plus deux fois celle du troisième, est exactement et constamment égale à deux angles droits.*"[47]

Das Wichtige ist hier, daß $\varepsilon - 3\varepsilon' + 2\varepsilon''$ um den konstanten Wert zweier rechter Winkel schwankt. In der Exposition zieht er das Fazit:

> „Il suit de là que, d'ici à un très grand nombre d'années au moins, les trois premiers satellites de Jupiter ne seront point éclipsés à la fois; mais, dans les éclipses simultanées du second et du troisième, le premier sera toujours en conjonction avec Jupiter; il sera toujours en opposition dans les éclipses simultanées du Soleil, produites sur Jupiter par les deux autres satellites."[48]

Es ändert sich also nichts Gravierendes am Satellitensystem des Jupiter; die Verhältnisse gelten immer, toujours. Die Konstanz der mittleren Werte bedeutet nicht, daß das Satellitensystem des Jupiters keine Störungen aufweist, sie sind jedoch nur geringfügig und gleichen sich periodisch aus. Zusammenfassend sagt Laplace über das System der Jupitersatelliten, daß es stabil sei, auch wenn es durch geringfügige Momente wie einen Ätherwiderstand gestört würde:

---

44 SdM, S. 144.
45 SdM, S. 144.
46 Mécanique céleste, OC, Bd. I, S. 368.
47 Mécanique céleste, OC, Bd. I, S. 369.
48 SdM, S. 145.

„Dans tous ces cas, les équations séculaires de ces mouvements se coordonnent entre elles par l'action réciproque des satellites, de manière que l'équation séculaire du premier, plus deux fois celle du troisième, est égale à trois fois celle du second; [...] Ainsi les trois premiers satellites de Jupiter forment un système de corps liés entre eux par les inégalités et par les rapports précédents, que leur action mutuelle maintiendra sans cesse, à moins qu'une cause étrangère ne vienne déranger brusquement leurs mouvements et leurs positions respectives."[49]

Eine solche Ursache wäre z. B. ein größerer Komet. Es gibt zwar Schwankungen, die Jupitersatelliten bleiben dennoch „dans un rapport constant"[50] bzw. dieses Verhältnis ist „rigoureux"[51].

Warum ist das wichtig? Das System der Jupitersatelliten demonstriert einen kosmologisch zentralen Punkt: Es gibt im Sonnensystem ein stabiles System, das über einen Zentralkörper, über mehrere Satelliten und periodische Störungen, also über alles verfügt, was das Sonnensystem als himmelsmechanisches Problem auszeichnet. Das System des Jupiters und seiner Satelliten wird als Analogon des Sonnensystems gesehen und an ihm können kosmische Verhältnisse exemplarisch ausgearbeitet werden.[52] Die Analogie des Sonnen- und des Jupitersystems bestärkt in der Hypothese, daß das Sonnensystem auch stabil ist.

4. Die Jupiter-Saturn-Ungleichheit

Die bedeutendste himmelsmechanische Störung ist die Jupiter-Saturn-Ungleichheit. Vergleicht man die antiken mit den neuzeitlichen Aufzeichnungen, so läßt sich feststellen, daß sich die Umlaufdauer des Jupiters über Jahrhunderte verringerte und die des Saturns zunahm. Die Verhältnisse kehrten sich 1560 um und die mittleren Werte waren 1790 erreicht. Die Größenordnung, in der sich die Geschwindigkeitsdifferenzen abspielen, ist klein: Der Wert für das 18. Jahrhundert beträgt nach Halley für die Verlangsamung des Saturns 256,94" und für die Beschleunigung des Jupiters 106,02" pro Jahrhundert[2].

49 SdM, S. 257–258.
50 SdM, S. 264.
51 SdM, S. 147.
52 Siehe dazu Gillispie: „Laplace", S. 157.

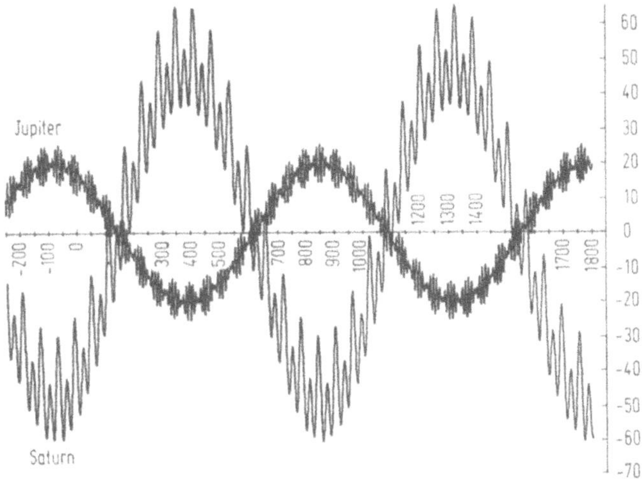

Die Graphik zeigt in Bogensekunden die Abweichungen von den mittleren Positionen von Jupiter und Saturn von 300 v. Chr. bis 1800.[53]

Die säkulare Veränderung der Jupiter- und der Saturnbewegung wurde durch Kepler bekannt. Seitdem hatten sich zahlreiche Astronomen um entsprechende Theorien bemüht, darunter Kepler selbst, Jeremiah Horrocks, John Flamsteed, Isaac Newton, Edmond Halley, Giacomo Felippi Maraldi, Jacques Cassini, Le Monnier, Le Gentil, Lalande, Jeaurat, Wargentin, Lambert, Euler, Clairaut und Lagrange.[54] Die Pariser Académie hatte 1748 eine Preisfrage zur Jupiter-Saturn-Ungleichheit ausgeschrieben und sie 1750 und 1752 erneuert. Es ging darum, Gleichungen zu finden, mit denen sich antike und moderne Aufzeichnungen berechnen lassen; die antiken Aufzeichnungen sind die von Ptolemaios.[55]

Das Problem wurde von den unmittelbaren Vorgängern so gehandhabt, daß sie eine konstante Beschleunigung pro Jahrhundert angenommen haben. Euler hatte zwar 1748 und 1752 die Preisfrage gewonnen, es stellte sich aber heraus, daß seine Lösung die Umkehrung der Beschleunigung seit 1560 nicht wiedergab. Lagranges Gleichungen stimmten etwas besser mit den Planetentafeln überein.

Laplace' Absicht ist nachzuweisen, daß der Betrag der säkularen Veränderungen der mittleren Jupiter- und Saturnbewegung gleich Null ist. Dazu fügt er keine

---

53 Quelle: Curtis Wilson: „The great inequality of Jupiter and Saturn from Kepler to Laplace“, in: Archive for the History of Exact Sciences 33 (1985), S. 35.

54 Siehe Wilson: „The great inequality“, S. 36–69.

55 Siehe Laplace: „Théorie de Jupiter et de Saturne“, OC, Bd. XI, S. 203.

TEMPS MOYEN, à Paris, nouveau style.		LONGITUDE héliocentrique de Saturne, observée.	EXCÈS de la longitude héliocentrique calculée par les formules précédentes sur la longitude observée.	EXCÈS de la longitude calculée par les Tables de Halley, sur la longitude observée.
années.	h '	s ° ' "	' "	' "
1582. 30 août.	23.12.....	11. 7.27.47	+ 1.36	+ 1.56
1591. 30 décembre.	22.14.....	3. 9.23.14	+ 1.33	− 0.54
1598. 20 mars.	23. 0.....	6. 0.33.35	− 0. 7	+ 0.37
1660. 27 avril.	22. 0.....	7. 8.40.56	− 1.36	+ 2.58
1664. 14 juin.	15.26.....	8.24.31.10	− 0.35	+ 3.20
1667. 21 juillet.	0.34.....	3.28.31.10	− 0.21	+ 3.50
1672. 20 septembre.	12.16.....	11.28.41.47	− 0.58	+ 3.25
1676. 13 novembre.	7.56.....	1.22.20.20	− 0. 8	+ 1.31
1679. 25 décembre.	22.39.....	3. 4.54. 0	− 0.14	− 1.57
1684. 18 février.	18. 8.....	5. 0.34.35	− 1.40	− 3.21
1686. 16 mars.	10.52.....	5.26.46.20	− 0.51	− 3.28
1687. 29 mars.	11.22.....	6. 9.24.20	− 1. 9	− 4.54
1690. 5 mai.	6.46.....	7.15.33.15	+ 0.25	− 7.59
1694. 21 juin.	21.18.....	9. 1.11.10	+ 1.29	− 9. 0
1697. 27 juillet.	9.31.....	10. 5.19.30	+ 0.25	− 9.35
1700. 3 septembre.	3. 2.....	11.10.58. 0	+ 0. 8	− 8.44
1701. 16 septembre.	2.51.....	11.23.23.30	+ 0. 1	− 8. 0
1705. 8 novembre.	9.19.....	1.16.18.30	+ 1.38	− 2.42
1712. 31 janvier.	0.28.....	4.10.50.25	+ 1.17	+ 4.11
1719. 30 avril.	20.30.....	7.10.17.20	− 0.53	+ 5.16
1722. 5 juin.	13. 9.....	8.14.52. 3	− 0.30	+ 2.25
1727. 4 août.	9.54.....	10.11.48. 7	− 0. 1	− 1.13

Tafel mit beobachteten Saturnpositionen aus 145 Jahren und berechneten Abweichungen von Laplace und Abweichungen, die sich aus Halleys Tafeln ergeben („Théorie de Jupiter et de Saturne", S. 200).

Konstanten in die Gleichungen ein, sondern sieht die Schwankungen in wechselseitiger Abhängigkeit von den Größen der Saturn- und der Jupiterbahn. Es geht um Störungen höherer Ordnung, das heißt die Einbeziehung der Veränderungen der Exzentrizitäten und der Neigungen der Planetenbahnen.[56] Diese Aspekte waren zum Teil himmelsmechanisch noch nicht erfaßt, nicht berechenbar oder vernachlässigt. Laplace beschränkt in der Exposition die Details auf die Angabe der 2 : 5-Proportionalität der mittleren Geschwindigkeiten und ihren Änderungen. Gemäß der Tafel zur Planetenbewegung in Buch II, 4 beträgt die siderische

56 Siehe Wilson: „The great inequality", S. 288.

Umlaufdauer des Jupiters 4332,5848212 und die des Saturns 10759,2198174 Erdtage. Diesem Verhältnis sind die von Halley angegebenen Werte der Beschleunigung pro Jahrhundert, Jupiter 106,02" und Saturn 256,94", proportional:

$$\frac{106{,}02}{256{,}94} \sim \frac{4332{,}5848212}{10759{,}2198174} \sim \frac{2}{5}$$

Dem Betrag der Jupiterbeschleunigung entsprechen –5/2 der Saturnbeschleunigung: „ces termes se détruiraient mutuellement"[57]. Zusätzlich führt Laplace den Nachweis, daß die Schwankungen in Grenzen um die mittleren Bewegungen stattfinden und periodisch sind, wie es die obige Graphik anzeigt:

> „leurs [der Planeten] inégalités séculaires sont périodiques et renfermées dans d'étroites limites, en sorte que le système planétaire ne fait qu'osciller autour d'un état moyen dont il ne s'écarte jamais que d'une très petite quantité".[58]

Die Störungen nehmen nicht stetig größere Ausmaße an. Kosmologisch bedeutet das, daß das Sonne-Jupiter-Saturn-System stabil ist.

Dieses Ergebnis ist für die Geschichte philosophischer Kosmologien und der Himmelsmechanik äußerst bedeutend und die diesbezüglichen Mémoires sind anspruchsvoll und umfangreich.[59] Die Himmelsmechanik war bis zur Einführung der analytischen Methode ‚keplerisch'. Die Verbesserungen der Planetentafeln seit den Rudolphinischen Tafeln basierten auf Einbeziehung von optischen Fehlern, Exzentrizitäten, deren Änderungen etc. Die Aufgabe der kinematischen Erfassung der Planetenbewegung war selbst schon ausreichend schwierig: Jean Picard (1620–1682) hatte festgestellt, daß es Abweichungen von den zu erwartenden Werten gibt, die durch die Eigenbewegungen der Hintergrundsterne zustande kommen; mit fortschreitender Genauigkeit stellte sich das zugrundeliegende System der Himmelskoordinaten als problematisch heraus. Halleys Tafeln machten durch die Angabe der Beschleunigungen der mittleren Bewegung des Jupiters und des Saturns eine nicht zu bewältigende Aufgabe für den keplerischen Ansatz aus. Erst mit der Einführung der analytischen Methode ließen sich wechselseitige Abhängigkeiten zwischen den Planeten und ihren Bahnen in Angriff nehmen. Daher wurde die Theorie der Jupiter-Saturn-Ungleichheit zur zentralen himmelsmechanischen Aufgabe des 18. Jahrhunderts. Die technische Herausforderung hieß in der Folge, Planetentafeln unter Berücksichtigung des gegenseitigen Einflusses der Planeten zu erstellen.[60] Durch das Wissen um Perturbationen kam erst die Frage nach der Stabilität des Sonnensystems auf. Diese

57 SdM, S. 216.

58 SdM, S. 216–217.

59 Siehe OC, Bd. XI, S. 98–238.

60 „Thus a prime consequence of Newton's theory of universal gravitation, in accordance with which the planets must be held to perturb one another's motions, had so far remained without practical effect on the form and content of planetary tables." (Wilson: „The great inequality", S. 16.)

Frage wurde von Laplace dahingehend beantwortet, daß sämtliche bekannte oder zumindest faßbare Störungen periodisch seien, womit die Stabilität nicht deduktiv oder im strengen Sinn bewiesen ist, wohl aber die Gegenannahme einem höheren Begründungserfordernis untersteht.

5. Die Entstehungslehre des Sonnensystems

Um die Laplacesche Lehre der Entstehung des Sonnensystems herrscht einige Verwirrung. Diese erklärt sich daher, daß – wohl erstmalig von Helmholtz[61] – die Namen Kant und Laplace im Adjektiv ‚Kant-Laplacesch' zusammengefaßt wurden.[62] ‚Kant-Laplacesch' kommt in Verbindung mit zahlreichen kosmologischen Begriffen wie Theorie, Kosmogonie, Nebularhypothese etc. vor, was sich sogar editorisch ausgewirkt hat: Heinrich Schmidts Buch „Die Kant-Laplace'sche Theorie" legt allein durch den Titel eine starke inhaltliche Übereinstimmung nahe.[63]

In der Laplace-Forschung besteht Einigkeit darüber, daß Laplace Kants Kosmogonie, die er in der „Allgemeine[n] Naturgeschichte und Theorie des Himmels" (1755) entwickelt, nicht gekannt hat, auch wenn die Exposition du système du monde erst 41 Jahre später erschienen ist.[64] Meines Erachtens ist diese Einschätzung richtig, denn in den 14 Bänden von Laplace' Œuvre kommt Kant nicht ein einziges Mal vor. Der einzige, der sich innerhalb der Newtonschen Physik um eine Herkunftserklärung der Planeten bemüht habe, sei Buffon.[65] Laplace hat keine Zurückhaltung bei der Nennung anderer, die eine seiner Theorien vorweggenommen oder vorbereitet haben; das ist ein Indiz dafür, daß er Kants Theorie des Himmels nicht kannte.

Die Tradition der Kosmogonien bedingt einen weiteren Fehler. Laplace' Theorie der Entstehung des Sonnensystems wird häufig falsch verstanden und auf das All, die Welt o. ä. bezogen.[66] Schon aus der vorphilosophischen Zeit,

---

61 Siehe Hermann von Helmholtz: „Über die Entstehung des Planetensystems", in: ders., „Populäre wissenschaftliche Vorträge", Heft 3, Braunschweig 1876, S. 101.

62 Vgl.: „Wenn man später Kants Theorie und die 40 Jahre danach entstandene Konzeption von Laplace mit dem Namen beider Denker belegt hat […], so täuscht dies eine zu starke Gemeinsamkeit vor." (Kanitscheider: „Kosmologie", S. 128.)

63 Siehe dazu oben, S. 10. Die Bedeutung von Editionen für die Wirkungsgeschichte ist nicht zu unterschätzen.

64 Siehe Andoyer: „L'œuvre scientifique", S. 144, Wiederkehr: „Laplace", S. 278, Hahn: „Laplace", S. 114. Kant kommt in der Laplace-Monographie von Gillispie ebenfalls nicht vor.

65 Siehe SdM, S. 499.

66 Siehe z. B. den erwähnten Vortrag „Über die Entstehung des Planetensystems" von Helmholtz. Er spricht von „Weltkörper", Planetensystem, Welt oder Kosmos (S. 101).

z. B. durch Hesiods Theogonie, sind Lehren überliefert, die die Entstehung des gesamten Kosmos zum Gegenstand haben. In der antiken Philosophie setzt sich die Tradition fort. In diesen Kosmogonien geht es, soweit ich sehe, immer um das Ganze (τὸ ὅλον[67]) oder um das All (τὸ πᾶν[68]) und nicht um dessen einzelne Bestandteile. Hinsichtlich der Antike trifft der Name Kosmogonie zu. Laplace begrenzt die Entstehungslehre jedoch auf das Sonnensystem, weshalb streng-genommen von einer ‚Sonnensystemgonie' zu sprechen wäre.[69] Warum Laplace eine Entstehung des Sonnensystems und keine Kosmogonie anvisiert, wird durch die Fragestellung verständlich. Die Entstehungslehre soll erklären:

1. die Bewegung aller Planeten in derselben Richtung und nahezu in derselben Ebene,
2. die Bewegung der Satelliten in derselben Richtung wie die Planeten,
3. die Übereinstimmung der Rotationsrichtung der Sonne und der Planeten mit deren Umlaufrichtung,[70]
4. die geringe Exzentrizität der Planetenbahnen und der Satelliten,
5. die große Exzentrizität der Kometenbahnen.[71]

Nach Buffons Entstehungslehre besteht der Ursprung der Planeten und Satelliten im Sturz eines Kometen in die Sonne. Von der Sonne sei dadurch Materie weggebrochen, die sich zu Kugeln bzw. zu Tropfen unterschiedlicher Größe vereinigt habe. Diese Materieansammlungen seien dann erkaltet und haben sich

---

Vgl. auch Werner Ziegenfuss und Gertrud Jung: „Philosophen-Lexikon", Bd. II, Berlin 1950, S. 17: „L. gestaltet eine Theorie, nach der die Welt aus der Ballung von Nebelmassen entstanden ist."

67 „ἡ δὲ τοῦ ὅλου σύστασίς ἐστι κόσμος καὶ οὐρανός." („Der Kosmos und der Himmel ist die Zusammenstellung des Ganzen." Aristoteles: „de caelo", I 10, 280 a, 21–22.).

68 „πυρός τε ἀνταμοιβὴ τὰ πάντα καὶ πῦρ ἁπάντων ὅκωσπερ χρυσοῦ χρήματα καὶ χρημάτων χρυσός." („Wechselweiser Umsatz: des Alls gegen das Feuer und des Feuers gegen das All, so wie der Waren gegen Gold und des Goldes gegen Waren." Heraklit, DK B 90, Übersetzung Diels.)

69 Vgl.: „Elle [die kosmogonische Hypothese] est limitée au système solaire […]." (Andoyer: „L'œuvre scientifique", S. 144.) Merleau-Ponty geht soweit, Laplace wegen des fehlenden Holismus nicht ohne Einschränkungen für einen Kosmologen zu halten (siehe Jacques Merleau-Ponty: „Laplace As a Cosmologist", in: W. Yourgrau und A. D. Breeks: „Cosmology, History, and Theology", New York 1977, S. 283).

70 Wie man heute weiß, ist diese Annahme falsch: Die Venus verfügt über eine retrograde Rotation, bzw. sie dreht sich dem Hauptumdrehungssinn des Sonnensystems entgegengesetzt (siehe Zimmermann: „Lexikon der Astronomie", S. 510).

71 „les mouvements des planètes dans le même sens, et à peu près dans un même plan; les mouvements des satellites dans le même sens que ceux des planètes; les mouvements de rotation de ces différents corps et du Soleil, dans le même sens que leurs mouvements de projection et dans des plans peu différents; le peu d'excentricité des orbes des planètes et des satellites; enfin, la grande excentricité des orbes des comètes, quoique leurs inclinaisons aient été abandonnées au hasard" (SdM, S. 498).

verfestigt.[72] Buffons Theorie erkläre lediglich den ersten Punkt, nicht aber die vier anderen.

Nach Laplace' Theorie der Entstehung des Sonnensystems lag in einem Urzustand (l'état primitif) eine rotierende Flüssigkeit vor, die den Raum des heutigen Sonnensystems ausfüllte.[73] Diese Flüssigkeit, die auch als Sonnenatmosphäre oder als Nebel bezeichnet wird, war heiß und zog sich im Lauf der Zeit auf das Ausmaß der Sonne zusammen. An den Rändern der Flüssigkeit bildeten sich Dunstzonen, die sich absondern konnten, weil ihre Zentrifugalkraft gleich der Anziehungskraft der Sonne war. Die Zonen zogen sich aufgrund der Gravitationskraft zu Ringen zusammen, die in der Äquatorebene der Sonne liegen. Ein derartiger Ring ist nur dann stabil, wenn er homogen oder zumindest im Gleichgewicht ist, was aber höchst unwahrscheinlich ist und im Sonnensystem nur einmal vorkommt (beim Saturn). War ein Ring instabil, so kondensierte seine Materie zu rotierenden Nebeln, aus denen sich durch Gravitation die festen Planeten bildeten. Bei den kleineren rotierenden Nebelsphären können sich die Vorgänge wiederholen, was auch häufiger geschehen ist. Aus den Ringen der kleineren Nebelsphären entstanden Monde oder Ringe und es gibt Monde, die einen eigenen Mond haben.[74]

Laplace stützt die Theorie der Entstehung des Sonnensystems durch empirische Analogien. Der Prozeß selbst lasse sich aufgrund seiner enormen Dauer nicht beobachten, Herschel habe aber Nebel entdeckt, die über Kerne verfügen, wobei die beobachtbaren Nebel unterschiedliche Stadien der Systementstehung präsentieren. Ferner gebe es die Besonderheit der Saturnringe, die eine Entwicklungsstufe des Sonnensystems darstellen. Kometen sind in dieser Theorie dem Sonnensystem nicht ursprünglich zugehörig. Sie sind im Kosmos umherirrende Körper, die von einem Sonnensystem zum nächsten fliegen („errantes de systèmes en systèmes solaires"[75]) oder auch von der Sonne eingefangen werden können.

---

72 Siehe George Louis Leclerc Buffon: „Théorie de la Terre", in: ders., „Œuvres complètes", Bd. I, Paris 1854, S. 70.

73 Im Ursprungsszenario besteht ein Unterschied zwischen Kants Kosmogonie und Laplace' Entstehungslehre des Sonnensystems: „Der kantischen Hypothese nahe verwandt ist die des Franzosen Laplace (1749 bis 1827), die er in seiner ‚Exposition du système du monde' gab; doch geht Kant von einem Urnebel des Universums, Laplace von einer bereits in Rotation befindlichen Nebelscheibe unseres Sonnensystems aus; Kant läßt Sonnen und Planeten durch Gravitation entstehen, Laplace läßt Ringe vom Zentralkörper sich durch Zentrifugalkraft ablösen." (Friedrich Kirchner: „Wörterbuch der philosophischen Grundbegriffe", 5. Aufl., Leipzig 1907, S. 312.)

74 Laplace' Nebularhypothese ist immer noch aktuell: „Die Nebularhypothese kann als der echte qualitative Vorläufer der heute als gültig betrachteten Konzeption angesehen werden, wonach das Sonnensystem aus der Gravitationsinstabilität einer interstellaren Gaswolke entstanden ist." (Kanitscheider: „Kosmologie", S. 129.)

75 SdM, S. 570.

Laplace' Theorie der Entstehung des Sonnensystems leitet die fünf oben angeführten Aspekte her, die den kinematischen Befund des Planetensystems ausmachen. Letztlich bleibt die Theorie aber hinter den Standards der Himmelsmechanik zurück, da sie nicht auf Berechnungen basiert. Die Theorie der Entstehung des Sonnensystems ist nach Laplace selbst mit dem Mißtrauen zu behandeln, das bei nicht-quantitativen Theorien einzunehmen ist: „je présente [die Hypothese über Entstehung des Sonnensystems] avec la défiance que doit inspirer tout ce qui n'est point un résultat de l'observation ou du calcul."[76] Ein äußeres Anzeichen für die Zurückhaltung, mit der Laplace die Theorie der Entstehung des Sonnensystems vertritt, ist auch ihre Lokalisierung in der Exposition: Er kündigt sie im Précis de l'Historie de l'Astronomie an und entwickelt sie in der letzten anhängenden note 7.

6. Zur molekularen Anziehung

Das Grundproblem der Theorie der molekularen Anziehung ist, daß die interagierenden Materieteilchen und ihre Distanzen so klein sind, daß sie sich der Wahrnehmung entziehen. Dennoch geht Laplace davon aus, daß auch folgende Phänomene sich durch molekulare Anziehungen erklären lassen: Kapillarität und Oberflächenspannung, Festigkeit, Kristallisation, Lichtbrechung und chemische Bindungen. Im Gegensatz zur Kosmologie bleiben diesbezüglichen Ausführungen eher auf dem Niveau der Problematisierung als auf dem der Präsentation ausgearbeiteter Theorien. Das liegt im Fall der Optik vermutlich daran, daß Laplace die Schwierigkeiten der eigenen Theorie sieht.

Zur Optik

Die Frage nach der Natur des Lichts war spätestens seit Huygens' Traité de la Lumière von 1690 ein ständiges Thema der Optik. Huygens begründet darin die Wellentheorie des Lichts, gegen die sich Newton in den Optics wendet. Newton war nicht so wirkungsmächtig, daß er das Problem entschieden hatte, auch wenn seine Emissionstheorie in Frankreich hohe Akzeptanz genoß; das Interferenzproblem ließ sich in der Emissionstheorie nicht befriedigend lösen.[77]

Die qualitativen Lichttheorien sind am Anfang des 19. Jahrhunderts nicht ausdiskutiert: Beim Licht ging man die Beschränkung auf eine mathematische Beschreibung ohne physikalische Erklärung, wie es bei der Gravitationstheorie der Fall ist, nicht ein. An unterschiedliche physikalische Theorien werden unterschiedliche Bedingungen gestellt. Die Anforderungen an die Lichttheorie sind in

---

76 SdM, S. 478.

77 Zur Geschichte des Interferenzproblems siehe die Monographie von Nahum Kipnis: „History of the Principle of Interference of Light", Basel 1991.

gewissem Sinn kausaler oder ontologischer als die an die Gravitationstheorie, die im Kern eine geometrische Theorie ist. Das Problem wurde erst durch Maxwells „Dynamical Theory of the Electromagnetic Field" von 1864 vorläufig entschieden. Auch Laplace' Lichttheorie beantwortet viele Fragen nicht, was ihm selbst bewußt war. Über das Problem der Lichtbrechung beispielsweise sagt er, daß es sich in zwei Teilprobleme aufteile, die beide nicht gelöst seien:

> „le premier consiste à déterminer la loi de la réfraction correspondante à une loi connue de l'action du milieu; le second a pour objet de ramener cette dernière loi à l'action réciproque des molécules du cristal et de la lumière. On vient de voir combien de données nous manquent pour le résoudre".[78]

Es wird trotz der Defizite der Lichttheorie ersichtlich, daß die Theorie der molekularen Interaktion mechanistische Grundzüge besitzt. Ein Beispiel einer Deduktion eines optischen Gesetzes aus mechanischen Prinzipien ist die Lichtreflexion. Ihr Wesen sei zwar unbekannt, doch handele es sich um eine Repulsionskraft, „une force répulsive".[79] Das empirische Phänomen, das die Übereinstimmung mit mechanischen Prinzipien vermuten lasse, ist, daß Licht von einer Oberfläche mit der Aufprallgeschwindigkeit reflektiert werde. Das Analogon aus der Mechanik ist die Elastizitätstheorie: Das Licht erhalte von der Oberfläche auf die Weise die Geschwindigkeit, „de même que l'élasticité restitue aux corps, en sens contraire, la vitesse, qu'elle a détruite".[80] Das Prinzip der Erhaltung der force vive bewirke die Konstanz der Lichtgeschwindigkeit.

Die Übereinstimmung mit dem Prinzip der kleinsten Wirkung zeigt sich daran, daß der Weg des Lichtstrahls stets der kürzeste ist. Laplace' historische Referenz ist Ptolemaios[81], das Argument kommt auch in Herons Katoptrik vor. Obwohl das Reflexionsgesetz etwas über das Verhältnis von Einfalls- und Reflexionswinkel aussagt, wird der Zusammenhang zum Prinzip der geringsten Wirkung über die vom Licht zurückgelegten Strecken aufgebaut. Welchen Weg gehen bei der Spiegelung Lichtstrahlen, wenn die Natur nichts vergeblich macht? Herons Antwort ist, daß der Einfalls- und der Reflexionswinkel gleich sein müssen, damit die vom Lichtstrahl zurückgelegte Strecke nicht unnötig lang sei.[82] Laplace sieht in Malus' optischen Abhandlungen[83] beide Prinzipien berücksichtigt:

---

78 SdM, S. 355.

79 SdM, S. 358.

80 SdM, S. 358.

81 SdM, S. 358.

82 Siehe Heron: „Catoptrica", 1–11. Für den Hinweis auf Heron danke ich Mark Schiefsky (Harvard).

83 Étienne Louis Malus hat 1807 der Académie des sciences seinen ersten Mémoire zur Optik vorgelegt, dem 1811 der „Traité d'optique" folgte.

> „M. Malus a fait à cet égard un grand nombre d'expériences dont l'accord remarquable avec les lois précédentes, déduites des principes de la moindre action et des forces vives, achève de démontrer que les phénomènes de la réfraction et de la réflexion de la lumière dans ces cristaux [doppelbrechende Kristalle] sont le résultat des forces attractives et répulsives.“[84]

Die einfache Lichtbrechung erklärt Laplace durch Anziehung der Oberflächenmoleküle: Wenn ein Lichtstrahl senkrecht auf einen lichtdurchlässigen Körper trifft, dann wird er gleichmäßig von den Molekülen der Oberfläche angezogen. Trifft er geneigt auf die Oberfläche, dann ist die einwirkende Kraft der Moleküle auf der Seite des Einfallswinkels größer als die auf der entgegengesetzten Seite; die Lichtmoleküle werden somit ungleichmäßig angezogen und der Lichtstrahl gebrochen. Die Anwendung einer Anziehungskraft innerhalb der Theorie der Lichtbrechung setzt die Materietheorie des Lichts voraus, wodurch sich die Theorie der universellen Gravitation erst als Erklärungsprinzip innerhalb der Optik eignet. Die Lichttheorie bleibt lückenhaft, da die erforderlichen Informationen über die Abstände und Formen der Moleküle nicht zugänglich sind:

> „il faudrait connaître la forme des molécules des milieux cristallisés, celle des molécules de la lumière, et les modifications qu'elle reçoit en pénétrant dans ces milieux. L'ignorance où nous sommes de toutes ces données ne permet que d'appliquer à la réfraction et à la réflexion extraordinaires les résultats généraux de l'action de ces forces.“[85]

Ein Phänomen, das Laplace als Bestätigung der Emissionstheorie versteht, ist die Aberration, die freilich von vornherein materialistisch interpretiert wird. Der Grundgedanke ist, daß das Licht von allen Körpern mit derselben Geschwindigkeit abgegeben wird. Wäre dies nicht so, dann gelangte das Licht der Sterne mit unterschiedlichen Geschwindigkeiten auf der Erde an. Daß dies wiederum nicht so ist, wird dadurch gestützt, daß bei unterschiedlicher Geschwindigkeit die Brechung des Lichts an Prismen anders sein müßte. Arago hatte experimentell gezeigt, daß die Geschwindigkeit der Erde, auch wenn sie nur sehr gering gegenüber der Lichtgeschwindigkeit ist (Laplace gibt das Verhältnis mit 1/5000 an), anhand der Lichtbrechung nachweisbar ist. Die Lichtgeschwindigkeit ist konstant und Geschwindigkeitsunterschiede kommen durch die Bewegung des Betrachters zustande. Der Wert dieser Argumentation wird aber nicht sonderlich hoch bewertet. Laplace zieht ein für ihn ungewöhnlich bescheidenes Fazit:

> „Les phénomènes de la double réfraction et de l'aberration des étoiles me paraissent donner au système de l'émission de la lumière, sinon une certitude entière, au moins une extrême probabilité. Ces phénomènes sont inexplicables dans l'hypothèse des ondulations d'un fluide.“[86]

---

84 SdM, S. 360.
85 SdM, S. 354.
86 SdM, S. 362.

Es ist interessant zu sehen, daß Laplace in die Lichttheorie auch Überlegungen über die Wahrnehmung einfließen läßt. Wir sind nicht für alle Lichtarten visuell empfänglich, sondern nur für Lichtstrahlen, die sich in bestimmten Geschwindigkeitsgrenzen bewegen. Ein Körper kann z. B. nicht selbst leuchten; wenn man ihn aber erhitzt, dann leuchtet er doch. Herschel habe gezeigt, daß die Sonne eine Lichtart ausstrahle, die nachweisbar warm, aber unsichtbar sei. Licht ist folglich nicht notwendigerweise optisch wahrnehmbar.

Daß nicht jedes Licht wahrnehmbar sei, ergibt sich auch aus der Korpuskulartheorie und der Einsicht in die Schwere des Lichts. In den ersten Auflagen der Exposition gibt es in den „Considérations sur le systême du monde, et sur le progrès futurs de l'astronomie" den Entwurf von Körpern, die bei Erddichte und 250-fachem Volumen kein Licht entweichen lassen.[87] In der Juli-Ausgabe der „Allgemeine[n] Geographischen Ephemeriden" von 1799 hat Laplace den analytischen Zusammenhang entwickelt: „Beweis des Satzes, daß die anziehende Kraft bey einem Weltkörper so groß seyn könne, daß das Licht davon nicht ausströmen kann". Das Argument ist, daß die Anziehungskraft einer großen Masse das Licht abbremsen und umgelenken könne, so daß die Masse von außen nicht sichtbar sei. Das heißt für die Kosmologie, daß wir möglicherweise die größten Körper des Universums nicht wahrnehmen können.[88] Es ist nicht nachvollziehbar, warum Laplace den Entwurf schwarzer Löcher aus den späteren Auflagen der Exposition wieder herausgenommen hat. Daß die Skizzierung schwarzer Löcher nur in den ersten Auflagen und dort in den Considérations vorkommt, indiziert, daß er diese Theorie mit großem Skrupel betrachtet. Analytische Gründe kann es dafür nicht gegeben haben, doch der optische Nachweis eines schwarzen Lochs kann auch nicht geführt werden. Himmelsmechanisch wirkt sich ein schwarzes Loch in unserem Sonnensystem nicht aus, so daß die Theorie schwarzer Löcher mit dem Instrumentarium des Kosmologie des 18. Jahrhunderts eine wohlbegründete Spekulation bleibt.

Zur Kapillarität

Laplace entwickelt im vierten Band der Mécanique céleste eine ausführliche Theorie der Kapillarität. Der Ort, Band IV der Mécanique céleste, zeigt an, daß Laplace' Interesse an Molekularkräften erst relativ spät aufkam oder daß er sich dem Thema erst spät, also nach den himmelsmechanischen Arbeiten, widmen konnte. Robert Fox merkt dazu an, daß Laplace sich ab 1802 insbesondere den

---

87 SdM, 1. Aufl., S. 348, in der Übersetzung von Hauff S. 333.

88 Hier bin ich Peter Brosche für wichtige Hinweise dankbar. Laplace' Aufsatz ist nur in den Allgemeinen Geographischen Ephemeriden 4 (1799) erschienen und in die Werkausgabe nicht aufgenommen worden. Brosche hat den Beweis neu ediert (siehe Peter Brosche: „Astronomie der Goethezeit", in: „Ostwald's Klassiker der exakten Wissenschaften", Bd. 280, Frankfurt 1995, S. 98–102).

Themen zuwandte, die dem Newtonschen Ansatz nicht zu entsprechen schienen.[89] Dhombres betont, die Bedeutung einer Theorie der Kapillarität für Laplace komme daher, daß sie das erste Feld sei, auf dem Laplace außerhalb der Himmelsmechanik eine Erklärung unter Verwendung der himmelsmechanischen Prinzipien versuche. Sie ist also das erste Thema, an dem die Vereinheitlichung der physikalischen Wissenschaften erarbeitet wird.[90]

Die Kapillarität wird durch Kräfte erklärt, die im Mesokosmischen nicht mehr wirken oder die man zumindest nicht mehr wahrnehmen kann.[91] Die Wortwahl von Robert Fox (short-range forces) legt nahe, daß Laplace an alternative Kraftarten dachte.[92] Laplace tendiert aber dazu, durch Analogien die Identität der Kapillarkräfte mit der universellen Anziehung zu stützen. Die Aszension basiert wie die Planetenbewegung auf Anziehungskräften, die mit dem Gravitationsgesetz übereinstimmen: „[L]es forces dont l'action n'est sensible qu'à des distances imperceptibles produisent une force qui s'étend à des distances sensibles, suivant la loi de la pesanteur universelle."[93] Noch deutlicher stellt Laplace die Ähnlichkeit der molekularen Anziehung zur Gravitationskraft in den Considérations générales am Ende der Erörterungen der Kapillarität in der Mécanique céleste dar. Der Ausdruck, der die Übereinstimmung zwischen der Gravitationskraft und den Kapillarkräften ausmacht, ist die 1/r-Proportionalität, auch wenn sie beim Gravitationsgesetz im Quadrat vorkommt.

> „On voit, par ce qui précède, l'accord qui existe entre les phénomènes capillaires et les résultats de la loi d'attraction des molécules des corps, décroissante avec une extrême rapidité [...]."[94]

Daß Kapillarität durch Anziehungskräfte zu erklären sei, ist vorausgesetzt und wird durch Laplace' Resumee der Ausführungen zu ihr deutlich: „leur théorie répand un grand jour sur les attractions réciproques des molécules des corps, dont ils sont de très légères modifications."[95] An der Kapillaritätstheorie fällt die Selektion auf: Laplace widmet der Kapillardepression nur beiläufige Bemerkungen, wogegen er die Kapillaraszension detailliert bespricht.

Chemische Bindung, Härte, Elastizität, Viskosität, Aggregatzustand

Als weitere Wirkung der molekularen Anziehung werden chemische Bindungen, Härte und Elastizität angeführt. Die Behauptung, daß chemische Bindungen von einer generellen und nicht z. B. von einer elementspezifischen Anziehung abhän-

89 Robert Fox in: Gillispie: „Laplace", S. 203.
90 Siehe Nicole und Jean Dhombres: „Naissance d'un nouveau pouvoir", S. 512.
91 Siehe SdM, S. 363.
92 Robert Fox in: Gillispie: „Laplace", S. 203.
93 SdM, S. 381.
94 Mécanique céleste, OC, Bd. IV, S. 487.
95 SdM, S. 387.

gen, erhält dadurch eine Bestätigung, daß Säuren oder Laugen durch verschiedene Laugen oder Säuren gesättigt werden können.[96] Das wäre nicht der Fall, wenn die Interaktion der Moleküle nur bei unmittelbarem Kontakt stattfände.

Bei der Härte eines Körpers, die aufgrund der gegenseitigen Anziehung seiner elementaren Bestandteile zustande kommt, zeigt sich insbesondere der Beitrag der molekularen Anordnung zum Erscheinungsbild des gesamten Körpers: Unterschiedliche Anordnungen eines Stoffs können unterschiedliche Stoffe hervorbringen. Diese neuen Stoffe unterscheiden sich nicht in ihrer elementaren Zusammensetzung, wohl aber physikalisch, z. B. durch ihre Dichte oder ihr optisches Verhalten: „Les mêmes molécules peuvent encore s'unir par diverses faces, et produire ainsi des cristaux différents par la forme, la dureté, la pesanteur spécifique et leur action sur la lumière.“[97] Laplace sagt nicht, an welche unterschiedlichen Kristalle er denkt.

Die Elastizität eines Körpers kommt dadurch zustande, daß die Moleküle eines Festkörpers sich dergestalt gegenseitig anziehen, daß sie sich in einem stabilen Gleichgewicht befinden. Wird dieses Gleichgewicht gestört, indem von außen Druck auf den Körper einwirkt, so nimmt jedes Molekül durch die Anziehung mit den Nachbarmolekülen danach wieder die Position ein, die es im stabilen Gleichgewicht innehatte.[98] Zerbricht ein Körper, dann stellt sich an den Bruchstellen erneut ein stabiles Gleichgewicht ein.

Ähnlich wird auch die Viskosität von Gasen oder Flüssigkeiten gesehen, die sich aus dem Widerstand der Moleküle gegen eine Veränderung der Gleichgewichtskonstellation ergibt. Die Viskosität wird niedriger, wenn Ursachen hinzukommen, die die Anziehung abschwächen, z. B. Wärme: „La force expansive de la chaleur étant opposée à la force attractive des molécules, elle diminue de plus en plus leur viscosité ou leur adhérence mutuelle par ses accroissements successifs [...].“[99] Bei ausreichender Temperaturerhöhung übersteigt die thermische Repulsionskraft die Anziehungskraft und Körper werden gasförmig.

---

96 Siehe SdM, S. 388.
97 SdM, S. 391.
98 Siehe SdM, S. 389.
99 SdM, S. 389.

II. Laplace' Methode und Methodologie

In diesem Teil der Arbeit rekonstruiere ich die Methode und die Methodologie, wie Laplace sie in der Exposition du système du monde darstellt. Wenn es erforderlich ist, wird die Mécanique céleste herangezogen. Zu beidem befinden sich in der Exposition und in der Mécanique céleste nur beiläufige Bemerkungen. Gelegentlich ist es hilfreich, auch auf zeitgenössische wissenschaftliche Literatur zurückzugreifen, wenn die Ausführungen von Laplace dadurch an Verständlichkeit gewinnen. Das ist hermeneutisch legitim, weil zwischen den Koryphäen der Mechanik der Zeit, d'Alembert, Lagrange und Laplace, persönlicher Kontakt und Austausch bestanden und in der Exposition keine Abgrenzungen zu beiden vorkommen.

Ich betrete hier wissenschaftshistorisches Neuland. In der Sekundärliteratur gibt es keine Gesamtdarstellung zur Laplaceschen Methode, was bedauerlich ist, da die methodische Charakterisierung der Himmelsmechanik, wie Laplace sie in der Exposition du système du monde gebracht hat, für die spätere Entwicklung des Selbstverständnisses der Naturwissenschaftler von zentraler Bedeutung ist.

Wie im systematischen Teil der Exposition gilt auch im Fall der Methodendarlegung, daß das Niveau dessen, das beschrieben wird, sehr unterschiedlich ist: Es geht sowohl um die Beschreibung grundlegender Zusammenhänge der Planetenbewegung als auch der anspruchsvollen Berechnung von Perturbationen im Sonnensystem.

1. Zur Methode

Zunächst wird die Methode erläutert, die Laplace' Himmelsmechanik zugrunde liegt. Die Methode ist die einer empirischen Wissenschaft und besteht aus Beobachtungen, der Schaffung eines geeigneten begrifflichen Apparates, eines Koordinatensystems und einer Metrik, einer Beschreibung, aus Vergleichen und Analogien, Gedankenexperimenten, Induktion, Deduktion, verschiedenen Verifikations- und Falsifikationsverfahren und schließlich einer voraussagenden Beschreibung in Form der Aufstellung von Planetentafeln.

Beobachtung

Die Praxis der Himmelsmechanik bestimmt, was überhaupt der Gegenstand der Beobachtung ist und was von Laplace als beobachtbar verstanden wird.[1] Der entsprechende Themenkatalog der Beobachtungen ist mannigfaltig: Es geht nicht nur um planetare und stellare Bewegungen, sondern auch um optische Phänomene wie der vermeintlichen Unsichtbarkeit von Sternen am Tag oder atmosphärischen Strahlenbrechungen, um Jahreszeiten, Mond- und Sonnenflecken, Trabanten- und Kometenbewegung und um das Verhalten der Weltmeere (Ebbe und Flut). Auch die irdischen Phänomene sind Himmelsphänomene und gehören somit zu dem, was der Himmel an Bewegungen bietet. Die astronomischen Beobachtungen sind auf die Planetenbewegung fokussiert. Die grundlegende Stufe ist die der Planetenposition: Zu einem bestimmten Zeitpunkt wird von der Erde aus ein Planet an einer bestimmten Stelle gesehen. Aus den Beobachtungen verschiedener Positionen eines Planeten werden dann die Bewegungen abgeleitet, was mindestens zwei einzelne Beobachtungen erfordert: Man beobachtet die Position eines Himmelskörpers zum Zeitpunkt t_1 und dann die Position desselben Körpers zum Zeitpunkt t_2. Das klingt selbstverständlich, hat aber den tieferen Sinn, daß die Diachronie in die Auffassung der Beobachtung eingeht. Gerade die Himmelsmechanik hängt wie keine andere Wissenschaft von der Dauer der Beobachtungen („des observations précises et multipliées“[2]) ab, weshalb die antiken Aufzeichnungen für Laplace überhaupt noch interessant sind. Für das Wissenschaftsverständnis wird dies noch von Belang sein.[3]

Die himmelsmechanische Beobachtung und Positionsbestimmung geschieht nicht vor einem an sich gegebenen absoluten Raum, sondern innerhalb eines Bezugssystems, so daß nur Bewegungen relativ zu fixierten Orten auf der Erde (Observatorien) zu beobachten sind. Bei größeren Positionsänderungen ist dies relativ einfach, bei höherer Präzision erscheint eine Schwankung um einen Bewegungsmittelpunkt nur als eine Verschiebung um die mittlere Position des Planeten:

---

1 Vgl. Gernot Böhme über die Newtonsche Naturphilosophie: „Was überhaupt Phänomen ist, legt die mathematische Wissenschaft fest [...].“ (Böhme: „Die kognitive Ausdifferenzierung der Naturwissenschaften“, in: Gernot Böhme, Wolfgang van den Daele, Wolfgang Krohn: „Experimentelle Philosophie – Ursprünge autonomer Wissenschaftsentwicklung“, Frankfurt 1977, S. 252.)

2 SdM, S. 9.

3 Zu den Fortschrittsprinzipien der Himmelsmechanik siehe weiter unten, S. 211.

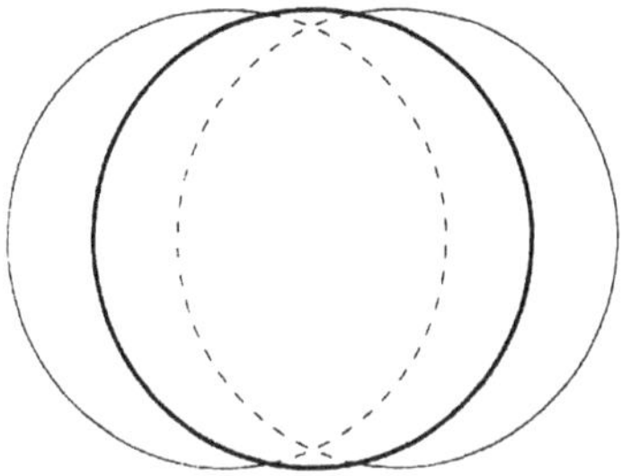

Derartig kleine Schwankungen lassen sich nur mit leistungsfähigen optischen Instrumenten feststellen, aufgrund seiner Nähe zur Erde am besten beim Mond, so daß über ihn auch die ausführlichste Theorie aufgestellt wird.[4]

Neben der Planetenposition ist ein weiterer Beobachtungsgegenstand die Rotationsbewegung der Planeten. Himmelsmechanisch ist sie vor allem bei der Mondtheorie interessant, da die gebundene Rotation des Monds Aussagen über dessen Homogenität zuläßt. Bei der Entstehungslehre des Sonnensystems ist die Richtungsgleichheit der Rotations- und Translationsbewegung jedoch eines der wichtigen Phänomene, die die Theorie erklären soll. Rotationsbewegungen lassen sich bei der Sonne und bei den Planeten beobachten.

Neben der Bewegung gibt es auch optische Sachverhalte, die im Kosmos beobachtet werden. Es lassen sich neben den die Erde betreffenden Finsternissen auch die des Jupiters nachweisen. Diese Bewegungen sind die Grundlage bei der Bestimmung der Lichtgeschwindigkeit und werden bei einer von der Erdbewegung abstrahierten Kosmographie relevant.

Aus wissenschaftstheoretischer Sicht schwierig sind Äußerungen, daß sich auch Gesetzmäßigkeiten beobachten lassen. Laplace sagt generell über die Bewegungs*gesetze*: „C'est dans l'espace céleste que les lois de la Mécanique s'observent avec le plus de précision“[5], und hinsichtlich der Beobachtung des dritten Keplergesetzes bei den Jupitersatelliten:

> „En comparant leurs moyennes distances aux durées de leurs révolutions, on observe entre ces quantités le beau rapport que nous avons vu exister entre les durées des révolutions des planètes et leurs moyennes distances au Soleil, c'est-à-dire que les carrés des temps des révolutions sidérales des satellites sont entre eux comme les cubes de leurs moyennes distances au centre de Jupiter.“[6]

[4] SdM, S. 253.
[5] SdM, S. 201.
[6] SdM, S. 142.

Es gibt weitere Stellen, an denen über die Observation von Gesetzmäßigkeiten oder von Störungen gesprochen wird. Es wird nicht immer deutlich, ob dies im Sinne eines Verstehens, einer Wahrnehmbarkeit, einer Bestätigung oder einer Prüfung gemeint ist. Der Begriff Beobachtung scheint sehr weit zu sein: Auch theoretische Sachverhalte wie Störungen oder Gesetze gehören im Laplaceschen Sprachgebrauch zum Gegenstandsbereich der Beobachtung. Ferner wird dieser Gegenstandsbereich durch Aufgaben erweitert, die sich aus der Theorie ergeben. Laplace kennt Sachverhalte, die sich nicht beobachten lassen: Aus der Himmelsmechanik folgt, daß auch die große Mondachse und die Jupitersatelliten eine Libration aufweisen: „On a vu que la libration réelle du grand axe de la Lune est insensible, et nous avons observé [...] que la libration des trois premiers satellites de Jupiter est pareillement insensible."[7] Es wird also beobachtet, daß es Schwankungen gibt, die sich unterhalb des Beobachtbaren abspielen.

Letztlich hängt das Beobachten von zahlreichen praktischen Faktoren ab, die seine Qualität bestimmen. Astronomische Beobachtungen werden unter klimatisch günstigen Bedingungen nachts durchgeführt – man darf nicht heizen – und erfordern ein gutes Durchhaltevermögen. Tycho Brahe wird als „grand observateur"[8] gelobt.

Beschreibung I – Kinematik

Die Beschreibung mechanischer Phänomene ist methodisch erheblich komplizierter und wird teilweise von Laplace erläutert. Die Schwierigkeit besteht darin, einen Fixpunkt in einem als absolut vorgestellten Raum auszumachen. In diesem absoluten Raum soll eine absolute Bewegung beschrieben werden. Zu diesem Zweck

> „on imagine un espace sans bornes, immobile et pénétrable à la matière. C'est aux parties de cet espace réel ou idéal, que nous rapportons par la pensée, la position des corps, et nous les concevons en mouvement lorsqu'ils répondent successivement à divers lieux de cet espace."[9]

Der absolute Raum läßt sich aber nicht beobachten. Zum Zweck einer genaueren Beschreibung und Bestimmung der Bewegungsprozesse bedient man sich der vermeintlich festen Position der Sterne, die für die astronomische Praxis auf einem einfacheren Niveau ausreichend ist. Die Planetenbewegung wird relativ zu den Fixsternen beschrieben, wofür die Fixsternsphäre durch ein Koordinatensystem eingeteilt wurde.

---

7 SdM, S. 336–337.

8 SdM, S. 439.

9 SdM, S. 152.

Je nachdem, welches System beschrieben werden soll, werden unterschiedliche Metriken festgesetzt. Bei der Distanzbeschreibung der Planeten zur Sonne wählt Laplace die Erd-Sonne-Distanz als Einheit und bestimmt die anderen Distanzen relativ zu ihr. Die Übernahme dieser Einheit wäre bei einer Beschreibung des Systems der Jupitersatelliten nicht sinnvoll. Dort wird der Radius des Jupiteräquators zur Einheit für die Distanzbestimmung der Jupitersatelliten verwendet. Die Gründe für die Wahl der unterschiedlicher Größen liegen darin, daß absolute Größen unbekannt sind und die Zahlenwerte nicht zu groß oder zu klein werden.

Physikalische Theorien sind gegenüber dem zugrundeliegenden Größensystem invariant, doch die Entwicklung eines metrischen Systems war nicht nur ein wissenschaftliches, sondern auch ein wirtschaftliches und zur Revolutionszeit auch ein gesellschaftlich-kulturelles Desiderat.[10] Der extra dafür eingerichtete Bureau des Longitudes, dem Laplace als Mitglied zugehörig war, hatte die Aufgabe, ein metrisches System zu entwickeln, das weltweit rekonstruiert werden kann. Ein Teil dieser Aufgabe war auch die Einteilung der Größen in einem Dezimalsystem. Der offizielle Bericht über das metrische System wurde von Borda, Lagrange und Monge der Nationalversammlung vorgelegt, von der Nationalversammlung als Dekret erlassen und 1793 unter dem Titel „Sur l'uniformité et le système général des poids et mesures" veröffentlicht.[11] Das Kriterium bei der Standardisierung mathematischer Größen war die praktische Handhabbarkeit. Es geht nicht nur um die Vereinheitlichung geometrischer Größen, sondern auch des Zahlen- und Winkelsystems. Die Einteilung des Kreises in 360 Einheiten ist vielleicht einmal landwirtschaftlich sinnvoll gewesen, in der jüngeren Kosmologie aufgrund ihrer mangelnden Übereinstimmung mit der Anzahl der Tage im Jahr schon nicht mehr und im Alltag erst recht nicht. Nach dem neuen System besteht der Kreis aus 400° Grad à 100 Minuten à 100 Sekunden. Das Referenzobjekt alltäglicher Längenbestimmungen ist das Resultat dieser verbesserten Mathematik. Ein rechter Winkel des Meridiankreises wird durch 10 Millionen in Zehntel-Bogensekunden geteilt, so daß sich aus dem Kreisbogen über dem Winkel von 1/10 Bogensekunde die Maßeinheit Meter ergibt. Die Erdmeridiane unterscheiden sich nur in vernachlässigbarem Betrag. Für uns selbstverständliche Größen wie das Kilogramm sind Resultate der Vereinheitlichungsbemühungen der Wissenschaftler der Aufklärung.

Die Methode der Chronometrie wird in einem eigenen Kapitel: „DU TEMPS ET DE SA MESURE" abgehandelt. Laplace hat hier zeitgenössische Vorbilder: D'Alembert behandelt das Problem der Zeitmessung in der „*REMARQUE sur la mesure du tems*" im Traité de Dynamique. In heutigen Begriffen ist eine Zeitmessung ein Vergleich zwischen periodischen Vorgängen, wobei das Verhältnis die-

10 Siehe Witold Kula: „Measures and Men", Princeton 1986, S. 239.

11 Alle drei Autoren werden in der Œuvre erwähnt, Borda und Lagrange in der Exposition.

ser Vorgänge durch die Metrisierung hergestellt wird. Die Schwierigkeit liegt nach d'Alembert zunächst darin, daß die einzelnen Teile der Zeit unbekannt sind und man auf Bekanntes, bzw. auf Wahrnehmbares, zurückgreifen muß. Die Zeit selbst läßt sich nicht beobachten, wohl aber regelmäßige Prozesse, die dann zum Vergleich herangezogen werden können. In moderner Formulierung geht es bei der Gleichförmigkeit um Folgendes: „Gleichförmigkeit eines Prozesses bedeutet nichts anderes als die Tatsache, daß bei diesem Prozeß in gleichlangen Zeitintervallen jeweils gleiche Ereignismengen stattfinden."[12] Der einfachste Fall wäre der, daß sich ein Körper auf einer mit einer Metrik versehenen Linie gleichförmig bewegt; das Verhältnis von durchlaufener Strecke zu währenddessen verstrichener Zeit wäre linear und gäbe ein gutes Maß der Zeit. Nun ist die Argumentation zirkulär, da für die Beurteilung der Gleichförmigkeit ein Zeitmaß vorausgesetzt ist. Stegmüller bringt das Problem auf den Punkt:

> „Es gibt nur *einen* Weg, diesen Zirkel zu vermeiden: Wir dürfen *vor* der Einführung der Zeiteinheit und Zeitgleichheit mit den beiden Begriffen des schwach periodischen und des stark periodischen Vorganges überhaupt nicht operieren. [Schwach periodisch nennt Stegmüller Prozesse, die periodisch sind, bei denen aber die Intervalle ungleich sein können, z. B. der Pulsschlag; stark periodisch seien periodische Prozesse mit gleich langen Intervallen.] Und dies bedeutet wieder nichts Geringeres, als daß wir *irgendeinen* periodischen Vorgang ausfindig machen und uns auf ihn stützen müssen: Dies ist die Situation des Physikers, der erstmals die Zeit messen möchte und sich dabei nicht auf den vorphysikalischen Begriff der Zeitgleichheit stützen möchte, der in nichts weiterem besteht als in einem – innerpersonell wie interpersonell schwankenden – *subjektiven Zeitgefühl.*"[13]

Zur Lösung des Problems oder zumindest zur Abschwächung der Willkür bei der Festsetzung der Gleichförmigkeit von Prozessen nennt d'Alembert drei Gründe, deretwegen eine Bewegung als nahezu gleichförmig (à peu près uniforme) eingestuft werden kann:

1. Ein Vorgang ist gleichförmig, wenn in gleichen Zeiten gleiche Wirkungen erfolgen. Die Gleichheit der Zeit können wir dann annehmen, wenn eine häufige Wiederholung der Erfahrung dies begründet erscheinen läßt. Zwei Beispiele sind die Gleichförmigkeit von Bewegungen oder der gleichmäßige Lauf einer Uhr.

2. Ein Körper bewegt sich gleichförmig, wenn keine Kraft den gleichförmigen Prozeß wahrnehmbar stört. Auf die Erde wirken zwar zahlreiche Gravitationseinflüsse, die aber die Rotation um ihre Achse nicht beeinflussen. Daher läßt sich die Erdrotation zur Zeitmessung zugrunde legen, obwohl sie ein komplexer Prozeß ist.

---

12 Andreas Bartels: „Naturphilosophie", S. 51.

13 Wolfgang Stegmüller: „Probleme und Resultate der Wissenschaftstheorie und Analytischen Philosophie", Berlin 1969 ff., Bd. II, S. 72.

3. Das dritte Kriterium besteht im Nachweis der Entsprechung von zwei als gleichförmig angenommenen Prozessen: Wenn z. B. die Erdrotation mit einer anderen planetaren Bewegung oder mit dem Lauf einer Uhr exakt übereinstimmt, dann läßt sich begründet sagen, daß beide Prozesse gleichförmig sind.[14]

Laplace beginnt seine Erläuterung der Zeitmessung mit einem Rückgriff auf die Intuition: „Le temps est pour nous, l'impression que laisse dans la mémoire une suite d'événements dont nous sommes certains que l'existence a été successive."[15] Den zweiten Punkt von d'Alembert stellt Laplace anders dar, indem er allgemein von einer (nicht beschleunigenden) Kraft spricht, die die Gleichmäßigkeit eines Prozesses bedingt: „Si, à chaque point de la ligne qu'il décrit, il est animé de la même force; son mouvement est uniforme, et les parties de cette ligne peuvent mesurer le temps employé à les parcourir."[16] Kein physikalischer Prozeß läuft jedoch störungsfrei oder unveränderlich ab. Laplace entwirft das Bild eines idealen Pendels, das sich am Ende einer jeden Schwingung „dans les circonstances parfaitement semblables"[17] wiederfände. Zur Zeitmessung praktisch ausreichend sind der Lauf der Sonne und die Bewegung des Himmels. Beide stimmen zwar nicht überein, – das tropische Jahr ist wegen der Präzession der Äquinoktien kürzer als das siderische – doch was herangezogen wird, ist nur eine Frage der Konvention. Die Entscheidung fiel zu Gunsten des tropischen Jahrs aus, da es für kalendarische und alltägliche Zwecke wichtiger als das siderische ist. Der Umstand, daß die wahre und die mittlere Sonnenzeit von einander verschieden sind, war schon bekannt. Zur genauen Bestimmung der mittleren Dauer eines Tags erläutert Laplace die Zeitgleichung, die aufgrund zweier sich überlagernder Effekte besteht: 1. Die Ungleichförmigkeit der Bewegung der Sonne auf der Ekliptik; 2. die Neigung der Ekliptik gegen den Himmelsäquator. Man ermittelt die Dauer des durchschnittlichen Tags und legt diese Dauer der Zeitmessung zugrunde. Durch die Zeitgleichung ist die Adäquatheit der Übertragung der Metrisierung gegeben, so daß die Untereinteilung auch tatsächlich gleich lange Zeitintervalle liefert. Woran sieht man das? Würde sich die mittlere Tageslänge um eine Hundertstelsekunde verlängert haben, wäre der Mond seit den Aufzeichnungen von Hipparch um 534" weiter fortgeschritten, was nicht der Fall ist; „on peut donc assurer que, depuis Hipparque, la durée d'un jour n'a pas varié d'un centième de seconde."[18] Dann ist es nur noch erforderlich, einen Prozeß zu entdecken, an dem die kleinste erforderliche Zeitspanne abzulesen ist. Dafür lassen sich Sekundenpendel konstruieren, für deren Schwingungsdauer die Länge des Pendels ausschlaggebend ist.

---

14 Zu den drei Kriterien siehe d'Alembert: „Traité de Dynamique", S. 13–14.
15 SdM, S. 16.
16 SdM, S. 16.
17 SdM, S. 16.
18 SdM, S. 249.

Wie beim Längen- und beim Winkelsystem gibt es bei der Zeiteinteilung die Möglichkeit ihrer Anpassung an praktische Bedürfnisse. Im Fall der Himmelsmechanik sind diese durch die mathematische Handhabbarkeit vorgegeben: Der Tag wird in 10 Stunden à 100 Minuten à 100 Sekunden geteilt, so daß ein Tag nach Laplacescher Einteilung über 100 000 Sekunden gegenüber 86 400 Sekun den unserer Einteilung verfügt.

Die Begriffe der Kinematik

Zwecks eines historischen Verständnisses der himmelsmechanischen Methode ist ein Verweis darauf hilfreich, daß erst in den Werken von Newton, Leibniz, Euler, d'Alembert und Lagrange die Begriffe der analytischen Mechanik entwickelt wurden. Auch diese Begriffe sind für uns Alltagsbegriffe, die aber in ihrer Entwicklung zum Teil auch aus systematischen Gründen äußerst problematisch waren. Laplace hält es z. B. für erforderlich, den vermeintlich einfachen Begriff der Geschwindigkeit zu erläutern:

> „Pour ne pas comparer ensemble des quantités hétérogènes, telles que l'espace et le temps, on prend un intervalle de temps, la seconde par exemple, pour unité de temps; on choisit pareillement une unité d'espace, telle que le mètre, et alors l'espace et le temps sont des nombres abstraits, qui expriment combien ils renferment d'unité de leur espèce; on peut donc les comparer l'un à l'autre. La vitesse devient ainsi le rapport de deux nombres abstraits, et son unité est la vitesse d'un corps qui parcourt 1 mètre dans une seconde. En réduisant de cette manière l'espace, le temps et la vitesse à des nombres abstraits, on voit que l'espace est égal au produit de la vitesse par le temps, qui conséquemment est égal à l'espace divisé par la vitesse."[19]

Daß aus Grundeinheiten neue Einheiten generiert werden, die dann einem Vergleich zugänglich sind, ist alles andere als eine triviale Abstraktion, sondern viel mehr eines der größten Probleme bei der Begriffsbildung der Kinematik. Die Größe der Geschwindigkeit ist s/t mit der Einheit *mètre/seconde*. Eine Strecke ist das Produkt der Zeit und der Geschwindigkeit: $v \cdot t$ (bzw. ts/t). Das ist deshalb eine so auffällige Leistung der analytischen Mechanik, weil die traditionelle Proportionentheorie, die im Buch V der Elemente Euklids überliefert ist und auf Eudoxos von Knidos zurückgeht, nur Proportionen von homogenen Gliedern zuläßt; hierfür ist die Bezeichnung Archimedisches Maßaxiom üblich. Einen Kilometer mit einer Stunde zu vergleichen, machte keinen Sinn. In Leibnizens Manuskripten zur Technik und im Specimen Dynamicum I kommt bereits der Begriff der Momentangeschwindigkeit vor. Dort gibt Leibniz einen äußerst interessanten ontologischen Zugang zu den infinitesimalen Größen der Mechanik. Das Argument ist, daß Bewegung nie als Ganze vorhanden sei, sondern sich nur im Moment

---

19 SdM, S. 156.

vollziehe. Zwei Punkte einer Bewegung seien über die Kontinuität des Moments verbunden und der Moment sei der Zeitpunkt, an dem Ursache-Wirkungs-Relationen real seien.[20] Varignon scheint im Zusammenhang infinitesimaler zusammengesetzter Größen in seiner historischen Bedeutung zuwenig wahrgenommen zu sein. Er arbeitete wirkungsmächtiger als Leibniz die Begriffe Momentangeschwindigkeit und -beschleunigung aus und tröstet, man müsse sich keine Sorgen über den Vergleich inhomogener Größen machen, sondern verglichen werden homogene Größen, die durch einen zusammengesetzten Quotienten ausgedrückt werden.[21] Die Eudoxische Proportionentheorie aus dem fünften Buch von Euklid bedingt, daß z. B. das dritte Keplergesetz als Relation von zwei Zeiten zu zwei Radien formuliert wurde und nicht der modernen Darstellung mittels einer Konstanten ($t^2/r^3 = c$) entsprach, zumal man die absoluten Entfernungen noch nicht angeben konnte. D'Alembert erklärt noch den Alltagsbegriff schneller:

> „Un Corps qui se meut uniformément est dit se mouvoir d'autant plus vîte, que l'espace BD qu'il parcourt dans un même tems AB, est plus grand; de sorte que si BD, Bd sont les espaces parcourus uniformément par deux Corps dans le même tems AB, on dit que les vitesses de ces deux Corps sont entr'elles comme BD à Bd."[22]

In Lagranges Analytischer Mechanik ist das technische Niveau höher. Er bestimmt die Geschwindigkeit durch das Differential von Strecke durch Zeit: „la vîtesse elle-même est exprimée dans les mouvemens variés, par la différentielle de l'espace divisée par celle du tems."[23] Der Lagrangesche Begriff der Beschleunigung setzt ein Verständnis der Momentangeschwindigkeit voraus. Bei dem Begriff der Beschleunigung läßt sich ein vergleichbarer Unterschied zwischen d'Alembert und Lagrange feststellen: D'Alembert erklärt die Beschleunigung anhand der anwachsenden Strecken pro Zeiteinheit, Lagrange entwickelt den Begriff der Momentanbeschleunigung als das Differential der Geschwindigkeit nach der Zeit mit der Einheit s/t^2.[24] Laplace erklärt Beschleunigung am Beispiel des Fallgesetzes und der Gravitationsbeschleunigung.[25]

---

20 Siehe Leibniz: „Specimen Dynamicum I", Hamburg 1982, S. 5.

21 Siehe Michel Blay: „Die Bewegungslehre im 17. Jahrhundert", in: „Das Unendliche", Sonderheft 3/2005 aus Spektrum der Wissenschaft, Heidelberg 2005, S. 46–47.

22 D'Alembert: „Traité de Dynamique", S. 15.

23 Lagrange: „Mécanique Analitique", S. 164.

24 „Or dans le mouvement rectiligne, l'effet de la force accélératrice ne consistant qu'à altérer la vîtesse du corps, cette force doit être mesurée par le rapport entre l'accroissement ou le décroissement de la vîtesse pendant un instant quelconque, & la durée de cet instant, c'est-à-dire, par la différentielle de la vîtesse divisée par celle du tems; & comme la vîtesse elle-même est exprimée dans les mouvemens variés, par la différentielle de l'espace divisée par celle du tems, il s'ensuit que la force dont il s'agit sera mesurée par la différentielle seconde de l'espace divisée par le carré de la différentielle première du tems supposée constante." (Lagrange: „Mécanique Analitique", S. 163–164.)

25 Siehe SdM, S. 160.

Vergleiche

Laplace betont an zahlreichen Stellen die Bedeutung des Vergleichs, ohne aber die Vergleiche weiter zu spezifizieren. In der Himmelsmechanik kommen 1. kinematische Vergleiche und 2. dynamische Vergleiche vor. Es sei schon zuvor angemerkt, daß der Begriff des Vergleichs sehr weit gefaßt ist.

1. Kinematische Vergleiche

Die Grundlage der himmelsmechanischen Vergleiche ist eine präzise Beschreibung der Planetenerscheinungen. Das Ptolemäische System gebe keine Auskunft über die absoluten Größen der Planetenbewegungen und erkläre nicht, warum die Epizyklen mit zunehmendem Abstand ihres Deferenten von der Sonne immer kleiner werden und warum die Radien der Epizyklen in derselben Ebene des Radiusvektors der Sonnenbahn liegen. Die Frage nach dem Grund dieser Erscheinungen ist der Ausgangspunkt für einen Vergleich mit anderen Systemen.

> „Mais la cause de ces phénomènes devient évidente, si l'on conçoit ces épicycles et ces cercles égaux à l'orbe du Soleil. Il est facile de s'assurer que l'hypothèse précédente ainsi modifiée, revient à faire mouvoir toutes les planètes autour du Soleil qui dans sa révolution réelle ou apparente autour de la Terre, emporte les centres de leurs orbites."[26]

Zwei Gründe sprechen schon auf der Ebene des Vergleichs für das Tychonische Weltbild: 1. Die Einfachheit („une disposition aussi simple"[27]) und 2. die Fruchtbarkeit: Das Tychonische System lasse „plus rien d'indéterminé"[28].

Vergleichbares geschieht bei der Ablösung des Tychonischen durch das Copernicanische System. Der Kritikpunkt ist hier, daß die Rotation der Planeten durch das Tychonische System nicht berücksichtigt sei. Die zweite theoretische Motivation ist, daß der Himmel bei der Erdrotation, die der Himmelsbewegung entgegengesetzt ist, genauso wie bei der Bewegung des Himmels erscheine. Der kinematische Vergleich wird vor allem anhand der unterschiedlichen Geschwindigkeiten geführt, die sich bei der Annahme der verschiedenen Systeme ergeben:

> „La Terre est un globe dont le rayon n'est pas de 7 000 000 mètres; le Soleil est, comme on l'a vu, incomparablement plus gros. Si son centre coïncidait avec celui de la Terre, son volume embrasserait l'orbe de la Lune et s'étendrait une fois plus loin, d'où l'on peut juger de son immense grandeur; il est d'ailleurs éloigné de nous d'environ 23 000 rayons terrestres. N'est-il pas infiniment plus simple de supposer au globe que nous habitons un mouvement de rotation sur lui-même, que d'imaginer, dans une masse aussi considérable

---

26 SdM, S. 54.
27 SdM, S. 54.
28 SdM, S. 54.

> et aussi distante que le Soleil, le mouvement extrêmement rapide qui lui serait nécessaire pour tourner en un jour autour de la Terre?"[29]

Die kinematischen Vergleiche besitzen insbesondere bei den Störungen, die sich aus der Bewegung der Erde ergeben, hohe argumentative Kraft. Die Präzession der Äquinoktien beispielsweise ergäbe sich bei einer festen Position der Erde durch eine kleine elliptische Bewegung der Rotationsachse des Himmels um die Himmelspole. Dabei müßten aber alle Planeten mitbewegt werden. Nehme man aber dagegen an, daß die Rotationsachse der Erde schwanke, so sei für die Erklärung der Präzession der Äquinoktien nur eine einzige Bewegung erforderlich: „Quelle complication dans les mouvements célestes entraîne l'immobilité de la Terre !"[30]

Die meisten der im Kontext der kinematischen Vergleiche vorkommenden Argumente gehen bis auf die Antike zurück und kommen auch danach immer wieder bei neuzeitlichen Autoren vor. Äußerst interessant und für die Entwicklung der Himmelsmechanik relevant sind Vergleiche, bei denen im Gedankenexperiment alternativ Perspektiven eingenommen werden, denen eine andere kinematische Konstruktion zugrunde liegt. Das Prinzip solcher Vergleiche ist, daß es unendlich viele kinematische gleichberechtigte Beschreibungen der Bewegungen gibt, die die Erscheinungen auf der Erde wiedergeben: „les apparences seraient les mêmes si la Terre était transportée, comme toutes les planètes, autour du Soleil".[31] Es werden aber nur die Beschreibungen entwickelt und verglichen, die kosmologisch sinnvoll sind. Derer gibt es drei:

1. Die Geozentrik.

2. Die Perspektive mit einem Standpunkt auf einem Planeten: Wie stellt sich das Sonnensystem beispielsweise für einen Jupiterbewohner dar? – Schon Kepler hatte in seinem Somnium die Perspektive eines Mondbewohners konstruiert.[32] – Er glaubt, daß er im Mittelpunkt des Sonnensystems stehe und die Sonne und die anderen Planeten sich um ihn herum bewegen:

> „Un observateur à la surface de Jupiter jugerait le système solaire en mouvement autour de lui et la grosseur de la planète rendrait cette illusion moins invraisemblable que pour la Terre."[33]

Damit ist die Bedeutung der Geozentrik aus kinematischer Sicht nivelliert.

3. Die Perspektive mit einem Standpunkt auf der Sonne: Versetzt man sich gedanklich auf die Sonne, so sind keine retrograden Bewegungen mehr sichtbar und sämtliche Planeten bewegen sich und rotieren in dieselbe Richtung:

---

29 SdM, S. 112–113.

30 SdM, S. 115.

31 SdM, S. 111.

32 Siehe Johannes Kepler: „Somnium", in: ders., „Gesammelte Werke", hrsg. von Volker Bialas und Helmuth Grössing, Bd. XI, 2, München 1993, S. 317–436.

33 SdM, S. 115.

> „Transportons-nous par la pensée à la surface du Soleil, et de là contemplons la Terre et les planètes. Tous ces corps nous paraîtront se mouvoir d'occident en orient, et déjà cette identité de direction est un indice du mouvement de la Terre […].“[34]

Für Laplace ist der Umstand der Richtungsgleichheit der Planetenbewegung nicht nur ein Indiz der Erdbewegung, sondern vielmehr ein Beweis: „Ainsi la considération des mouvements planétaires observés du Soleil ne laisse aucun doute sur le mouvement réel de la Terre.“[35]

Das Fazit der kinematischen Vergleiche ist, daß bei unterschiedlichen Bezugspunkten sich sowohl unterschiedliche Geschwindigkeiten als auch unterschiedliche Planetenbahnen ergeben. Hier sind die nicht explizit genannten Akzeptanzkritierien der Heliozentrik ihre geometrische und kinematische Einfachheit und die sich ergebenden geringeren Geschwindigkeiten.

2. Dynamische Vergleiche

Die Vergleiche, die anhand dynamischer Argumente geführt werden, sind zum einen intuitiv, zum anderen theoretisch. Wie bei den kinematischen Vergleichen gibt es auch in der Dynamik Vergleiche, angesichts deren ein Vergleichsglied als kontraintuitiv abgelehnt wird. Die Annahme der Erdrotation ist „infiniment plus simple“, weil anderenfalls die im Vergleich zur Erdmasse um ein vielfaches größere Masse der Sonne sehr schnell bewegt werden müßte: „Quelle force immense ne faudrait-il pas alors pour le contenir et balancer sa force centrifuge?“[36] Gleiches gilt auch in Bezug auf die Sterne: „Chaque astre présente des difficultés semblables, qui sont toutes levées par la rotation de la Terre.“[37]

Darüber hinaus ist durch Newton und die auf ihn folgende Entwicklung der analytischen Mechanik eine theoretische Vergleichsmethode entstanden, durch die die physikalische Kohärenz der kosmischen und der irdischen Phänomene eingesehen wurde. Durch differentielle Größen stellt die kinematische Beschreibung erst die Größen her, die für die Dynamik interessant sind. Das wichtigste Resultat der dynamischen Vergleiche ist die Einsicht in die Identität der irdischen und der kosmischen Anziehungskraft. Die selbe Kraft hält den Mond auf seiner Bahn und die Planeten auf ihren Umlaufbahnen um die Sonne. Durch diese theoretische Kohärenz erhält die Heliozentrik ihre dynamische Plausibilität:

> „C'est ainsi que la comparaison des expériences sur la pesanteur avec le mouvement lunaire nous montre clairement que l'on doit fixer l'origine des distances aux centres de gravité du Soleil et des planètes dans le calcul de

[34] SdM, S. 116.
[35] SdM, S. 116.
[36] SdM, S. 113.
[37] SdM, S. 113.

> leurs forces attractives; car il est visible que cela a lieu pour la Terre, dont la force attractive est de la même nature que celle du Soleil et des planètes."[38]

Darin besteht die historische Bedeutung: Die dynamische Erklärung war zuvor bei keinem einzigen geozentrischen System befriedigend gegeben.

Analogien

Analogien sind zwar in der philosophischen Reflexion schon im 18. Jahrhundert in Verruf geraten,[39] für die Laplacesche Himmelsmechanik sind sie jedoch von großer Bedeutung. In jedem ihrer Themenbereiche kommen Analogien vor: Es werden geometrische, kinematische, dynamische, optische, genetische und theoretische Analogien angewendet:

Bei geometrischen Analogien geht es nur um die Formen der Planeten. Es lassen sich bei allen Planeten Polabplattungen beobachten, weshalb die Erde mutmaßlich auch abgeplattet ist. Derartige Analogien haben insbesondere einen heuristischen Wert: Ausgehend von dieser Analogie wurden auf der Erde Pendelversuche unternommen, die über die Erdform aufgrund der unterschiedlichen Distanzen zwischen Pendel und Schweremittelpunkt der Erde und der Zentrifugalkraft informieren. Die Pendelversuche haben dann die durch die Analogie gewonnene Hypothese bestätigt.

Der wichtigste Gegenstand der kinematischen Analogien ist sicherlich die Bewegung der Erde: Wir beobachten, daß alle Planeten Rotationsbewegungen aufweisen, weshalb die Annahme der Rotationsruhe der Erde in Frage gestellt wird. Gleiches gilt auch für die Erdtranslation: Alle Planeten bewegen sich um die Sonne als Zentralkörper, warum also die Erde nicht? Die Analogie wird zusätzlich um den Mond zum Planet-Mond-System erweitert: „Ainsi que Jupiter, Saturne et Uranus, la Terre est accompagnée d'un satellite; elle tourne sur elle-même, comme Vénus, Mars, Jupiter, Saturne et probablement toutes les autres planètes [...]."[40]

Ferner haben wir im Kosmos ein System vorliegen, das in Isomorphie zum ganzen Sonnensystem verstanden wird: das System des Jupiters und seiner Satelliten. Im Buch IV, Kapitel VI: „DES PERTURBATIONS DES SATELLITES DE JUPITER" legt Laplace die Bedeutung der Theorie der Jupitersatelliten dar:

---

38 SdM, S. 210.

39 Vgl. z. B. David Hume: „Dialogues Concerning Natural Religion", Part II, in: ders., „Philosophical Works", Vol. II, Neudruck, Aalen 1992, S. 393, oder Immanuel Kant: „Kritik der Urteilskraft", in: ders., „Werke", hrsg. von Wilhelm Weischedel, Bd. V, Darmstadt 1983, S. 594 (B 449, Anmerkung).

40 SdM, S. 119.

> „De tous les satellites, les plus intéressants, après celui de la Terre, sont les satellites des Jupiter. [...] ils nous ont offert, par la promptitude de leurs révolutions, tous les grands changements que le temps ne développe qu'avec une extrême lenteur dans le système planétaire, dont celui des satellites est l'image. Les inégalités produites par leur attraction mutuelle sont peu différentes de celles des planètes et de la Lune [...].“[41]

Der visuelle Zugang zur Kinematik des Sonnensystems ist eines der ältesten Anliegen der Kosmologie, das mit bildlichen Darstellungen, Himmelsglobeen und Armillarsphären angestrebt ist. Das System der Jupitersatelliten bietet eine analoge Struktur: Man blickt von außen auf das Sonnensystem, so daß ein Überblick und nicht bloß eine Innenansicht gewonnen wird. Die Jupitersatelliten ermöglichen, einen analogen Eindruck in kürzerer Dauer tatsächlich zu bekommen.

Das Sonnensystem selbst ist wiederum ein Analogon zu weiteren Sonnensystemen im Kosmos. Man kann beobachten, daß einige Sterne eine Eigenbewegung aufweisen. Laplace nimmt an, daß die Sonne und das Planetensystem sich in keiner Hinsicht von Sternen unterscheidet:

> „Mais quelques étoiles paraissent avoir des mouvements propres, et il est vraisemblable qu'elles sont toutes en mouvement, ainsi que le Soleil, qui transporte avec lui dans l'espace le système entier des planètes et des comètes, de même que chaque planète entraîne ses satellites dans son mouvement autour du Soleil.“[42]

Die Analogie hat zwei Voraussetzungen: Es wird erstens angenommen, daß die Sonne und die Sterne gleich sind, das heißt, daß sie selbst leuchten und sowohl in der Ausdehnung als auch der Masse mit der Sonne vergleichbar sind. Es wird zweitens angenommen, daß aufgrund der Gleichheit von Sonne und Sternen auch die Sterne Zentralkörper eines Planetensystems sind. Die kinematische Analogie besteht darin, daß, wenn die Sterne sich mit ihren angenommenen Planetensystemen bewegen, das Sonnensystem es auch kann und es aus kosmologischer Sicht nahe liegt, daß es sich bewegt, obwohl die Bewegung erst in sehr großen Zeiträumen empirisch nachweisbar ist.

Die wichtigste dynamische Analogie besteht zwischen dem Fall irdischer Körper und der Planetenbewegung. Aufgrund der Analogie wurde nach dem Beweis der Identität der Kräfte, die auf die Planeten, und der, die auf die irdischen Körper wirkt, mit Erfolg geforscht. Die Mechanik hat aber als Paradigma der Himmelsmechanik auch Auswirkungen, die in präzisere Teilbereiche einer Theorie eingehen. Im Buch IV, Kapitel 16 zur Libration des Monds wird die Ausrichtung des Monds zur Erde mit der Ausrichtung eines Pendels verglichen,

---

41 SdM, S. 255.

42 SdM, S. 120–121.

wobei nicht die grobe Pendelbewegung, sondern die Schwankung um den Schweremittelpunkt des Pendels selbst gemeint ist.[43]

Optische Analogien betreffen ebenfalls die Zustände der Erde, des Monds, der Sonne, der Planeten und der Sterne. Daß die Erde über keine eigene Leuchtkraft verfügt, ist eine Alltagserfahrung. Bei Mondfinsternissen läßt sich darüber hinaus beobachten, daß dies ebenfalls auch für den Mond gilt. Die Konstellation der Erdmondfinsternisse besitzt in den Jupitermondfinsternissen ein Analogon. Bei den Jupitermondfinsternissen lassen sich die optisch-geometrischen Verhältnisse, die bei irdischen Mondfinsternissen vorliegen, strukturanalog rekonstruieren.[44]

Die Sterne besitzen eine eigene Leuchtkraft, die sie mit der Sonne gemeinsam haben und durch die sie sich von den Planeten unterscheiden. Vom optischen Verhalten der Sterne und von der Sonne wird auf beide zurück geschlossen:

> „et comme les étoiles les plus petites sont assujetties aux mêmes mouvements que les plus brillantes et conservent entre elles une position constante, il est très vraisemblable que tous ces astres sont de la même nature, et que ce sont autant de corps lumineux, plus ou moins gros, et placés plus ou moins loin au delà des limites du système solaire."[45]

Eine ähnliche optische Analogie besteht zwischen der Erd- und der Mondoberfläche. Wir kennen vulkanische Eruptionen, die aus einer großen Entfernung wie Funken aussehen können.[46]

Neben den dargelegten Analogien gibt es noch eine Form, die im Zusammenhang der Entstehungslehre des Sonnensystems verwendet wird, weshalb sinnvoll von genetischer Analogie zu sprechen ist. Die Entstehungslehre des Sonnensystems ist durch kinematische Fragen motiviert und hat die Fragen zu beantworten, warum die Rotations- und die Translationsrichtung der Planeten gleich ist, warum sie nahezu in der Ebene der Ekliptik liegt etc.[47] Die Entstehungslehre des Sonnensystems basiert auf der Kondensation der Masse zu Planeten. Der Kosmos selbst bietet in sichtbaren Nebeln Analogien zu vergangenen Stufen der Entwicklungsstadien der Planetenkondensation: „la condensation successive a produit les étoiles et toutes les variétés qu'elles présentent."[48] Die Theorie der Bildung der Planeten aus Nebeln wird durch Analogien gestützt.

Die letzte und physikalisch bedeutendste Art der Analogie ist theoretisch. Darunter ist zu verstehen, daß Strukturen einer Problemlösung aus einem Bereich in einen anderen übernommen werden. Derartige Analogien liegen bei Laplace immer dann vor, wenn eine Lösungsstrategie sich als erfolgreich heraus-

---

43 Siehe SdM, S. 335.
44 Siehe SdM, S. 43.
45 SdM, S. 58.
46 Siehe das Zitat oben, S. 32.
47 Zur Entstehungslehre des Sonnensystems siehe oben, S. 38 ff.
48 SdM, S. 59.

gestellt hat. Eine These der Mondtheorie ist, daß das Bewegungsverhalten des Monds von seiner Distanz zur Sonne abhängig ist. Die Distanzänderung besitzt mehrere sich überlagernde Perioden, von denen zwei die wichtigsten sind: 1. die monatliche und 2. die jährliche, da die Erdumlaufbahn elliptisch ist. Die Bewegung des Monds ist in dessen Konjunktion und im Erdperihel schneller als in Opposition oder im Aphel, so daß die Bewegung in Konjunktion während des Erdperihels am schnellsten ist; beide Ausdrücke gehen in die Mondgleichung ein. Der Vergleich der Aufzeichnungen seit der Antike hat aber gezeigt, daß die Mondbewegung auch über Jahrhunderte schneller wird. Zur Klärung des Grunds dieses Phänomens wird die bereits bekannte Erklärung der Störungen analogisiert: „Une cause semblable à celle de l'équation annuelle produit l'équation séculaire de la Lune."[49] Das Resultat der Übertragung der monatlichen und der jährlichen Ungleichheit ist, die Mondbewegung zusätzlich noch in Abhängigkeit von Exzentrizitätsänderungen der Erdbahn zu sehen: „*L'équation séculaire de la Lune est due à l'action du Soleil sur ce satellite, combinée avec la variation séculaire de l'excentricité de l'orbe terrestre.*"[50] Die Methode der Berücksichtigung von neu entdeckten funktionalen Abhängigkeiten in der Mondtheorie wird analog zu bereits bekannten und technisch erfaßten Abhängigkeiten wiederholt.

Die Funktionen der dargelegten Analogien decken die unterschiedlichen Bereiche der wissenschaftlichen Praxis: Infragestellung von bestehenden Theorien, heuristische Funktionen, Aufbau von Kohärenz zwischen Theorien, Stützung von Annahmen und von Theorien, Bestätigung von Beobachtungen und Stützung von Beweisen: „L'analogie vient à l'appui de ces preuves."[51]

Analyse

Das Hauptmerkmal der Methode der Analytischen Mechanik besteht in der Rückführung komplexer Strukturen auf ihre Elemente. Drei Arten von komplexen Sachverhalten werden in ihre Bestandteile aufgelöst: 1. Bewegung, 2. optische Phänomene und 3. Kräfte.

1. Analyse von Bewegungen: Das Beispiel, an dem Laplace die Analyse von komplexen Bewegungen erläutert, ist die Pendelbewegung. Vorausgesetzt ist die Kenntnis der Pendelbewegung von Massenpunkten, die den einfachsten Fall darstellen, der aber nur aus reinen geometrischen Begriffen („de purs concepts géométriques"[52]) besteht. Dieser einfachste Fall wird auf empirische Fälle übertragen: Zur Erläuterung der Zusammensetzung und Überlagerung von Schwingungen, ihrer Koexistenz, stelle man sich ein Pendel vor, daß in einer Ebene, das heißt ohne Abweichungen, schwingt. Erfährt das Pendel dann einen kleinen Stoß,

49 SdM, S. 242.
50 SdM, S. 243.
51 SdM, S. 113.
52 SdM, S. 190.

der senkrecht zur Schwingungsebene ist, so beschreibt es eine elliptische Form. Ist der Stoß jedoch größer, so ergibt sich eine Wellenform. Stellt man sich nun vor, daß das Pendel den Stoß in seiner Ruheposition bekommen hätte, so wäre die resultierende Bewegung eine zur Schwingungsebene senkrechte Schwingung ebenfalls in einer Ebene. Daran wird deutlich, daß die komplexe Schwingung eines Pendels in zwei einzelne Schwingungen zerlegt werden kann. Das Pendel läuft bei beiden Schwingungen um den Gleichgewichtspunkt. Diese Art der Betrachtung von Schwingungen wird auf beliebige Systeme ausgedehnt:

> „Les oscillations très petites d'un système de corps, quelques composées qu'elles soient, peuvent être considérées comme étant formées d'oscillations simples, parfaitement semblables à celle du pendule."[53]

Das Pendelbeispiel veranschaulicht die Superposition von Krafteinwirkungen. Die konkrete Aufgabe der Zerlegung von Schwingungen in ihre Komponenten, die praktisch jedoch nicht zu lösen ist, wäre die Wellenbewegung im Meer. Im Sonnensystem und insbesondere am Mond sind Überlagerungen von Schwingungen leichter zu beobachten, weshalb Laplace die Mondtheorie immer wieder als Anwendungsbeispiel der analytischen Methode anführt:

> „si l'on considère le grand nombre et l'étendue de ces inégalités et la proximité de ce satellite à la Terre, on jugera qu'il est de tous les corps célestes le plus propre à établir cette grande loi de la nature et la puissance de l'Analyse, de ce merveilleux instrument sans lequel il eût été impossible à l'esprit humain de pénétrer dans une théorie aussi compliquée [...]."[54]

Die Mondbewegung wird mit höchstmöglicher Genauigkeit beschrieben und dann in ihre Einzelkomponenten zerlegt. Die gröbste Beschreibung der Bewegung ist die elliptische Bahn des Monds, die sich aus ihren Bahnelementen zusammensetzt: Größe, Exzentrizität, Position der Bahn gegenüber der Ekliptik etc. Das Laplacesche Ordnungssystem der Störungen basiert auf dem Niveau der geometrischen Beschreibung; die Veränderungen der Ellipsenelemente sind vorrangig:

> „Pour ordonner les approximations; je distingue en divers ordres, les inégalités et les termes qui les composent. Je considère comme quantités du premier ordre, le rapport du moyen mouvement du soleil à celui de la lune, les excentricités des orbes de la lune et de la terre, et l'inclinaison de l'orbe lunaire à l'écliptique. Ainsi, dans l'expression de la longitude moyenne en fonction de la longitude vraie, le principal terme de l'équation du centre de la lune, est du premier ordre: le second ordre comprend le second terme de cette équation, la réduction à l'écliptique, et les trois grandes inégalités connues sous les noms de *variation*, d'*évection* et d'*équation annuelle.*"[55]

---

53 SdM, S. 191.
54 SdM, S. 253.
55 Mécanique céleste, OC, Bd. III, S. 182.

Die Störungen dritter oder vierter Ordnung werden in der Exposition nicht mehr erläutert. Die Anzahl der Störungen steigt mit dem Niveau der Präzision; auf dritter Stufe liegen fünfzehn Perturbationen vor. Die letzte Stufe der Klassifikation ist technisch bedingt. In der Mécanique céleste sind Störungen bis zu einer Viertelbogensekunde berücksichtigt. Die Störungen werden einerseits durch Gleichungen beschrieben, bei denen die Schwankung relativ zur Mittelpunktsgleichung auf der Bahn ausgedrückt wird, andererseits aber auch durch die Veränderungen der Bahnelemente oder durch Positionsänderungen der Bahn selbst. Die Gleichungen können Störungen ergeben, woran sich die Aufgabe des empirischen Nachweises anschließt. Dieser muß nicht immer gelingen und gelingt insbesondere dann nicht, wenn die Störungen radial zum Beobachter geschehen.

2. Analyse optischer Phänomene: Die Analyse komplexer optischer Phänomene kommt in Laplace' Himmelsmechanik nur ein einziges Mal vor, und zwar bei der oben erläuterten Aberration.[56]

3. Analyse von Kräften: Das Prinzip der Analyse von Kräften ist die Vektorzerlegung. Jeder Vektor kann als Summe zweier Vektoren dargestellt werden. In der Praxis macht man sich zu Nutzen, daß ein Vektor sich dadurch darstellen läßt, daß man ihn auf drei senkrecht aufeinander stehenden Linien zurückführt, so daß jeder Vektor in einem cartesischen Koordinatensystem durch Vektoren, die parallel zu den Achsen sind, darstellbar ist. Wegen der vektoriellen Darstellung der Kräfte kann letztlich nicht entschieden werden, ob eine Kraft, die nur durch ihre Wirkung zu erfassen ist, in weitere Kräfte zu zerlegen ist oder nicht. Die Methode der Zerlegung von Kräften in ihre Bestandteile wird sowohl in der Statik als auch in der Dynamik angewendet. Bei Laplace findet sie z. B. auch in der Kapillaritätstheorie eine Anwendung.[57] Das theoretische Ziel ist, sämtliche Kräfte, die bei einem physikalischen Prozeß wirksam sind, zu erfassen und in Differentialgleichungen zu formulieren. Just das besagt der Laplacesche Geist: Unter Kenntnis aller Kräfte und aller Initialbedingungen läßt sich die Bewegung jedes Körpers berechnen:

> „Si le point est sollicité par des forces agissant d'une manière continue, il décrira, d'un mouvement sans cesse variable, une courbe dont la nature dépend des forces qui la font décrire. Pour la déterminer, il faut considérer la courbe dans ses éléments, voir comment ils naissent les uns des autres, et remonter de la loi d'accroissement des coordonnées à leur expression finie. C'est précisément l'objet du Calcul infinitesimal, dont l'heureuse découverte a procuré tant d'avantages à la Mécanique, et l'on sent combien il est utile de perfectionner ce puissant instrument de l'esprit humain."[58]

[56] Zur Aberration siehe oben, S. 24–25.

[57] Siehe z. B. SdM, S. 365.

[58] SdM, S. 159–160.

Der formale Ausdruck dieser Naturphilosophie ist das Prinzip der virtuellen Geschwindigkeit, durch das Laplace die Mechanik prinzipiell abgeschlossen sieht und das einen Kern der mechanistischen Naturphilosophie ausmacht.[59]

Zur Induktion

Der Begriff der Induktion ist sehr weit und wird von Laplace bei der Bezeichnung seiner Methode in der Bedeutung einer Forschungsmethode und nicht eines logischen Schlusses vom Speziellen auf das Allgemeine verwendet. Die Kernmethode der Himmelsmechanik und die der neuzeitlichen quantitativen Naturwissenschaften ist nach Laplace die Induktion. In der Exposition du système du monde wird sie aber weder beschrieben noch mathematisch vorgeführt. Es werden historische Vorkommnisse von Induktionen umgangssprachlich vorgestellt, wobei ein sehr unpräzises und metaphorisches Vokabular verwendet wird, was letztlich an den Schwierigkeiten des Induktionsproblems und der Charakterisierung einer wissenschaftlichen Heuristik liegt. Metaphern für den Prozeß der Entdeckung von Gesetzen aus Ereignissen sind faire naître la pensée, conclure, voir, il est naturel de penser, découvrir oder conduire à la découverte.

Die Induktion à la Laplace beruht auf Beobachtungen, Beschreibungen, Analogien und Vergleichen. Die Basissätze sind Beobachtungssätze über das Verhalten von physikalischen Körpern, das heißt nicht nur der Planeten, sondern auch fallender irdischer Körper, Kapillaren, Licht, chemischer Elemente etc. Daß für Laplace die Körper, auf die sich die klassische Mechanik bezieht, im Vordergrund stehen, liegt an seinem speziell himmelsmechanischen Interesse. Die Gegenstände, über die induziert wird, sind strenggenommen nicht nur Individuen, wie es mit Induktionen in der Regel in Zusammenhang gebracht wird und bei Laplace auch vorkommt, sondern vor allem Sachverhalte und Mengen von Sachverhalten. Ein Bewegungsgesetz setzt einen Sachverhalt zum Zeitpunkt t^1 und den sich aus ihm entwickelnden Sachverhalt zum Zeitpunkt t^2 in Relation. Da es unterhalb der Relation für Laplace keinen quantifizierbaren Erkenntnisgegenstand gibt, sind alle Induktionen von einstelligen und auch einige von mehrstelligen Relationen qualitativer Art. Das sind beispielsweise im Molekularen Sätze über die Sättigung von Säuren: Salzsäure wird nicht nur durch Kalilauge, sondern auch durch Natronlauge gesättigt. Also sättigen alle Laugen Säuren. Das gleiche gilt bei der Kapillarität. Öl, Wasser und Quecksilber verhalten sich in einer Kapillare zwar unterschiedlich, aber keine verhält sich neutral. Daher besteht zwischen allen Flüssigkeiten und der Kapillarwand eine Wechselwirkung, deren Mikrostruktur nur empirisch nicht zugänglich ist.[60]

---

59 Siehe unten, S. 137 ff.

60 Siehe SdM, S. 349.

Die Basissätze zur Planetenbewegung haben für Laplace die größte Bedeutung, was daran liegen dürfte, daß im Sonnensystem der Umstand, daß sich Gleiches unter gleichen Umständen gleich verhält – Newtons zweite Regel[61] –, am ehesten beobachten läßt: Die Bedingungen im Sonnensystem sind weitgehend konstant. Das bedeutet nicht, daß deshalb ausschließlich Planeten die Träger der induzierten Eigenschaften sind. Es wird vielmehr ausdrücklich betont, daß es darum gehe, die Theorie der allgemeinen Schwere, das heißt für alle Massen, zu begründen. Da die Eigenschaften der Masse unausgesprochen als stabil angenommen werden, wird auch in zeitlicher Dimension die Generalität von Induktionen beansprucht. Auch das wird nicht ausdrücklich formuliert, die Annahme der Invariabilität der Naturgesetze geht aber aus zahlreichen Stellen hervor. Im ersten Absatz der Exposition wird behauptet, daß die Astronomie ermögliche, vergangene und zukünftige Zustände des Weltsystems zu überblicken, was freilich nur möglich ist, wenn die durch die Astronomie entdeckten Gesetze auch in Vergangenheit und Zukunft gelten.[62]

Das unmittelbare Ziel bei der Anwendung der induktiven Methode ist die Gesetzesaussage in Form himmelsmechanischer Gleichungen, letztlich läuft die Anwendung der induktiven Methode aber darauf hinaus, aus konkreten allgemeinere Gesetze, das heißt das Gravitationsgesetz aus den Keplergesetzen zu induzieren. Laplace' Herleitung des Gravitationsgesetzes stimmt nicht ganz mit der Rekonstruktion von Newtons Verfahren überein, das Laplace als Paradigma der Induktion betrachtet. Newtons Verfahren wird in drei Schritten dargelegt:

(1) Das dritte Keplergesetz: Das Verhältnis der Quadrate der Umlaufzeiten zu den Kuben der Radien ist konstant. ($t^2/r^3 = c$.)

(2) Newton habe dann durch Verallgemeinerung gezeigt („En généralisant ensuite ses recherches“[63]), daß ein Körper durch eine von einem Brennpunkt ausgehende Kraft, die umgekehrt proportional zum Quadrat des Abstands ist, sich in einem Kegelschnitt bewege.

(3) Aufgrund des Aktions-Reaktions-Gesetzes muß ein Körper, der von der Erde angezogen wird, auch die Erde anziehen; die Erde fällt also auch auf einen auf sie fallenden Gegenstand. Gleiches gilt auch für die Sonne, die auch zur Erde hingezogen wird. Die zweite induktive Verallgemeinerung, die Laplace von Newtons Entdeckung des Gravitationsgesetzes betont, ist, daß Newton diesen Zusammenhang auf beliebige Massen ausgedehnt habe:

> „Il étendit ensuite cette propriété à toutes les parties de la matière, et il établit en principe que *chaque molécule de matière attire toutes les autres, en raison de sa masse et réciproquement au carré de sa distance à la molécule attirée.*“[64]

---

[61] Siehe Newton: „Principes Mathématiques“, Bd. II, S. 2.
[62] Siehe SdM, S. 1.
[63] SdM, S. 458.
[64] SdM, S. 459.

Laplace' Bewertung von Newtons Herleitung des Gravitationsgesetzes ist vom Induktionsproblem unabhängig, obwohl er als ihr wesentliches Moment die Generalisierung sieht. Er betont, daß das Gravitationsgesetz nicht nur eine Hypothese, sondern ein notwendiges Ergebnis aus den beobachteten Gesetzen sei: „Ici le problème est déterminé par les lois observées dans les mouvements célestes dont ce principe est un résultat nécessaire."[65] Mit der Entdeckung des Gravitationsgesetzes kommt die induktive Methode zum Ziel, da das Gravitationsgesetz als oberstes Gesetz und grundlegende Relation praktisch akzeptiert wird.

Die Frage nach der angemessenen Beurteilung von Newtons Auffassung, er habe das Gravitationsgesetz aus den Planetenbewegungen abgeleitet, ist in der Forschung ausgiebig diskutiert worden. Die Beurteilungen hängen davon ab, ob Induktionen überhaupt für möglich gehalten werden und, falls ja, wie sie zu verstehen sind. Popper, Lakatos und Duhem behaupten, daß nur ein hypothetisch-deduktives Vorgehen Sinn mache. Glymour spricht vom Schnürriemen-Argument.[66] Diese Diskussion ist ohne Konsensbildung verlaufen und ich möchte in sie hier nicht einsteigen. Laplace empfindet seinen Ansatz als mit dem Newtons in Übereinstimmung, wie aus sehr knappen Beschreibungen von Newtons Vorgehen deutlich wird:

> „La Mécanique céleste n'attendait ainsi pour éclore qu'un homme de génie qui, rapprochant et généralisant ces découvertes, sût en tirer la loi de la pesanteur. C'est ce que Newton exécuta dans son Ouvrage des *Principes mathématiques de la Philosophie naturelle*."[67]

Diese Beurteilung harmoniert insbesondere im Punkt der Verallgemeinerungen mit Laplace' Praxis und Darstellung der Induktion, wie die vorhergehende Analyse ergeben hat. Da Laplace Induktionen nicht nur für möglich, sondern als zentrale und legitime Methode der Naturwissenschaften betrachtet, geht eine nachträgliche wissenschaftstheoretische Beurteilung von Newton an seiner Deutung vorbei.

Es sei noch bemerkt, daß Laplace auch die Newtonschen Axiome und die in der Folge formulierten Prinzipien als induktiv gewonnen betrachtet. Das Reaktionsprinzip wird ohne weitere Erläuterungen als sich in den Naturprozessen manifestierend charakterisiert:

> „On voit donc généralement que, dans l'action mutuelle des corps, la réaction est toujours égale et contraire à l'action. On voit encore que cette égalité ne suppose point une force particulière dans la matière; elle résulte de ce qu'un corps ne peut acquérir du mouvement par l'action d'un autre corps sans l'en

65 SdM, S. 459.

66 Harper gibt einen Überblick über die Diskussion; siehe William Harper: „Newton's argument for universal gravitation", in: Cohen, Smith (Hrsg.): „The Cambridge Companion to Newton", S. 174–175.

67 SdM, S. 455.

> dépouiller, de même qu'un vase se remplit aux dépens d'un vase plein qui communique avec lui.
> L'égalité de l'action à la réaction se manifeste dans toutes des actions de la nature [...].“[68]

Daß nicht alle Naturprozesse, insbesondere die molekularen, bekannt sind, spielt bei der Induktion von Prinzipien keine Rolle. Solche Induktionen basieren auf Analogien mit konkreten Prozessen, deren Prinzipien bereits erarbeitet und verallgemeinert wurden.

Zur Deduktion

Die Deduktion hat bei Laplace unterschiedliche Funktionen: Begründung und Entdeckung von Gesetzen, Erklärung und Entdeckung von Störungen der Planetenbahnen und die Erstellung von Planetentafeln. Die genauen Vorbilder für das deduktive Verfahren sind nicht exakt zu bestimmen, dürfen aber sicherlich nicht auf Newtons principia oder Euklids Elemente beschränkt werden, da auch d'Alemberts Mechanik mit Definitionen und Gesetzen beginnt und Lagrange in der Analytischen Mechanik das Programm einer axiomatisierten Mechanik weiterentwickelt. Pulte bezeichnet Lagranges Methode unter Bezugnahme auf Lakatos als „Euclideanism“.[69] Solche Texte gehören zu den Theorievorbildern und markieren den methodischen Stand der Zeit.

Die Deduktionen der Laplaceschen Himmelsmechanik sind Anwendungen der Newtonschen Axiome, des Gravitationsgesetzes, der Erhaltungssätze und der Prinzipien. Es werden nicht alle Gesetze deduziert, die in der Himmelsmechanik verwendet werden, sie liegen aber deren System zugrunde. Die Deduktionen fehlen oftmals dann, wenn sie in der Geschichte der Mechanik ausgearbeitet wurden und sich zum Standard etabliert haben. Das Gravitationsgesetz wird zwar aus den Keplergesetzen induziert, die umgekehrte Ableitung wird aber weder in der Exposition noch in der Mécanique céleste vollzogen, obwohl Laplace an zahlreichen Stellen davon spricht, daß sämtliche Bewegungsgesetze aus dem Gravitationsgesetz folgen.

Es mag fremd erscheinen, daß die Gegenstände der Deduktionen nicht nur die Himmelsphänomene, sondern auch Prinzipien oder Axiome sind. D'Alembert hat im Traité de Dynamique die Stoßgesetze durch die Anwendung der Gleichgewichtsprinzipien auf die Dynamik entwickelt. Daher trifft man dort auch – was Laplace nicht bemängelt[70] – auf abgeleitete Axiome: „Le produit de la masse d'un corps par sa vitesse est appelée *quantité de Mouvement*. De là naît cet

---

68 SdM, S. 173.

69 Helmut Pulte: „After 150 Years: News from Jacobi about Lagrange's Analytical Mechanics“, in: „The mathematical intelligencer“, Vol. 19, Nr. 3, New York 1997, S. 48.

70 „Cette manière de ramener les lois du mouvement à celles de l'équilibre, dont on est principalement redevable à d'Alembert, est generale et très lumineuse.“ (SdM, S. 194.)

axiome, que les corps qui ont des quantités de mouvement égales & directement opposées, se font équilibre."[71] Derartige Herleitungen von allgemeinen Bewegungsgesetzen findet man auch bei Laplace. Im Kapitel zur Bewegung eines Systems aus Körpern geht es um das auch von d'Alembert behandelte Problem der Stoßgesetze. Es wird erörtert, wie das Stoßverhalten zweier Massenpunkte ist, die auf einer Linie aufeinander prallen. Das System wird so analysiert, daß sich deren Gesamtverhalten additiv aus zwei Bewegungsgrößen zusammensetzt. Nun argumentiert Laplace deduktiv mittels der Gleichgewichtsbedingungen, daß nach dem Stoß der Betrag des zerstörten Impulses gleich Null sei.[72] Axiom bezeichnet in der französischen Mechanik offenbar einen Satz, der evident oder plausibel ist und sich für den deduktiven Aufbau einer Theorie eignet[73], wobei das letzte Kriterium nicht zu streng zu sehen ist, wie die abgeleiteten Axiome zeigen. Eine Gemeinsamkeit eines Axiomensystems der Mathematik und eines der Mechanik ist die Widerspruchsfreiheit: Keine Definition der Kraft ist verbindlich, sondern derer gibt es mehrere, die „n'impliquent pas contradiction".[74]

Das schrittweise deduktive Verfahren der Planetengleichungen erläutert Laplace anhand des Verhältnisses von Mittelpunktsgleichung und tatsächlicher Bewegung des Planeten. Zunächst gilt allgemein für alle Planeten, daß sie sich gemäß der drei Keplergesetze verhalten. Gäbe es einen Zentralkörper und nur einen Planeten, dann wäre die Bahn eine Ellipse. Die Erfahrung zeigt aber Abweichungen an, die durch Gleichungssysteme zu erklären die Hauptaufgabe der Himmelsmechanik ist. Um sich intuitiv an diese Aufgabe anzunähern, beschreibt Laplace den Zusammenhang von Mittelpunktsgleichung und Störung durch die Annahme eines fiktiven Planeten, um den der Planet sich bewegt:

> „La manière la plus simple d'envisager ces diverses perturbations consiste à imaginer une planète mue, conformément aux lois du mouvement elliptique, sur une ellipse dont les éléments varient par des nuances insensibles, et à concevoir, en même temps, que la vraie planète oscille autour de cette planète fictive, dans un très petit orbe dont la nature dépend de ses perturbations périodiques."[75]

In Laplace' System ist wichtig, daß sowohl die allgemeinen Bewegungsgesetze als auch die Störungen durch die gravitative Wechselwirkung begründet werden („la théorie de l'attraction mutuelle des planètes suffit pour représenter toutes les inégalités observées dans leurs mouvements"[76]). Methodisch bedeutet das, daß

---

71 D'Alembert: „Traité de Dynamique", S. 55.

72 Siehe SdM, S. 187.

73 Vgl. zum Axiombegriff zur Zeit Newtons E. J. Dijksterhuis: „Die Mechanisierung des Weltbildes", 2. Nachdruck des Reprints der deutschen Erstausgabe von 1956, Berlin, Heidelberg, New York 2002, S. 519–520.

74 SdM, S. 156.

75 SdM, S. 215.

76 SdM, S. 219.

sämtliche materiellen Phänomene vom Gravitationsgesetz abhängen. Das ist der Kern der Bemühung, das Modell des Sonnensystems deduktiv aus einem einzigen Gesetz herzuleiten.

Die Mécanique céleste zeigt den deduktiven Charakter der Himmelsmechanik deutlicher an als die Exposition. In den ersten beiden Bänden werden die Kinematik und die Dynamik entwickelt und erst im sechsten Buch mit der systematischen Anwendung der Gleichungssysteme auf Planeten begonnen:

Band I:	Livre I:	DES LOIS GENERALES DE L'EQUILIBRE ET DU MOUVEMENT
	Livre II:	DE LA LOI DE LA PESANTEUR UNIVERSELLE ET DU MOUVEMENT DES CENTRES DE GRAVITE DES CORPS CELESTES
Band II:	Livre III:	DE LA FIGURE DES CORPS CELESTES
	Livre IV:	DES OSCILLATIONS DE LA MER ET DE L'ATMOSPHERE
	Livre V:	DES MOUVEMENTS DES CORPS CELESTES AUTOUR DE LEURS PROPRES CENTRES DE GRAVITE
Band III:	Livre VI:	THEORIE DES MOUVEMENTS PLANETAIRES

Die Planetentheorien im Buch VI beginnen mit der Bestimmung der Werte der Abweichungen von den Mittelpunktsgleichungen und gehen dann zu Abschnitten zu Störungen über. Die Heuristik der Deduktion besteht zunächst aus neuen Gesetzmäßigkeiten der Planetenbewegung: „La théorie de la pesanteur, devenue par tant d'applications un moyen de découvertes aussi certain que l'observation elle-même, a fait connaître ces lois [Bewegungsgesetze der Jupitersatelliten] et beaucoup d'autres [...].“[77] Der Deduktivismus liegt darin, daß die abgeleiteten Gesetze nicht auf diejenigen beschränkt sind, die zuvor induktiv hergeleitet wurden. Zum anderen werden die Gesetze auf die Planeten angewendet und führen zu Ergebnissen, die in der Folge bei der Beobachtung leitend sind. Daher kann Laplace sagen, daß die Gravitationstheorie oftmals die Beobachtung vorweggenommen habe, insbesondere wenn es um Zusammenhänge geht, die sich aufgrund deren großer zeitlicher Dimension noch nicht haben beobachten lassen. Das Gravitationsgesetz

> „a souvent devancé les observations, en nous dévoilant la cause de plusieurs mouvements singuliers, entrevues par les astronomes, mais qui, vu leur complication et leur extrême lenteur, n'auraient pu être déterminés par l'observation qu'après un grand nombre de siècles.“[78]

Andererseits führt es auch zur Prognose von Störungen wie die einer Libration des Monds, die sich nicht beobachten läßt, obwohl die zeitliche Dauer über-

77 SdM, S. 468.
78 SdM, S. 201–202.

schaubar ist; der Wert der Libration ist zu klein: „Cette libration est très petite, puisque les observations ne l'ont point fait connaître."[79] Damit ist auch angedeutet, daß die deduktive Methode dann an ihre Grenzen stößt, wenn empirische Unzugänglichkeiten vorliegen, z. B. zu große Entfernungen oder Prozesse von großer Komplexität. Letzteres ist bei nahezu allen irdischen Prozessen der Fall: „tant de circonstances en compliquent les résultats sur la Terre qu'il est difficile de les démêler et plus difficile encore de les assujettir au calcul".[80] Auch wenn deshalb die auf der Erde stattfindenden Prozesse nicht befriedigend deduktiv prognostiziert werden können, so sind aber die Naturerscheinungen die letzte zu deduzierende Stufe eines axiomatischen Systems.

Genetische Erklärungen

Genetische Erklärungen leiten einen Sachverhalt nicht aus Gesetzen ab, sondern erklären ihn durch die Darlegung einer Entwicklungsreihe, deren Endglied der zu erklärende Sachverhalt darstellt. Bei einer erklärenden Schilderung werden kausale Prozesse verfolgt, so daß den einzelnen Stufen der Entwicklungsphase erklärende Argumente entsprechen. Die Struktur der genetischen Erklärung ist im Fall der kausal-genetischen Erklärung dergestalt, daß das Antecedens des n-ten Glieds mit dem Explanandum des (n–1)-ten Glieds identisch ist.[81]

Bei Laplace kommt nur eine ausgearbeitete genetische Erklärung vor: die Entstehungslehre des Sonnensystems. Sie basiert nicht auf quantitativen Aussagen, das heißt die Entstehungslehre des Sonnensystems wird nicht berechnet, auch wenn das kraft der Bewegungsgleichungen prinzipiell möglich sein müßte. Das Sonnensystem ist vielmehr der letzte angegebene Zustand einer langen Entwicklungsreihe, deren Anfangsglied die rotierende heiße Sonnenatmosphäre ist:

1. Wenn die Sonnenatmosphäre heiß war, dann kühlt sie sich ab.
2. Wenn die Sonnenatmosphäre sich abkühlt, dann kondensiert ihre Materie zu Nebeln.
3. Wenn die Materie zu Nebeln kondensiert, dann kondensiert sie daraufhin zu festen Körpern.

Die weiteren genetischen Erklärungen der Exposition bestehen in der Regel nur aus singulären Ereignissen, was sie sehr unbefriedigend macht. Solche genetischen ad-hoc-Erklärungen stehen häufig im Widerspruch zur Entstehungslehre des Sonnensystems.[82] Der Umstand, daß die Erde sich in der Richtung ihrer Rotationsrichtung bewegt, wird dadurch erklärt, daß die Erde ursprünglich einen Stoß bekommen habe, der sie sowohl in Umlauf als auch in Rotation versetzt habe:

---

79 SdM, S. 335.

80 SdM, S. 201.

81 Siehe Wolfgang Stegmüller: „Probleme und Resultate", Bd. I, S. 155–156.

82 Siehe dazu weiter unten, S. 180.

> „pour expliquer le double mouvement de rotation et de translation de la Terre, il suffit de supposer qu'elle a reçu primitivement une impulsion dont la direction a passé à une petite distance de son centre de gravite, distance qui, dans l'hypothèse de l'homogénéité de cette planète, est à peu près la cent soixantième partie de son rayon".[83]

In der Entstehungslehre des Sonnensystems ist dieser ursprüngliche Stoß nicht mehr erforderlich und widerspricht der Auffassung, daß die Bewegung der Erde durch die Kondensation des Sonnennebels zustande gekommen wäre. Hier ist zu bedenken, daß die Entstehungslehre des Sonnensystems erst in späteren Auflagen der Exposition hinzugekommen ist, wodurch das Vorkommnis der Widersprüche etwas besser verständlich wird.

Akzeptanz, Bestätigung, Verifikation und die Aufgabe von Theorien

Laplace hält die Axiome der Newtonschen Mechanik für wahr und hinterfragt sie nicht mehr. Das Gravitationsgesetz wurde zwar in der Geschichte der Mechanik angezweifelt, aber nicht mehr von Laplace; gleiches gilt auch für vom Gravitationsgesetz abhängende Gesetze. Die von Laplace vorgenommenen Überprüfungen finden unterhalb des Gravitationsgesetzes und der Keplergesetze statt. Gegenstände, die überhaupt bestätigungsbedürftig sind, sind Meß- und Beobachtungsdaten, Definitionen, Gleichungen, Koeffizienten, Massenangaben und Berechnungen von Bahnelementen. Es geht aber vor allem um die Korrektheit von Gleichungen und der in ihnen vorkommenden Koeffizienten; der Sinn der Bestätigungen liegt in der Revision der eigenen Arbeit. Das einzige apriorische Kriterium, dem eine Theorie, verstanden als Gleichungssystem mit Definitionen, zu genügen hat, ist die Widerspruchsfreiheit.[84] Das Akzeptanzkritierium der Praxis ist die Übereinstimmung der Berechnungen mit den Beobachtungen. Bei einer Übereinstimmung gelten die Gleichungen als bestätigt und existent:

> „Les quantités qu'il faut ajouter à ces distances [des Monds zu den Knoten, zu seinen Knoten und zur Sonne] sont à fort peu près celles qui résultent des équations séculaires; les éléments de ces Tables confirment donc à la fois l'existence de ces équations et les valeurs que je leur ai assignées."[85]

Die relevanten Beobachtungsdaten umfassen auch die antiken Aufzeichnungen, durch die manchmal erst die Existenz einer in der Theorie deduzierten Störung akzeptiert wird: „Déjà, les observations anciennes, malgré leur imperfection, confirment ces inégalités [...]."[86]

---

83 SdM, S. 189.
84 Siehe oben, S. 69.
85 SdM, S. 248.
86 SdM, S. 246.

Ein nicht zu unterschätzender Punkt ist die Intuition, von der letztlich Plausibilität und Überzeugungskraft einer Theorie oder auch nur einer Beschreibung abhängt; oftmals geht es um nicht mehr als die Illustration der Evidenz, allerdings auch nicht um weniger. Laplace' Formulierung des Appells an die Intuition ist Natürlichkeit. Appelle an die Intuition kommen auf verschiedenen Niveaustufen vor, z. B. bei der Frage, ob die Sterne auch nachts auf ihren Bahnen laufen[87] oder unter Akzeptanz der Erdrotation die Frage nach ihrer Translation:

> „Maintenant, puisque la révolution diurne du ciel n'est qu'une illusion produite par la rotation de la Terre, il est naturel de penser que la révolution annuelle du Soleil emportant avec lui toutes les planètes n'est pareillement qu'une illusion due au mouvement de translation de la Terre autour du Soleil. Les considérations suivantes ne laissent aucun doute à cet égard."[88]

Die intuitive Akzeptanz einer Theorie scheint eine Bedingung ihrer Akzeptanz überhaupt zu sein, die dann durch die Wissenschaften bestärkt wird.

Ein wissenschaftstheoretisch schwacher, praktisch aber bedeutender Aspekt für die Akzeptanz und die Etablierung einer Theorie ist ihre Konsensfähigkeit. Der Konsens soll durch die induktiv-analytische Methode hergestellt werden; der Ort dafür sind die Akademien: „le désir de se convaincre mutuellement établit nécessairement entre les membres [der Académie des sciences] la convention de n'admettre que les résultats de l'observation et du calcul".[89] Es gibt zahlreiche Stellen, an denen Laplace davon berichtet, daß er andere Fachwissenschaftler angewiesen habe, einen Wert zu bestimmen, um die Ergebnisse zu überprüfen, oder daß seine Ergebnisse mit denen von anderen übereinstimmen; die eigenen Ergebnisse werden der Kritik unterzogen, bzw. ihr übergeben.[90] Konsensbildung mag trivial oder selbstverständlich anmuten, hat ihre wissenschaftshistorische Bedeutung aber in der Ablehnung von Autoritäten, wofür sich Galilei vorbildlich und mit dem hohen Preis seiner Freiheit eingesetzt hat. Es ist ein enormer wissenschaftsphilosophischer Gewinn, daß es mit den Akademien Entscheidungsinstanzen wissenschaftlicher Fragestellungen gibt, die nicht einer Theorie – historisch heißt das: dem Aristotelismus und der christlichen Dogmatik – verpflichtet sind.

Das Einfachheitskriterium wird in verschiedenen Zusammenhängen angewendet, die sich auf unterschiedlichen Stufen der Bildung, Auswahl und Bewertung von Theorien abspielen. Auf grundlegender Stufe findet es bei der Entscheidung zwischen kinematisch gleichberechtigten Beschreibungen Verwendung, wobei interessant ist, daß es durchaus zur Stützung falscher Beschreibungen angeführt werden kann und relativ zu verschiedenen Wissensstufen ist. Das Tychonische

---

87 „[...] il est naturel de penser qu'elles continuent de décrire sous l'horizon le cercle qu'elles ont commencé à parcourir au-dessus et dont l'horizon nous cache la partie inférieure" (SdM, S. 4).

88 SdM, S. 115.

89 SdM, S. 448.

90 Vgl. SdM, S. 250.

System ist aufgrund seiner relativen Einfachheit dem System von Ptolemaios bereits vorzuziehen: „La simplicité de cette hypothèse suffirait donc seule pour la faire admettre".[91] Bei der Wahl zwischen dem Tychonischen und dem Copernicanischen System greift die analoge Argumentation:

> „En l'envisageant sous cet aspect [der Heliozentrik], tous les phénomènes s'expliquent de la manière la plus simple; les lois des mouvements célestes sont uniformes; toutes les analogies sont observées. [...] Enfin la pensée du mouvement de la Terre réunit en sa faveur la simplicité, l'analogie et généralement tout ce qui caractérise le vrai système de la nature."[92]

Innerhalb der Kinematik wird das Einfachheitskriterium in keiner nachvollziehbaren Weise theoretisch entwickelt, sondern nur intuitiv angewendet. Der Grund für die Zuweisung einer höheren Einfachheit einer kinematischen Beschreibung scheint durch die Komplexität ihrer geometrischen Konstruktion bestimmt und vielleicht sogar quantifizierbar zu sein: Je weniger geometrische Elemente für die kinematische Beschreibung erforderlich sind, desto einfacher und somit besser ist sie. Das ist nicht selbstverständlich, da die Form durchaus auch als Kriterium der Einfachheit vorkommt. Im Zusammenhang der Abhängigkeit der Anziehung von der Planetenform folgt der Ellipsoïd hinsichtlich seiner Einfachheit auf den Sphäroïd: „la figure elliptique, la plus simple de toutes les figures rentrantes, après la sphère".[93] Geometrische Einfachheit wird hier offenbar anhand der Konstruktionsweise beurteilt. Nun ist eine Ellipse komplizierter als ein Kreis, aber in der Konstruktion noch recht einfach. Es scheint so, daß ihre relative Einfachheit die Akzeptanz von Keplers Flächensatz begründet: „Un rapport aussi simple entre le mouvement du Soleil et sa distance au foyer de son mouvement doit être admis comme une loi fondamentale de sa théorie, du moins jusqu'à ce que les observations nous obligent de le modifier."[94] Die Möglichkeit, eine in der Natur vorkommende Bahn durch eine einfache geometrische Konstruktion zu beschreiben, ist hier das kinematische Akzeptanzkriterium.

Die Verwendung der Einfachheit innerhalb der Theoriebildung und -erörterung ist weniger intuitiv als in der Kinematik; in diesen Fällen läßt sich doch recht gut nachvollziehen, daß es sich um ein quantitatives Kriterium handelt. Das mit der Mécanique céleste verfolgte Ziel ist, sämtliche Planetenstörungen, bzw. sogar sämtliche Naturphänomene ausschließlich auf das Gravitationsgesetz zurückzuführen: „Nous verrons en la suivant dans ses conséquences, les phénomènes célestes ramenés jusque dans leurs plus petits détails, à une seule loi dont ils sont les développements nécessaires."[95] Laplace' Methode ist auf eine ge-

---

[91] SdM, S. 54.
[92] SdM, S. 119.
[93] SdM, S. 270.
[94] SdM, S. 11.
[95] SdM, S. 119.

setzesmonistische Theorie hin angelegt. Die theoretische Einfachheit wird dadurch noch verstärkt, daß das Gravitationsgesetz selbst als einfach gilt, da es nur aus einem Ausdruck bestehe.[96] Der Kern der gesamten Naturphilosophie ist daher das gravitative Verhältnis zweier Massen. Damit ist sowohl das einfachste Naturgesetz an den Anfang der Naturphilosophie gestellt als auch die Himmelsmechanik auf der geringst möglichen Anzahl von Gesetzen aufgebaut: „La découverte de ce principe a donc réduit au plus petit nombre possible les suppositions sur lesquelles Copernic fondait sa théorie.“[97]

Die Wissenschaftstheorie kennt weitere Kriterien der Akzeptanz von Theorien, die eng mit einander zusammenhängen: Kohärenz, Bestätigung durch unterschiedliche Methoden, Fruchtbarkeit und Vielfalt. Die Kriterien lassen sich in ihrer Anwendung bei Laplace wiederfinden. Soweit ich sehe, geschieht die deduktive Kohärenzbildung zum einen durch die Ableitung zweier Sätze aus einem allgemeinen Gesetz, so daß sie über das allgemeine Gesetz miteinander zusammenhängen; die den Zusammenhang stiftenden Gesetze müssen bereits bekannt sein. Zum anderen wird der innere Zusammenhang einer Theorie induktiv hergestellt, indem bei der Komponentenzerlegung entdeckt wird, daß an verschiedenen Prozessen dieselbe Komponente beteiligt ist. Die Metapher der induktiven und der deduktiven Kohärenzbildung ist lier quelque chose à quelque chose:

> „Elle [die Entdeckung des Gravitationsgesetzes] a d'ailleurs l'avantage de lier cette théorie [das Copernicanische Weltbild] à tous les phénomènes astronomiques. Sans elle, l'ellipticité des orbes planétaires, les lois que les planètes et les comètes suivent dans leurs mouvements autour du Soleil, leurs inégalités séculaires et périodiques, les nombreuses inégalités de la Lune et des satellites de Jupiter, la précession des équinoxes, la nutation de l'axe terrestre, les mouvements de l'axe lunaire, enfin le flux et le reflux de la mer ne seraient que des résultats de l'observation, isolés entre eux.“[98]

Der durch das Gravitationsgesetz erstellte Zusammenhang ist bei Laplace streng genommen allumfassend: Es erkläre neben den Planetenbewegungen die Kapillarität, chemische Bindungen und optische Phänomene wie die Lichtbrechung.

Damit ist das Kriterium der Vielfalt vorweggenommen: Unter Vielfalt einer erklärenden Hypothese versteht man, daß sie nicht nur hinsichtlich der Quantität einer zu testenden Hypothese ausnahmslos umfangreich ist, sondern daß sie auch durch Tests in verschiedenen Bereichen bestätigt wird.[99] Auch in der Sekundärliteratur ist die Gravitationstheorie das Exempel, an dem die Vielfalt einer Theorie erläutert wird. Vergleiche dazu Hempel:

---

96 Siehe unten, S. 103.

97 SdM, S. 342.

98 SdM, S. 342.

99 Vgl. Carl Gustav Hempel: „Philosophie der Naturwissenschaften“, München 1977, S. 51.

> „Newtons Bewegungs- und Gravitationstheorie impliziert zum Beispiel die Gesetze für den freien Fall, für das einfache Pendel, für die Bewegung des Monds um die Erde und der Planeten um die Sonne, für die Umlaufbahnen der Kometen […], für die Gezeiten-Phänomene und vieles andere."[100]

Sämtliche Punkte, die Hempel anführt, kommen auch bei Laplace vor.[101]

Neben den himmelsmechanischen Aspekten gibt es aber auch Bestätigungen von Theorien, die aus unterschiedlichen Bereichen oder durch unterschiedliche Methoden gewonnen werden, die aber für die Himmelsmechanik relevant sind: Die Bestätigung der Auffassung der Ellipsoïdform der Erde wird durch geodätische Methoden, durch Pendelexperimente und durch die Mondtheorie geleistet. Ihre genetische Erklärung durch die Entstehungslehre des Sonnensystems kommt noch hinzu. Die Bewegung der Erde erhält durch das Phänomen der Lichtgeschwindigkeit eine Bestätigung: Rømers Methode der Bestimmung der Lichtgeschwindigkeit anhand der Verfinsterungen des ersten Jupitersatelliten, die von Bradley perfektioniert und mit besseren Resultaten angewendet wurde, stimmt mit dem Wert der Aberration überein; also bewegt sich die Erde.[102]

Ein letztes, sehr gewichtiges Kriterium bei der Bestätigung einer Theorie ist ihre Exaktheit. Das Kriterium ist deshalb gewichtig, weil durch eine erhöhte Präzision Beobachtungsdaten, die zu einem frühen Zeitpunkt mit der Theorie nicht übereinstimmten und sie deshalb haben fehlerhaft erscheinen lassen, zu einem späteren Zeitpunkt die Theorie doch stützen: In der Darlegung der Mondtheorie im Buch IV der Exposition wird die Diskussion des Gravitationsgesetzes hinsichtlich dessen Erklärungswerts bei der Frage nach der Bewegung der Knoten der Mondbahn und des Mondperigäums erläutert. Das Problem war in der Himmelsmechanik des 18. Jahrhundert von so hoher Bedeutung, daß die Akademie in St. Petersburg die Preisfrage ausschrieb, ob sich alle Ungleichheiten durch das Gravitationsgesetz allein erklären lassen.[103] Newtons Gravitationsgesetz führte noch nicht zu befriedigenden Ergebnissen, woraus Clairaut auf eine kompliziertere Form des Gravitationsgesetzes schloß[104]:

> „Clairaut en conclut que la loi de l'attraction n'est pas aussi simple qu'on l'avait cru jusqu'alors, et qu'elle est composée de deux parties, dont la première, réciproque au carré des distances, est seule sensible aux grandes di-

100 Hempel: „Philosophie der Naturwissenschaften", S. 52.

101 Laplace' Bemühung, die Wissenschaften zu vereinheitlichen, gab auch für Alexander von Humboldt das Leitbild ab (siehe dazu Eberhard Knobloch: „Naturgenuss und Weltgemälde – Gedanken zu Humboldts Kosmos", in: Das Altertum 50 (2005), S. 1–17).

102 Siehe SdM, S. 261.

103 Die Preisfrage ist der Mondtheorie von Alexis Clairaut vorangestellt (siehe Alexis Clairaut: „Théorie de la Lune", St. Petersburg 1752).

104 „[…] l'attraction Newtoniene ne donne point ce vrai mouvement, ou la solution précédente n'est pas propre à la déterminer" (Clairaut: „Théorie de la Lune", S. 29).

> stances des planètes au Soleil, et dont la seconde, croissant dans un plus grand rapport quand la distance diminue, devient sensible à la distance de la Lune à la Terre."[105]

Laplace erklärt die Säkulargleichung des Monds durch die Veränderungen der Exzentrizität der Erdbahn und weiterer Bahnelemente wie Knotenbewegung, Bahnneigung etc., die ihrerseits wieder von den anderen Planeten bewirkt werden. Die Größenordnungen, in denen sich solche Veränderungen abspielen, sind gering. Zwischen 1750 und 1850 nimmt das Quadrat der Exzentrizität der Erdbahn um den Wert 0,00000140595 ab und die Beschleunigung des Monds wird mit dem 0,0000000117821-tel Teil seiner Winkelgeschwindigkeit angegeben. Eine Erklärung derartiger Details ist in der Wissenschaftspraxis so überzeugend, daß das Gravitationsgesetz nicht nur als bestätigt, sondern als verifiziert gilt, zumal damit alternative Erklärungen obsolet werden.

Die methodische Bedeutung besteht darin, daß durch die höhere Präzision überhaupt erst einige Sachverhalte als empirisch gegeben anerkannt werden. Bei der Säkulargleichung des Monds war es erforderlich, auf die Aufzeichnungen der Babylonier, der Griechen und der Araber zurückzugreifen. Da solche Aufzeichnungen aufgrund der mangelhaften Technik ihrer Erstellung im Detail nicht immer vertrauenswürdig sind, fällt ihre Zurückweisung leicht. Bei der Säkulargleichung handelt es sich um eine sehr langsame Beschleunigung des Monds, deren Wert ca. 30 Bogensekunden/Jahrhundert^2 beträgt. Der arabische Astronom Ibn Junis (Ende des 10. Jahrhunderts) berichtet von zwei Sonnen- und einer Mondfinsternis, die nicht mit den Berechnungen übereinstimmen, wenn die mittlere Beschleunigung des Monds vernachlässigt wird. Eine vermeintliche Lösung des Problems bestand darin, Ibn Junis' Bericht anzuzweifeln: „On avait élevé des doutes sur la réalité de ces éclipses; mais la traduction que Caussin vient de faire de la partie de ce précieux manuscrit qui renferme les observations a dissipé ces doutes".[106] Eine fehlerhafte Theorie wurde also zum Anlaß genommen, ein wissenschaftlich seriöses Manuskript des 10. Jahrhunderts zurückzuweisen.[107] Nachdem sich dieser Schritt als bedenklich herausgestellt hat, bestanden Dunthornes und Mayers Lösungsvorschläge zur Säkulargleichung in der Einführung eines Wertes, der pro Jahrhundert der Durchschnittsgeschwindigkeit des Monds

---

105 SdM, S. 239. Siehe Clairaut: „Théorie de la Lune", S. 29 ff. Vom selben Problem handelt auch der Briefwechsel zwischen Clairaut und Euler (siehe Leonhard Euler: „Opera omnia", Reihe IV, Bd. V, Basel 1980, z. B. Brief 50, S. 206–207). Den Verweis auf diesen Briefwechsel verdanke ich Eberhard Knobloch.

106 SdM, S. 242.

107 Die Infragestellung überlieferter astronomischer Daten ist kein wissenschaftshistorisches Novum. Zum einen waren ohne technische Hilfsmittel in der Tat defizitäre Beobachtungen angestellt worden, zum anderen unterstehen handschriftliche Datenüberlieferungen den üblichen Schwachstellen der Überlieferung, mutmaßlich sogar in höherem Maß als Texte (vgl. Martin Carrier: „Nikolaus Kopernikus", München 2001, S. 84).

hinzugefügt wurde, wodurch die Geschwindigkeit des Monds auf Dauer unendlich hoch würde. Die Lösung dieses Problems ist ein gutes Beispiel für die Aufgaben der Himmelsmechanik zu Laplace' Zeit. Lösungsstrategien neben der von Dunthorne und Mayer und der Leugnung des Problems überhaupt bestanden im Rückgriff auf eine Einwirkung von Kometen, Ätherwiderstand und eine sukzessiven Vermittlung der Gravitation. Die Erklärungsfähigkeit des Gravitationsgesetzes veranlaßte Laplace zur Annahme, daß es auch die Säkulargleichung erklären könne:

> „Cependant la correspondance des autres phénomènes célestes avec la théorie de la pesanteur est si parfaite, que l'on ne peut voir sans regret l'équation séculaire de la Lune se refuser à cette théorie et faire seule exception à une loi générale et simple [...]. Cette réflexion m'ayant déterminé à considérer de nouveau ce phénomène [...].“[108]

Erst Laplace war erfolgreich. Wie hoch die Überzeugungskraft einer nachträglichen Korrektur ist, wenn sie im Rahmen der bestehenden Theorie vorgenommen werden kann, drückt Laplace am deutlichsten im Zusammenhang der Jupiter-Saturn-Störung aus. Im nachhinein kommentiert er die Geschichte der Lösungsstrategien:

> „ils semblaient auparavant faire exception à la loi de la pesanteur universelle, et maintenant, ils en sont une des preuves les plus frappantes. Tel a été le sort de cette brillante découverte de Newton, que chaque difficulté qui s'est élevée a été pour le sujet d'un nouveau triomphe, ce qui est le plus sûr caractère du vrai système de la nature.“[109]

Sämtliche Akzeptanzkriterien von Beschreibungen und Theorien werden auch bei deren Ablehnung angewendet. Wenn eine Theorie einem oder mehrerer dieser Kriterien nicht entspricht, wird sie aufgegeben oder bei einer Theorienkonkurrenz fällt die Entscheidung zu Gunsten der anderen Theorie.

Beschreibung II – Planetentafeln

Das Ziel der Himmelsmechanik ist die Erstellung von Ephemeridentafeln. In der Exposition kommen derer nur wenige vor, die über folgende Daten informieren:

1. Tableau du mouvement elliptique des planètes mit den Angaben: Dauer des siderischen Umlaufs, Größe der Halbachse oder mittlere Entfernung zur Sonne, Exzentrizität der Bahn, mittlere Längenposition, mittlere Länge des Perihels, Neigung der Bahn zur Ekliptik und die Länge des aufsteigenden Knotens in der Nacht vom 31. Dezember 1800 zum 1. Januar 1801.[110]

---

[108] SdM, S. 243.
[109] SdM, S. 223.
[110] SdM, S. 131–133.

2. Tafel mit den entsprechenden Angaben für die Jupitersatelliten.[111]
3. Tafel zu den Planetenmassen mit der Einheit der Sonnenmasse.[112]
4. Tafel zu den Massen der Jupitersatelliten.[113]

Die Ephemeriden sind die letzte Stufe der Gleichungssysteme; an ihnen werden die Theorien gemessen und gegebenenfalls korrigiert, indem z. B. neue Störungen einbezogen werden können. Der Prozeß der Verbesserung hat kein theoretisches, sondern ein praktisches Ende. In der Mécanique céleste umreißt Laplace die Methode der Erstellung von astronomischen Tafeln und betont, daß die Ephemeriden bis zu einer Viertelbogensekunde genau berechnet werden, wobei aber die Beobachtung bei der Genauigkeit einer Bogensekunde an ihre Grenzen komme.[114]

2. Zur Methodologie

Laplace tritt ausdrücklich mit dem Anspruch einer Methodendarlegung auf, wie aus der einleitenden Zielsetzung der Exposition du système du monde hervorgeht.[115] Ferner wird auch davon gesprochen, daß die Methode „souvent la partie la plus intéressante"[116] der himmelsmechanischen Entdeckungen sei.

Die Schwierigkeit besteht darin, daß Methodologie für Naturwissenschaftler begrifflich noch nicht fixiert war; das Wort méthodologie kommt in der Exposition nicht vor. Warum das so ist, wird durch die Geschichte der Methodologie etwas klarer. Methodologie wurde von Logikern und Metaphysikern betrieben, wodurch sie disziplinär außerhalb der Naturphilosophie und -wissenschaft lokalisiert wurde. Der Gegenstand der Methodologie war eine Ausarbeitung von Aristoteles' Organon, insbesondere der zweiten Analytik. Durch Aristoteles bedingt widmeten sich die neuzeitlichen Methodologien nicht der quantitativen Wissenschaft, sondern der Sprachphilosophie, Ontologie und Erkenntnistheorie. Die paradigmatischen Methodenlehren von Jacobus Acontius, Descartes, Pierre Nicole und Antoine Arnauld festigten den philosophisch ausgerichteten Themenkanon der Methodologie; sie wird hier zu einer naturwissenschaftsexternen Disziplin, was sich bis heute durchgehalten hat.[117] Die einzige Schrift von Descartes, die Laplace in der Exposition erwähnt, ist die Geometrie, das heißt weder der Discours de la Méthode noch das erste Buch der Principia, obwohl die Naturphilosophie aus deren drittem und viertem Buch von Laplace diskutiert

111 SdM, S. 133–134.
112 SdM, S. 229.
113 SdM, S. 259.
114 Mécanique céleste, OC, Bd. III, S. 172.
115 Siehe dazu das Zitat oben, S. 11.
116 SdM, S. 464.
117 Siehe dazu Lutz Geldsetzer: „Methodologie", in: HWPh, Bd. 5, Sp. 1379.

wird. Ein Zeugnis des zeitgenössischen Methodologieverständnisses ist der immerhin 17 Seiten umfassende Artikel zur Méthode der Encyclopédie, die keinen Artikel zur Méthodologie beinhaltet. Der Artikel beginnt mit einem Unterartikel zur Methode der Logik, aus dem die Verortung der Logik in der philosophischen Erkenntnistheorie hervorgeht: „METHODE, s.f. (Logique) la *méthode* est l'ordre qu'on suit pour trouver la vérité, ou pour l'enseigner. [...] La *méthode* est essentielle à toutes les sciences, mais sur-tout à la Philosophie."[118] Daran schließen sich Ausführungen zur logisch strengen Verwendung von Begriffen und zur Erkenntnistheorie an. Die knappe Klassifikation der mathematischen Methoden endet mit einem Verweis auf die Artikel Formule & Découverte. Sehr ausführlich ist dagegen die Erklärung der Methode der Grammatik, in der es z. B. auch um Latein geht. Auch der Begriff der Methode der Encyclopédie ist hauptsächlich philosophisch und grammatikalisch belegt.

Damit wird vielleicht verständlich, warum Laplace angesichts des methodologischen Anspruchs keine Methodologie ausarbeitet, sondern nur im Kontext astronomischer Darlegungen auf die zugrundeliegende Methode verweist und sie gelegentlich kommentiert.[119] Mein Verfahren der Rekonstruktion der Methodologie besteht darin, die relevanten Textstellen auszuwerten. Die Stellen sind rar; manchmal findet man sie in den Einleitungen der einzelnen Bücher oder im Précis de l'Histoire de l'Astronomie, in dem sie als interpretierende Anmerkungen den Berichten über die Leistungen der Astronomen und Geometer hinzugefügt sind. Da es sich häufig jedoch nur um Benennungen der verwendeten Methoden handelt und ich Wiederholungen vermeiden möchte, fällt der Teil zur Methodologie kurz aus.

Laplace charakterisiert die himmelsmechanische Methodologie durch zwei allgemeine Mottos: 1. l'induction et l'analogie; 2. l'observation et le calcul.[120]

Einleitend in den systematischen Teil der Exposition wird eine Kurzbeschreibung der Induktion von Gesetzen gegeben:

---

118 Encyclopédie, Bd. X, S. 445.

119 Vgl.: „Was das zweyte [die wahre Methode zur Entdeckung der Naturgesetze anzugeben] betrift, so erwarte man nicht, dass La Place, etwa in einem besonderen Theile seines Werks, ex professo eine Anleitung zur Naturphilosophie, und Regeln für die Methode derselben gebe, wie wir solche von Baco, Newton, Bergmann, Lambert, Cabbard und Senebier in grosser Vollständigkeit haben; sondern er giebt blos gelegentlich einzelne Winke dazu, die aber von der Hand eines solchen Meisters immer lehrreich und schätzbar sind." (Johann Karl Friedrich Hauff, Einleitung in seine deutsche Übersetzung der Exposition du système du monde, in: Peter Simon La Place: „Darstellung des Weltsystems", Frankfurt 1797, S. xiv.)

120 „Ainsi l'Astronomie s'est élevée à travers les illusions des sens, et ce n'a été qu'après les avoir dissipées par un grand nombre d'observations et de calculs que l'homme enfin a reconnu les mouvements du globe qu'il habite et sa vraie position dans l'univers." (SdM, S. 114.) Vgl.: „observation and calculation, the two basic elements of natural science – as Laplace himself repeatedly put it" (Merleau-Ponty: „Laplace As a Cosmologist", S. 284).

„De même que, pour mesurer l'éloignement d'un objet, on l'observe de deux positions différentes, ainsi, pour découvrir le mécanisme de la nature, il faut considérer sous divers points de vue, et observer le développement des ses lois, dans les changements du spectacle qu'elle nous présente."[121]

Rückblickend auf den abgeschlossenen systematischen Teil, zu Beginn des Précis, bezeichnet Laplace den Aufbau der Exposition als „l'ordre analytique le plus direct et le plus simple."[122] Die analytische Ordnung besteht wiederum aus fünf methodischen Elementen:

1. considération des apparences;
2. leur comparaison;
3. développement des lois du mouvement;
4. élévation au principe régulateur,
5. redescendre de la force universelle à ses effets.[123]

Die Elemente 1–4 beschreiben den Weg der Ermittlung von Gesetzen, wogegen Element 5 die deduktive Erklärung bezeichnet. Die Elemente 1–4 lassen sich weiter in den Teil der Beobachtung (1), das wohl als noch theoriefrei empfundene Element des Vergleichs (2) und den induktiven Teil (3 und 4) einteilen. Element 3 bezeichnet die Induktion von Gesetzen auf der Basis der Beobachtungen und Vergleiche, bei Element 4 sind Bewegungsgesetze die Induktionsbasis für das Gravitationsgesetz. Daß Vergleiche noch als frei von jeglicher Theoriebeladenheit empfunden werden, läßt die grobe Charakterisierung der astronomischen Arbeit als „Guidés par l'induction et par l'analogie"[124] vermuten.

Die Reflexion der fünf methodischen Elemente und wohl auch die Praxis der Himmelsmechanik machen die Grundlage für Laplace' Theoriebegriff aus: Bei Theorien kommt es auf die Verbindung von Mathematik, Naturgesetzen und Erfahrungsdaten an: „Cette liaison analytique des faits particuliers avec un fait général est ce qui constitue une théorie."[125] Der Theoriebegriff wird aber nicht auf die Himmelsmechanik oder die Mechanik eingegrenzt, sondern ohne Beschränkung formuliert. Der Begriff ist auch für die zugrundeliegende Wahrheitsauffassung von Theorien aussagekräftig: Er beinhaltet sowohl die einzelnen Tatsachen, des faits particuliers, als auch Gesetze, die als allgemeine Tatsachen, des faits généraux, verstanden werden. Die Wahrheit einer Theorie besteht zum einen in der Kohärenzbildung zwischen repräsentativen Sätzen beider Tatsachenarten (la liaison analytique), zum anderen im Verhältnis der mittels der Naturgesetze berechneten Ergebnisse und der Einzelphänomene: Wissenschaftliche Wahrheit wird korre-

121 SdM, S. 6.
122 SdM, S. 393.
123 Siehe SdM, S. 393.
124 SdM, S. 111; vgl. dazu unten, S. 85.
125 SdM, S. 464.

spondenztheoretisch verstanden und in der Metaphorik der Übereinstimmung ausgedrückt: l'accord rigoureux des résultats avec les phénomènes.[126]

Zur Beobachtung

Die Anforderungen an die Beobachtung ergeben sich aus der Fragestellung der Astronomie: Sie untersucht die Elemente der Planetenbewegung, die Planetenformen und die Planetenmassen. Laplace hält zur Erfüllung dieser Fragen – und zwar nur dieser Fragen – die Erfahrung für unabdingbar. Die Erfahrungswerte seien die einzigen Informationen, die nicht anders ermittelt werden können (les „seules données indispensables que cette science doive tirer des observations"[127]). Das drückt das hohe Vertrauen in die Mathematik aus, kraft deren die Erfahrungsdaten berechnet werden können.

Die zweite Funktion, die die Beobachtung zu erfüllen hat, ist die Verbindung von Theorie und der physikalischen Welt. Himmelsmechanische Theorien haben die Aufgabe, die Beobachtungsdaten zu ‚repräsentieren': „Les lois du mouvement elliptique sont encore loin de représenter les observations de la Lune [...]."[128] Daher haben Beobachtungen überhaupt eine theoretische Relevanz, und zwar sowohl als Veri- als auch als Falsifikatoren.[129] Mit der falsifikatorischen Relevanz der Beobachtung wird sie – ganz im Sinne Poppers – zum Prinzip des wissenschaftlichen Fortschritts: Es habe fehlerhafte Auffassungen in der Geschichte der Astronomie gegeben, doch „l'observation et le progrès des sciences accessoires en ont séparées".[130]

Trotz der grundlegenden Bedeutung der Beobachtung werden ihre prinzipiell, technisch oder quantitativ problematischen Aspekte und die Grenze ihrer Leistungsfähigkeit durchaus wahrgenommen. Aufgrund der Relativbewegung von Inertialsystemen beispielsweise sind Rückschlüsse auf eine absolute Bewegung ausschließlich mittels Beobachtung unmöglich: „Il est donc impossible alors de juger du mouvement absolu d'un système dont on fait partie par les apparences que l'on y observe."[131] Die optische Aberration, die von der endlichen Lichtgeschwindigkeit abhängt ist, ist eine prinzipiell vorkommende Sinnestäuschung, die nicht auf menschlicher oder technischer Unzulänglichkeit beruht: „L'aberration change les rapports apparents des phénomènes célestes soit avec l'espace, soit avec la durée."[132] Die Beobachtung hat somit grundsätzlich etwas Täuschendes und wir sind „trompés par les apparences"[133].

---

126 SdM, S. 464.
127 SdM, S. 202.
128 SdM, S. 24.
129 Vgl. SdM, S. 393.
130 SdM, S. 394.
131 SdM, S. 158.
132 SdM, S. 119.
133 SdM, S. 119.

Daß es technische Schwierigkeiten bei Beobachtungen gibt, ist kaum erwähnenswert. Sie bestehen sowohl bezüglich des Mikroskopischen als auch der Himmelskörper. Die Distanz zum Saturn beispielsweise verhindert eine Theorie seiner Satelliten: „Le grand éloignement des satellites de Saturne et la difficulté d'observer leur position n'ont pas permis de reconnaître l'ellipticité de leurs orbites, et encore moins les inégalités de leurs mouvements."[134] Technische Schwierigkeiten liegen auch dort vor, wo die Wirkungen dessen, das untersucht werden soll, zu klein sind. Es gibt eine Frage, ein Experiment – Laplace unterscheidet nicht systematisch zwischen Beobachtung und Experiment: Beide gelten als Frage an die Natur[135] – und selbst bei höchst möglicher praktischer Genauigkeit läßt sich die Frage dennoch nicht beantworten, wie beim experimentellen Nachweis der Erdrotation durch Fallexperimente.[136] Der von einem Turm fallende Körper müßte aufgrund der Trägheitsbewegung um einen minimalen Betrag weiter östlich neben dem Fuß des Turms aufkommen. Der Betrag ist jedoch so klein, daß Tycho Brahe ihn empirisch nicht nachweisen konnte, was „une expérience fautive"[137] gewesen sei. Eine richtige Hypothese wird wegen technisch bedingter Nichtnachweisbarkeit verworfen: Es gibt keine Erdrotation.

Bei der Beobachtung gibt es auch das Problem der Dauer. Einige der schon bekannten Störungen haben sich aufgrund ihrer zeitlichen Dimension noch nicht ausreichend beobachten lassen, was sich über Jahrhunderte hinzieht. Es gibt Zusammenhänge, „qui jusqu'à présent ont été peu sensibles, mais que la suite des siècles doit développer aux observateurs".[138]

Analyse & Synthese

Zum methodischen Paar Analyse & Synthese ist zunächst zu bemerken, daß der Begriff Synthese in der Exposition nur im Précis bei dem Bericht über Newton vorkommt, das heißt keinmal in einem methodologisch-systematischen Kontext. Die Verwendungsweise von Analyse ist nicht einheitlich.[139] Beide Begriffe sind außerhalb des himmelsmechanischen Kontexts noch nicht stabil oder auf einen Zusammenhang beschränkt. Im bereits herangezogenen Artikel zur Méthode der Encyclopédie werden die Begriffe so interpretiert, daß der Analyse die Aufdeckung von Wahrheiten und der Synthese die Darlegung von Wahrheiten (l'enseigne-

---

134 SdM, S. 149.

135 Der Unterschied besteht in den praktischen Möglichkeiten. Auf der Erde sind Experimente mit Körpern durchführbar, im Himmel mit Planeten aber nicht (siehe SdM, S. 6).

136 Siehe oben, S. 26.

137 SdM, S. 439.

138 SdM, S. 240.

139 „The same term [Analyse] was used to denote a particular empistemological method, and Laplace at times shifts from one usage to another without realizing he is dealing with distinct issues." (Hahn: „The Laplacean View of Calculation", S. 377.)

ment) zugewiesen werden.[140] Der Artikel Analyse selbst umfaßt mathematische, logische, literarische, chemische und anatomische, der Artikel Synthese philosophische, mathematische, grammatikalische und chirurgische Ausführungen.[141] Laplace' Beschreibung von Newtons Methode in Verbindung mit anderen Textstellen zeigt, daß auch er die Begriffe nicht konsequent unterscheidet. Newton habe mittels der Synthese sein Weltsystem dargelegt, wobei er aber die Theoreme durch Analyse gewonnen habe. Laplace ergänzt dies um einen Verweis auf Newtons Geistesverwandtschaft mit den antiken Geometern, so daß er offenbar im Zusammenhang der Synthese an die Herleitung von Theoremen innerhalb eines axiomatischen Systems denkt.[142] Andererseits liest man, daß die Bestimmung der Bewegung eines Körpers eine Frage der reinen Analyse (pure analyse) sei, die sich auf die Integration von Differentialgleichungen reduziere.[143] Hier steht analyse für Infinitesimalrechnung oder vielleicht auch nur für Berechnung, was Laplace' Standardgebrauch von analyse zu entsprechen scheint, wenn er sagt, daß die analytische Methode Überlegungen in mechanische Zusammenhänge transformiere.[144] Die Transformation gleiche einer Übersetzung der Naturphänomene in die Sprache der Analyse: „Telle est la fécondité de l'Analyse, qu'il suffit de traduire dans cette langue universelle les vérités particulières, pour voir sortir de leurs expressions une foule de vérités nouvelles et inattendues."[145]

Die aussagekräftigste Stelle für die ungewöhnlich breite Bedeutung des Begriffs analyse befindet sich nicht in der Exposition du système du monde, sondern in der siebten Mathematikvorlesung von 1795, die zeitgleich zur Erstellung Exposition gehalten wurde. Laplace erläutert dort, daß zur Kenntnis der Eigenschaften von Körpern von den individuellen Eigenschaften abstrahiert werde, wodurch man in mehreren Schritten zu rein geometrischen Eigenschaften und dann zur Arithmetik komme. Bei umgekehrter Reihenfolge rekonstruiere man die Eigenschaften, deren die Körper beraubt wurden. Beide Wege faßt Laplace unter

---

140 Siehe Encyclopédie, Bd. X, S. 445.

141 Siehe den Artikel Analyse, Encyclopédie, Bd. I, S. 402–405; Synthese, Encyclopédie, Bd. XV, S. 762–764.

142 Siehe SdM, S. 464.

143 SdM, S. 168.

144 Siehe SdM, S. 465. Vgl. Wilson: „This term [Analyse], as Laplace uses it, refers primarily to the set of operational symbols and symbolic procedures developed by Leibniz, the Bernoullis, Euler, and others for the formulation and solution of differential equations." (Wilson: „The great inequality", S. 24–25.) Vgl. Ernst Mach: Das analytische Verfahren „ist hauptsächlich erst durch Anwendung der Algebra auf die Geometrie in ausgedehnten Gebrauch gekommen. Es ist deshalb üblich geworden, das rechnende Verfahren überhaupt das analytische zu nennen. Was heute analytische Mechanik im Gegensatz zur Newtonschen Mechanik heißt, ist genau genommen *rechnende* Mechanik." (Ernst Mach: „Die Mechanik in ihrer Entwicklung, historisch-kritisch dargestellt, hrsg. von Renate Wahsner und Horst-Heino von Borzeszkowski, Berlin 1988, S. 480.)

145 SdM, S. 465.

dem Begriff der Analyse zusammen, so daß Analyse die Bezeichnung für ein induktiv-deduktives Verfahren wird: „Cette méthode de décomposer les objets, et de les recomposer pour en saisir parfaitement les rapports, se nomme *Analyse.*“[146] Weil die Anwendung des analytischen Verfahrens sowohl historisch als auch systematisch bei den Phänomenen beginnt, kann Laplace die Analyse als ein Verfahren verstehen, das zu hypothesenfreien Theorien führt: „Les déterminations précédentes sont données directement par l'Analyse et indépendamment de toute hypothèse“.[147]

Induktion & Deduktion

Da der Laplacesche Begriff der Analyse die Induktion umfaßt, verwundert es nicht, daß sie nicht gesondert behandelt wird. Das Wort induction kommt in der Exposition nur viermal vor, wobei die Praxis der Himmelsmechanik als Erforschung des Himmels unter der Führung von Induktion und Analogie geschehe („Guidés par l'induction et par l'analogie“[148]). Mittels einer Folge von Induktionen werden die Ursachen der Phänomene erarbeitet, was nicht ausschließt, daß beim induktiven Verfahren eine konkrete Frage, deren Antwort von der Beobachtung abhängt, einbezogen ist. Der Begriff der Induktion läßt heuristische Hypothesen als Fragen an die Natur zu; die Hypothesen werden dann durch Induktion zu empirischen Wahrheiten: „En interrogeant ainsi la nature et soumettant ses réponses à l'analyse, nous pouvons, par une suite d'inductions bien ménagées, nous élever aux phénomènes généraux, dont tous les faits particuliers dérivent.“[149]

Hinsichtlich der Deduktion ist befremdend, daß das Wort déduction nicht vorkommt und Laplace in der ersten Auflage der Exposition nicht einmal das Verb déduire verwendet. Auch in späteren Auflagen kommt es nur selten vor. Die zwei häufigsten Bezeichnungen für das Verhältnis von allgemeineren zu spezielleren Sätzen sind suivre und dériver und für die Tätigkeit selbst redescendre. Mit der deduktiven Struktur ist eine Zuordnung von Aufgaben verbunden, bei denen die Beobachtung allein unzureichend ist. Der Gegenstand solcher Aufgaben ist die präzise Berechnung von Störungen und deren Gesetzmäßigkeiten, die ausdrücklich dem ‚absteigenden‘ Teil der Astronomie zugerechnet werden:

> „Le mouvement elliptique du Soleil ne représente pas encore exactement les observations modernes; leur grande précision a fait apercevoir de petites inégalités, dont il eût été presque impossible, par les seules observations, de

---

[146] Laplace: „Leçons de Mathématiques, septième séance“, OC, Bd. XIV, S. 78.

[147] Laplace: „Théorie des attractions des sphéroïdes et de la figure des planètes“, OC, Bd. X, S. 392.

[148] SdM, S. 111; vgl. dazu auch oben, S. 81.

[149] SdM, S. 6.

> reconnaître les lois. Ces inégalités sont ainsi du ressort de cette branche de l'Astronomie qui redescend des causes aux phénomènes [...].“[150]

Aufgrund der Leistungsfähigkeit des deduktiven Verfahrens zählt die Gravitationstheorie als „un moyen de découvertes aussi certain que l'observation elle-même“.[151] Entdeckungen, die deduktiv erlangt und empirisch bestätigt worden sind, sind z. B. die Gesetze der Jupiter-Saturn-Ungleichheit, Säkulargleichungen des Monds, dessen Knotenbewegung und die Theorie der Jupitersatelliten. Anhand einer bloßen Betrachtung der Daten der Mondbewegung kann ein Astronom die Abplattung der Erde bestimmen. Daß derartige Zusammenhänge für das Verständnis der naturwissenschaftlichen Mentalität von Laplace aussagekräftig sind, wird dadurch deutlich, daß er das Bemerkenswerte ausdrücklich betont und der teilweise sehr schwierigen empirischen Bestätigung eines Theorems hinsichtlich der dem Theorem vorausgehenden Prinzipien Beweiskraft zuspricht:

> „Il est très remarquable qu'un Astronome, sans sortir de son observatoire, en comparant seulement ses observations à l'Analyse, eut pu déterminer exactement la grandeur et l'aplatissement de la Terre, et sa distance au Soleil et à la Lune, éléments dont la connaissance à été le fruit de longs et pénibles voyages dans les deux hémisphères. L'accord des résultats obtenus par ces deux méthodes est une des preuves les plus frappantes de la gravitation universelle.“[152]

Die Deduktion ermöglicht, die Präzision der Planetentafeln auf ein Niveau zu erhöhen, das durch die Beobachtung allein nicht hätte erreicht werden können: „Nos meilleures Tables lunaires sont fondées sur la théorie et sur les observations. Elles empruntent de la théorie les arguments des inégalités, qu'il eût été très difficile de connaître par les observations seules.“[153] Wir wissen mehr, als sich beobachten läßt.

Eine solche Deutung der Mathematik als Erkenntnisinstrument scheint sich im 18. Jahrhundert nahezu aufzudrängen. Die Geometrie der Newtonschen Mechanik wurde von Lambert so verstanden, daß sie die Mühen von empirischen Wissenschaften, hier der Geodäsie, umzulagern verhalf: Rechnen statt Messen. Lamberts Beispiel ist Newtons Bestimmung der Form der Erde, die Newton zwar durch mühevolle Berechnungen geleistet habe, die Mühen der Landvermessung erfordern dagegen Jahre; die Mathematik gilt ihm daher als „Wissenschaft der Trägheit“.[154]

---

150 SdM, S. 13.

151 SdM, S. 468.

152 SdM, S. 252.

153 SdM, S. 252.

154 Johann Heinrich Lambert: „Beyträge zum Gebrauche der Mathematik und deren Anwendung“, Bd. I, Berlin 1765, S. 3. Für den Hinweis auf Lambert danke ich Eberhard Knobloch; siehe auch Knoblochs Aufsatz: „Zur Genese der Fehlertheorie“, in: „Mathesis rationis – Festschrift für Heinrich Schepers“, Münster 1990, S. 301–327.

Die Harmonie der Ergebnisse von Induktion, Deduktion und Beobachtung, die die Übereinstimmung unterschiedlicher Methoden bedeutet, wird als erkenntnissichernde Bestätigung gehandhabt. Im oben erwähnten Zitat ist das z. B. die Bestimmung der Polabplattung der Erde durch die Mondbewegung, durch Pendelexperimente und durch geodätische Messungen; eine deduktive Theorie wird in höchstem Grad durch die Übereinstimmung mit Ergebnissen aus anderen Bereichen bestätigt. Der Grund dafür, daß dies überhaupt möglich ist, liegt in der Kohärenzbildung durch die in allen wissenschaftlichen Bereichen vorkommende Mathematik:

> „L'un des plus grands avantages des théories mathématiques, et le plus propre à établir leur certitude, consiste à lier ensemble des phénomènes qui semblent disparates, en déterminant leurs rapports mutuels, non par des considérations vagues et conjecturales, mais par de rigoureux calculs."[155]

Kohärenz und Mathematik

Wie das Ziel: lier ensemble des phénomènes qui semblent disparates, erreicht wird, beschreibt die siebte Mathematikvorlesung deutlicher als die Exposition. Dort spricht Laplace sehr allgemein über das Verhältnis von Mathematik und deren Anwendung auf die Natur. Der mathematische Umgang mit den Körpern beginnt mit der Abstraktion von den individuellen Eigenschaften der Körper. Es bleiben geformte Ausdehnungen, die beweglich und undurchdringbar seien (une étendue figurée, mobile et impénétrable), übrig. Die Körper stehen in räumlichen Verhältnissen zueinander, die zu erfassen die Aufgabe der Geometrie sei. Bei einer weiteren und letzten Abstraktion wird die Veränderung der räumlichen Verhältnisse quantitativ erfaßt, was der Gegenstand der Wissenschaft der Größen, der Arithmétique universelle sei. Der deduktive Weg wird als Wiederherstellung von Körpern mit Eigenschaften gesehen. Insofern die Relationen theoretisch entwickelt und die Eigenschaften nicht abstrahiert wurden, müssen sie durch Beobachtungen und Erfahrung erst ermittelt werden. Durch die Allgemeinheit, die in der mathematischen Abstraktion und der anschließenden Deduktion erreicht wird, ist die Mathematik das Mittel der Kohärenzbildung: „Vous voyez par là que ces sciences diverses s'enchaînent les unes aux autres, et qu'elles ont une source commune dans les Sciences des grandeurs, dont l'utile influence s'étend sur toute la Philosophie naturelle."[156] Das Naturphilosophische an der Mathematik ist, daß sie mittels einer geometrischen Metrisierung des Raums eine quantitative Ontologie entwickelt, in die die Körper eingebettet sind. Dadurch vermag sie sowohl die Naturphilosophie zu vereinheitlichen als auch die Kohärenz zwischen den Phänomenen herzustellen.

---

155 SdM, S. 377.

156 Laplace: „Leçons de Mathématiques, septième séance", OC, Bd. XIV, S. 78.

Einfachheit

Die Trennung der Mechanik in Kinematik und Dynamik bedingt, daß das Einfachheitskriterium auf zwei unterschiedliche Weisen verwendet wird. Das kinematische Einfachheitskriterium ist nicht nur auf die bloße Beschreibung der Himmelsbewegung beschränkt, sondern es umfaßt auch theoretische Aspekte wie Analogien zwischen den Planeten. Die Heliozentrik war aus methodologischen Gründen dadurch gegenüber der Geozentrik ausgezeichnet, daß sie alle Phänomene auf die einfachste Weise erkläre, die Einheitlichkeit von Bewegungsgesetzen wie den Keplergesetzen aufrecht erhalte und damit auch Analogien zwischen den Planeten aufbaue. Erklärungen werden am Grad ihrer Komplexität und an ihrem Umfang beurteilt.[157]

Vergleichbares gilt in der Dynamik, an die der Anspruch gestellt ist, alle Phänomene auf ein Gesetz zurück führen zu können. Daran zeigt sich, daß das Einfachheitskriterium in der Methodologie sehr stark mit dem Fruchtbarkeitskriterium zusammenhängt: Das Ökonomieprinzip ist dann sinnvoll, wenn das Ergebnis seiner Anwendung zu einer einfachen Theorie führt, die trotzdem die Explananda befriedigt. Im Fall des Gravitationsgesetzes wird dies zunächst angenommen, dann aber als physikalische Wahrheit akzeptiert, die durch das Einfachheitskriterium den Status eines Theorems von höchstmöglicher Sicherheit besitzt:

> „Le mouvement de la Terre acquerra ainsi [mit der Rückführung aller Phänomene auf ein einziges Gesetz] toute la certitude dont les vérités physiques sont susceptibles, et qui peut résulter soit du grand nombre et de la variété des phénomènes expliqués, soit de la simplicité des lois dont on les fait dépendre.“[158]

Angesichts dieses Umgangs mit dem Einfachheitskriterium verwundert es, daß Laplace die schon von Ptolemaios im Almagest mit entgegengesetzter Absicht verwendete Bestimmung der Einfachheit, das heißt für die Akzeptanz eines komplizierten Systems[159], ebenfalls anführt:

> „Sans doute, il ne faut pas mesurer la simplicité des lois de la nature, par notre facilité à les concevoir; mais, lorsque celles qui nous paraissent les plus simples s'accordent parfaitement avec tous les phénomènes, nous sommes bien fondés à les regarder comme étant rigoureuses.“[160]

---

157 Zur kinematischen Einfachheit siehe oben, S. 73.

158 SdM, S. 120.

159 Siehe Ptolemaios' Almagest, XIII, 2. (Ptolemäus: „Handbuch der Astronomie“, hrsg. und übersetzt von K. Manitius, Leipzig 1962, Bd. 2, S. 333.)

160 SdM, S. 207.

Falsifikation

In Anbetracht der großen Bedeutung der Falsifikation in den wissenschaftstheoretischen Diskussionen des 20. Jahrhunderts, insbesondere ausgehend von Poppers Logik der Forschung, verwundert ebenfalls, daß Laplace der Methode der Falsifikation keine Ausführungen widmet. Der Begriff für die Widerlegung einer Theorie ist correction, der jedoch in der Exposition nur dreimal vorkommt, obwohl die Geschichte der Astronomie eine Geschichte der Korrektur von täuschenden Wahrnehmungen ist: „On verra dans la suite, l'astronomie souvent occupée à corriger de semblables illusions, et à reconnaître les objets réels dans leurs trompeuses apparences."[161] Ein bedeutendes Fortschrittsprinzip der Astronomie ist also die Widerlegung; dennoch werden keine Überlegungen darüber geführt, wann eine Theorie als widerlegt gilt, bzw. was als Falsifikator anzuerkennen ist.[162]

Zur Rolle der Wahrscheinlichkeitsrechnung

Die Wahrscheinlichkeitstheorie ist Laplace' Tätigkeitsfeld, das in der Sekundärliteratur am besten erschlossen ist, insbesondere durch zwei Aufsätze von Sheynin.[163] Sheynin schreibt über die Laplacesche Wahrscheinlichkeitstheorie, daß sie eher eine naturwissenschaftliche als eine mathematische Theorie sei und daß der Determinismus ihre naturwissenschaftliche Anwendung nicht verhindere.[164] Daß Laplace die Wahrscheinlichkeitsrechnung himmelsmechanisch, insbesondere in ihrer Funktion als „mathematical treatment of observation"[165] verwertet hat, ist unumstritten und von Sheynin ausgiebig dargelegt worden. Die Anfänge von Laplace' Beschäftigung mit der Wahrscheinlichkeitstheorie liegen zu Beginn der 1770-er Jahre; ein wichtiges Zeugnis ist der „Mémoire sur la Probabilité des Causes par les Événements" von 1774, in dem der Nutzen der Wahrscheinlichkeitsrechnung „dans la vie civile"[166] betont wird. Der Nutzen wird durch die Wissensdefizite begründet: „L'incertitude des connaissances humaines porte sur les événements ou sur les causes des événements".[167] Laplace' Gedankenexperimente, an denen die Wahrscheinlichkeitstheorie entworfen wird, ist das Ziehen

161 SdM, S. 24.

162 Zur Beurteilung siehe weiter unten, S. 105.

163 O. B. Sheynin: „P. S. Laplace's Work on Probability", in: Archive for the History of Exact Sciences 16 (1976), S. 137–187; ders: „Laplace's Theory of Error", in: Archive for the History of Exact Sciences 17 (1977), S. 1–61.

164 Siehe O. B. Sheynin: „P. S. Laplace's Work on Probability", in: Archive for the History of Exact Sciences 16 (1976), S. 137.

165 Sheynin: „Laplace's Theory of Error", S. 58.

166 Laplace: „Mémoire sur la Probabilité des Causes par les Événements", OC, Bd. VIII, S. 28.

167 Laplace: „Mémoire sur la Probabilité", S. 29.

von weißen Zetteln aus einer Urne mit schwarzen und weißen Zetteln und Spiele. Im fünften Kapitel entwickelt Laplace die Anwendung der Wahrscheinlichkeitsrechnung auf die Bestimmung von Mittelwerten bei Beobachtungen. Daß auch bei physikalischen Anwendungen die Wahrscheinlichkeitsrechnung nur aufgrund von Wissensdefiziten von Nutzen ist, zeigen Bemerkungen wie: „Quand on veut ensuite faire usage de cette théorie, on regarde deux événements comme également probables [...].“[168]

Den Laplace-Forschern ist eine Stelle, die sich aber auch nur in der ersten oder den frühen Ausgaben der Exposition du système du monde befindet, entgangen. Zur Zeit der Exposition scheint Laplace über konkrete Anwendungsgebiete der Wahrscheinlichkeitsrechnung nicht entschieden gewesen zu sein, wie z. B. Sheynins Arbeiten es vermuten lassen. In der ersten Auflage von 1796, die mir nur in elektronischer Form vorliegt, gibt es eine Anwendung, die vom Beobachtungs- oder Mittelwertproblem unterschieden ist, und zwar im Kontext der Kometentheorie; ihre Bezeichnung ist dort Théorie des hasards.[169] Es wird das Problem erörtert, ob der 1532 beobachtete Komet mit dem 1661 beobachteten identisch ist. Unter der Annahme der Identität wurde die Umlaufdauer des Kometen mit 129 Jahren vermutet, so daß er 1790 hätte wieder erscheinen müssen, was aber ausblieb. Laplace bestimmt dann die Wahrscheinlichkeit der Übereinstimmung der Bahnelemente zweier Kometen. Daß z. B. die Bahnneigungen auf ein Grad genau übereinstimmen, hat die Wahrscheinlichkeit 1/100, daß die Position des Perihels übereinstimmen 1/200 etc. Das Ergebnis wird dann mit der Anzahl von hypothetisch angenommenen, aber noch nicht entdeckten Kometen multipliziert, so daß die Wahrscheinlichkeit der Identität der beiden Kometen schließlich 2/3 beträgt:

> „la probabilité que les deux comètes de 1532 et de 1661, sont la même, serait environ deux tiers, probabilité beaucoup trop petite, pour prononcer l'identité des deux comètes“.[170]

Laplace hat für spätere Auflagen diese Stelle ersatzlos gestrichen und eine vergleichbare Anwendung der Wahrscheinlichkeitsrechnung fehlt gänzlich. Probabilité kommt nur noch in der Funktion der intuitiven Plausibilisierung vor: Es sei z. B. äußerst unwahrscheinlich, daß die Planeten und Kometen einen ursprünglichen Stoß bekommen haben, auf dessen Richtung sich exakt das Rotationszentrum des Planeten oder Kometen befunden habe.[171]

Ivo Schneider verweist unter Bezugnahme auf einen ungedruckten Vortrag von Roger Hahn darauf, daß Laplace den Wahrscheinlichkeitsbegriff seit seinem

---

168 Laplace: „Mémoire sur la Probabilité“, S. 61.

169 Laplace: „Exposition du système du monde“, 1. Aufl., Paris 1796, S. 123.

170 Laplace: „Exposition du système du monde“, 1. Aufl., Paris 1796, S. 124.

171 Vgl. SdM, S. 189.

25. Lebensjahr nicht mehr modifiziert habe.[172] Der Essai philosophique sur les probabilités, der in erster Auflage 18 Jahre nach der Exposition erschienen ist, beinhaltet ein Kapitel zur Rolle der Wahrscheinlichkeitsrechnung in der Naturphilosophie.[173] Hier ist zu bemerken, daß der Essai erst in der zweiten Auflage der Théorie analytique vorkommt. Der ersten Auflage ging eine dreiseitige Einleitung voran, die dann durch den Essai ersetzt wird. Offenbar war die Interpretation der Wahrscheinlichkeitstheorie nicht Laplace' Hauptanliegen.

Im Essai wird als Anwendung der Wahrscheinlichkeitsrechnung die Ermittlung von statistischen Mittelwerten und Grenzwerten und damit die Kompensation von technischen Fehlern, Beobachtungsfehlern oder -lücken bestimmt, z. B. wenn ein Planet in Konjunktion stehend von der Sonne verdeckt ist.[174] Die bekannteste Methode der Fehlertheorie, die in der Himmelsmechanik verwendet wurde, ist die Methode der kleinsten Quadrate.[175] Das zeigt aber auch, daß die Wahrscheinlichkeitsrechnung ausschließlich technische Bedeutung besitzt. Darin dürfte der Grund dafür liegen, daß sie in der doch vorwiegend weltanschaulichen Exposition nicht vorkommt. Ferner wurden die neuzeitlichen Überlegungen zur Wahrscheinlichkeit und vor allem die Wahrscheinlichkeitsrechnung als Theorie der Glücksspiele entwickelt.[176] Daß sich dies auf Laplace auswirkt, zeigen die zahlreichen Wettofferten in der Exposition, z. B.: „En soumettant au calcul leur [der Planetenbewegungen] probabilité, on trouve qu'il y a plus de deux cent mille milliards à parier contre un, qu'ils ne sont point l'effet du hasard [...].“[177] Wie sich im Kapitel zur Naturphilosophie zeigen wird, erkennt Laplace keine Zufälle an, so daß eine Théorie des Hasards in der Darstellung eines deterministischen Weltbilds nicht in realistischer Interpretation vorkommen kann.[178] Nicole und Jean Dhombres gehen so weit, daß der Determinismus die naturphilosophische Grund-

---

172 Siehe die Habilitationsschrift von Ivo Schneider: „Die Entwicklung des Wahrscheinlichkeitsbegriffs in der Mathematik von Pascal bis Laplace“, München 1972, S. 118.

173 Zu dieser Frage gibt es zwei Mémoires: 1. „Sur l'application du calcul des probabilités à la philosophie naturelle“, OC, Bd. XIII, S. 98–116 ; 2. „Sur le calcul des probabilités appliqué à la philosophie naturelle“, OC, Bd. XIII, S. 117–120.

174 Siehe „Essai philosophique sur les probabilités“, OC, Bd. VII, S. LVI ff., insbesondere S. VLII. Vgl.: „LAPLACE's theory of probability is subdivided into theory of probability proper, limit theorems and mathematical statistics [...].“ (O. B. Sheynin: „P. S.Laplace's Work on Probability“, in: Archive for the History of Exact Sciences 16 (1976), S. 137.)

175 Bei der Methode der kleinsten Quadrate wird die Summe der Fehlerquadrate auf einen Minimalwert gebracht. Das Ziel ist, die Einfachheit einer Planetengleichung zu erhalten, indem Abweichungen von den Mittelwerten ausgeglichen werden (siehe Stephen M. Stigler: „The History of Statistics – The Measurement of Uncertainty before 1900“, Cambridge, Massachusetts, London 1986, S. 143–144).

176 Siehe Schneider: „Die Entwicklung des Wahrscheinlichkeitsbegriffs“, S. 1.

177 SdM, S. 476.

178 „Laplace, der es verstand, seinen vom Informationsstand abhängigen also subjektiven Wahrscheinlichkeitsbegriff in einen doktrinären Determinismus einzubauen [...].“ (Schneider: „Die Entwicklung des Wahrscheinlichkeitsbegriffs“, S. 117.)

lage für die Ausgestaltung der Wahrscheinlichkeitstheorie gewesen sei.[179] Das besagt nicht, daß Laplace der Wahrscheinlichkeitsrechnung für die Himmelsmechanik nur geringen Nutzen zumißt, wenngleich sie kein naturphilosophisches, sondern ein praktisches Erfordernis ist, das durch z. B. mangelhafte optische Instrumente entsteht.[180] Sie ist nicht dic Naturphilosophie selbst, sondern ein Beitrag zu deren Vervollkommnung: „Des formules propres à cet objet [Bestimmung der Grenzen von Abweichungen] sont donc un vrai perfectionnement de la méthode de la philosophie naturelle."[181] Zwecks eines Verständnisses dieser Wertschätzung sei bemerkt, daß die Einbettung einer mathematischen Theorie der Glücksspiele in eine naturwissenschaftliche Theorie eine kaum zu überschätzende wissenschaftliche Transferleistung ist.

3. Beurteilung der Laplaceschen Methode und Methodologie

Es gebührt der Wissenschaftstheorie der ersten Hälfte des 20. Jahrhunderts das Verdienst, für philosophische Fragwürdigkeiten der Wissenschaftspraxis sensibilisiert und methodologische Lösungsansätze entwickelt zu haben; es gebührt aber der Wissenschaftsphilosophie der zweiten Hälfte das Verdienst, die Strukturen einer methodologisch nicht immer ausgearbeiteten, wohl aber erfolgreichen wissenschaftlichen Praxis zu analysieren. Die Wissenschaftsphilosophie nach dem historic turn der 1960-er Jahre hat den Blick auf die Wissenschaften erheblich erweitert, indem periphere Aspekte der Wissenschaftspraxis überhaupt wahrgenommen werden; populäre Schlagwörter sind z. B. scientific revolution oder social construction of science. Bewertet man diese Erweiterung als eine Schärfung, so besitzt man heute gewissermaßen einen verschärften Blick auf etwas Unscharfes. Die Geschichte der Wissenschaftstheorie des letzten Jahrhunderts spiegelt gewissermaßen frühere Situationen wieder: Rationalisierungen einer wenig klaren Praxis.

In dieser Tendenz möchte ich die Laplacesche Methode, die Methodologie und das Verhältnis beider zueinander beurteilen. Die Beurteilung basiert zum einen um der wissenschaftshistorischen Angemessenheit willen auf zeitgenössischen

---

179 Nicole und Jean Dhombres: „Naissance d'un nouveau pouvoir", S. 541.

180 Vgl.: „Determinism did not hinder Laplace himself in any way from applying the theory of probability to natural science and population statistics; as to subjective probabilities he used them as a first approximation valid at best only until the reference datum be defined more exactly [...]." (O. B. Sheynin: „On the History of the Statistical Method in Physics", in: Archive for the History of Exact Sciences 33 (1985), S. 354.

181 Laplace: „Sur l'application du calcul des probabilités à la philosophie naturelle", OC, Bd. XIII, S. 98.

Quellen wie der Encyclopédie, zum anderen wird sie unter Inkaufnahme von Anachronismen systematisch geführt, um Laplace' Bedeutung für die Entwicklung wissenschaftlicher Methoden und für die Ausprägung des modernen Wissenschaftsideals aufzeigen zu können. Die Entwicklung der Wissenschaftsphilosophie der letzten 40 Jahre läßt schon vermuten, daß sämtliche Vorbehalte gegen die positivistische Wissenschaftsauffassung mit entsprechenden Modifikationen auch dort greifen, wo diese Entwicklung in der Praxis vorweggenommen ist: in Laplace' Himmelsmechanik. Die Methoden sind gemessen an eigenen methodologischen Vorgaben unsauber: Hypothesen werden eingeführt, Erklärungen unterschiedlichster Art akzeptiert, Definitionen unterlassen etc.

Probleme tauchen bei allen Elementen naturwissenschaftlicher Theorien auf, also auch schon bei deren Grundlage: der Beobachtung. Im nachhinein wird die neuzeitliche Praxis und Reflexion der Beobachtung negativ charakterisiert:

> „In den Naturwissenschaften selbst, vor allem in der klassischen Physik, war B[eobachtung] zunächst völlig naiv angestellt worden. Die Rolle des Beobachters wurde nicht gesehen. Die Theorie enthielt keine das Beobachten selbst betreffenden Ausdrücke, sondern handelte schlicht von deren Objekten, also von bewegten Körpern, Geschwindigkeiten, Kräften usw."[182]

Nun ist eine Einsicht der Wissenschaftstheorie, daß Beobachtungen nicht theoriefrei vollzogen werden können. Was man beobachten möchte, ist durch die noch unausgearbeitete Theorie vorgegeben, und was für die Ausgestaltung einer Theorie relevant ist, läßt sich ohne die Theorie selbst nicht beantworten. Laplace' Interesse gilt himmelsmechanischen Prozessen, das heißt der Bewegung der Planeten. Einige Beobachtungen werden aber aus theoretischen Gründen erst gar nicht unternommen: Laplace legt in der Theorie Wirkungen dar, die das Niveau der Wahrnehmbarkeit von ¼-Bogensekunde unterschreiten. Die himmelsmechanischen Theorien werden auf empirisch nicht mehr nachweisbare Wirkungen ausgedehnt und übersteigen die Leistungsfähigkeit ihrer Grundlage. Nicht nur Beobachtungen, sondern auch die Unterlassung von Beobachtungen ist durch die Theorie vorgeprägt.

Ein offensichtlicher Fall der Theoriebeladenheit ist die gelegentliche Zurückweisung von Beobachtungsdaten, insbesondere wenn sie aus der Antike stammen: Die Vorgaben der Chaldäer, Griechen und Araber werden sehr selektiv anerkannt. Doch auch im Fall der modernen Aufzeichnungen stößt man auf einen unterschiedlichen Umgang, wobei aber die Akzeptanz der Daten sicherlich überwiegt:

– Akzeptanz bei der Theorie der säkularen Störung von Jupiter und Saturn: „La théorie des inégalités séculaires et périodiques du mouvement des planètes,

182 Peter Janich: „Beobachtung", in: Jürgen Mittelstraß (Hrsg.): „Enzyklopädie Philosophie und Wissenschaftstheorie", 4 Bde., korrigierter Nachdruck, Mannheim 1995, Bd. 1, S. 281–282.

fondée sur la théorie de la pesanteur universelle, a été confirmée par son accord avec toutes les observations anciennes et modernes."[183]

– Ablehnung bei der Mondtheorie: „ces différences peuvent dépendre des erreurs des observations anciennes et modernes."[184]

Die Selektion der Beobachtungsdaten ist aber nicht bei Laplace problematisch, sondern auch innerhalb der scientific community. So wurden z. B. bei den Monddaten die Aufzeichnungen der Antike von Laplace' Zeitgenossen in Zweifel gezogen, von Laplace selbst aber ernst genommen. Die Akzeptanz von Beobachtungsdaten hängt von ihrer Erklärbarkeit durch die himmelsmechanische Theorie ab. Auf der Basis der Theorien von Laplace' Vorgängern Euler und Lagrange gab es Anlaß, antike Berichte anzuzweifeln. Eine Passage gibt die Situation gut wieder:

> „En comparant à cette théorie [der Gravitationstheorie] les observations modernes et les éclipses observées par les Arabes, les Grecs et les Chaldéens, on trouve entre elles un accord qui paraît surprenant, quand on considère l'imperfection des observations anciennes et l'incertitude que laisse encore sur les variations de l'excentricité de l'orbe de la Terre, celle où nous sommes sur les masses de Vénus et de Mars."[185]

Laplace' verbesserte Theorie, die bei den Mondgleichungen die Veränderlichkeit der Exzentrizität der Erdbahn einbezieht, konnte die Aufzeichnungen erklären. Es gibt also Aspekte auf einem erst noch zu erarbeitenden theoretischen Niveau, die über die Akzeptanz von empirischen Daten entscheiden. Der methodologische Leitgedanke observation et calcul ist hier irreführend, da bei der Deduktion der Planetenpositionen die Theorie der Beobachtung vorangeht und die Deduktion dem Weg vom calcul zur observation entspricht.

Das philosophische Problem des Verhältnisses von Beobachtung und Theorie wurde seit dem 17. Jahrhundert diskutiert: Für Descartes ist die Beobachtung unsinnig, wenn man zuvor keine Theorie hat; für J. G. Zimmermann hat eine Beobachtung von Theorie unabhängig zu sein. An der Diskussion nahmen Lamettrie, Christian Wolff, Diderot oder Charles Bonnet, der Mitglied der Pariser Académie war, teil.[186] In der Encyclopédie gibt es die Artikel Observateur, Observation und Observations Célestes. Die Tendenz dieser Artikel geht dahin, daß die Neutralität des Beobachters gefordert wird. Ein guter Observateur habe die Aufgabe: „les impressions des phénomenes [...] transmettre inaltérés au principe

---

183 SdM, S. 219.

184 SdM, S. 493–494.

185 SdM, S. 246–247.

186 Zu Descartes, Zimmermann und zur philosophischen Problemgeschichte der Beobachtung siehe Hans Poser: „Observatio, Beobachtung", in: HWPh, Bd. 6, Sp. 1072–1081.

du sentiment, de la réflexion & de la mémoire".[187] Noch deutlicher wird die Neutralität der Beobachtung im Artikel Observation betont, der die Beobachtung als Basis jeder Wissenschaft darstellt: „L'observation est le premier fondement de toutes les sciences, la voie la plus sûre [...]."[188]

In der Exposition macht Laplace nur beiläufige Bemerkungen zur Beobachtung, im Essai philosophique sur les probabilités greift er die Beobachtungsproblematik im Zusammenhang der Fehlertheorie auf. Er entwickelt die Methode der kleinsten Fehlerquadrate, durch die sich das Ausmaß von Beobachtungsfehlern verringern läßt. Laplace geht es um die praktische Handhabung von Beobachtungsdaten, worin nicht nur er ein Desiderat der empirischen Wissenschaften gesehen hat. Der Fehleranalyse widmeten sich schon vorher Roger Cotes, Roger Josef Boscovich, Tobias Mayer, Euler und Johann Heinrich Lambert.[189] Eberhard Knobloch formuliert drei Motive, die im 18. Jahrhundert zur Ausarbeitung von Fehlertheorien geführt haben:

> „1. der Enthusiasmus der experimentell eingestellten Philosophen für die Mathematisierung der Natur, wobei den empirisch gewonnenen Ergebnissen Vorrang eingeräumt wurde, kurz, der Newtonianismus;
> 2. das wachsende Bedürfnis nach Präzision seitens der Astronomen und Geodäten;
> 3. das schnelle Wachsen der Wahrscheinlichkeitstheorie als Zweig der Mathematik."[190]

Das dürften auch die Motive für Laplace gewesen sein. Diese Motive sind nicht philosophischer, sondern praktischer Natur; daher verwundert es auch nicht, daß Laplace sich auf eine methodische Verbesserung des Umgangs mit Beobachtungsdaten beschränkt und das philosophische Problem des Verhältnisses von Beobachtung und Theorie außen vorläßt; der Titel des Essai philosophique sur les probabilités vermittelt einen philosophischen Anspruch, dem erkenntnistheoretisch nicht entsprochen wird.

Etwas unklar bleibt, was in den Bereich des Beobachtbaren fällt. Laplace wendet die Kategorie der Sichtbarkeit auch auf Theorieelemente an, die bereits das Ergebnis von induktiven Verallgemeinerungen sind; die Metapher des Sehens als wissenschaftliches Einsehen läßt sich bis zu Platons Höhlengleichnis zurückverfolgen und ist nicht selten. Laplace referiert im dritten Buch den Zusammenhang von Pendelgeschwindigkeit und Pendelschwingung. Über den Zusammenhang beider sagt er: „Il est visible que l'étendue de leurs oscillations est proportionnelle à leur vitesse primitive".[191] An anderer Stelle spricht er von

---

[187] Encyclopédie, Bd. 11, S. 311.
[188] Encyclopédie, Bd. 11, S. 314.
[189] Siehe Knobloch: „Zur Genese der Fehlertheorie", S. 307–308.
[190] Knobloch: „Zur Genese der Fehlertheorie", S. 307.
[191] SdM, S. 162.

„les lois observées dans les mouvements célestes".[192] Man beobachtet keine Proportionalitäten oder Gesetze, sondern die Bewegungen. Die Begriffe voir und observer werden sicherlich nicht stringent verwendet.

Die analoge Problemstellung tritt auch bei Beschreibungen auf. Wissenschaftstheoretische Fragen zur Theorie der Beschreibungen zielen vor allem auf deren Theoriegehalt[193]: Dürfen in Beschreibungen theoretische Begriffe und Gesetzesaussagen vorkommen? Sind Protokollsätze prüfungsbedürftig oder sind sie die Grundlage der Prüfung einer Theorie selbst? Können Protokollsätze falsch sein und hängt ihre Wahrheit von der Kohärenz mit anderen Sätzen der Theorie ab? Solche Fragen sind modern und werden von Laplace nicht gestellt. Seine Darstellung der himmelsmechanischen Methode und Methodologie führt dazu, derartige Fragen immer mit der Tendenz zu einer Einbeziehung des Theoriengehalts zu beantworten, was allein durch den Umstand, daß es drei unterschiedliche Beschreibungen gibt, bezeugt ist: scheinbare Bewegung, tatsächliche Bewegung und Planetentafeln. Es gibt bereits innerhalb der Beschreibung der scheinbaren Bewegung Gesetze, z. B. die Keplergesetze.

Damit ist die philosophische Bedeutung der Beschreibung noch nicht erschöpft: Laplace bietet die Beschreibung der scheinbaren und die der tatsächlichen Bewegung. Die tiefe Bedeutung dieser Dichotomie liegt in einem unausgesprochenen Unterschied zwischen der Welt der Alltagserfahrung und der realen Welt. – Die Erinnerung an Platons Höhlengleichnis führt hier in die Irre, weil es im Physikalischen bleibt. – Koyré betont, daß mit der Erfindung des Teleskops und dessen Verbesserung durch Galilei zuvor unsichtbare Himmelsphänomene sichtbar gemacht wurden. Robert Hookes Micrographia ist ein Werk der Überschreitung der Sinneswahrnehmung ins Kleine. Die Welt der Sinneserfahrung wird durch optische Instrumente erweitert, wodurch die Welt des Alltags nicht mehr die Grundlage der wissenschaftlichen Theorien blieb. Koyré sagt überzeugend: „Avec Galilée, et après Galilée, nous avons une rupture entre le monde donné aux sens et le monde réel, celui de la science."[194] Das ist genau der Punkt von Laplace: Seine doppelte Beschreibung drückt aus, daß er zwischen alltäglicher Sinneserfahrung und wissenschaftlicher Beschreibung einen Unterschied macht und die naive Sinneserfahrung disqualifiziert.

Die drei Elemente der Theoriebildung, Vergleich, Analogie und Induktion, sind ebenfalls wissenschaftstheoretisch nicht unproblematisch. Zunächst werden die Beschreibungen verglichen. Generell ist ein Vergleich aus den Vergleichsgliedern und dem Vergleichsmaßstab, tertium comparationis, aufgebaut. Laplace gibt aber in keinem Fall das tertium comparationis an, de facto ist es meistens Ein-

---

192 SdM, S. 459.

193 Vgl. Wolfgang Stegmüller: „Probleme und Resultate", Bd. II, 1. Halbbd., Kapitel III und Bd. II, 2. Halbbd., Kapitel VII.

194 Koyré: „L'apport scientifique de la Renaissance", in: ders., „Études d'histoire de la pensée scientifique", S. 60.

fachheit. Wie kann er sagen, daß sein System weniger kompliziert sei als das von Ptolemaios, zumal er selbst die Theorie, die die in der Natur stattfindende Interaktion von gegeneinander gravitierenden Massen beschreibt, als „une théorie aussi compliquée“[195] bezeichnet? Die Legitimation zur Anwendung dieses Kriteriums ist metaphysisch, wenn er vertritt, daß die Natur an sich einfach sei und wir sie nicht aufgrund unserer kognitiven Leistungsfähigkeit beurteilen dürfen: „Sans doute, il ne faut pas mesurer la simplicité des lois de la nature, par notre facilité à les concevoir“.[196] Erstens stellt sich die Frage, ob es eine andere Beurteilungsmöglichkeit gibt. Zweitens ist aber genau die intuitive Zugänglichkeit das Kriterium, das in der Himmelsmechanik angewendet wird. Von einem fiktiven Standpunkt auf der Sonne aus gesehen erscheint das Planetensystem einfacher als von einem irdischen Standpunkt.

Die Analogie hat eine lange Tradition und taucht begrifflich erstmals im philosophischen Zusammenhang bei Platon auf.[197] Seitdem wurde sie vielfach problematisiert, so auch in der Encyclopédie: als heuristisches, als induktives und als Beweisverfahren. Laplace nahe dürfte die Perspektive der Wissenschaftspraxis sein: Der Enzyklopädist unterteilt die Wissenschaften in drei Gruppen: die demonstrativen Wissenschaften (Métaphysique, les Mathématiques, une bonne partie de la Logique, la Théologie naturelle, la Morale), die kontingenten Wissenschaften (la science des esprits créés & des corps) und die arbiträren Wissenschaften (Grammaire, la partie de Logique qui dépend des mots etc.):

> „En Physique, toutes nos connaissances ne sont fondées que sur l'analogie: si la ressemblance des effets ne nous mettoit pas en droit de conclure à la ressemblance des causes, que deviendroit cette science?“[198]

Dem scheint zu widersprechen, daß ihr gegenüber Vorbehalte durchaus geäußert werden, die sich aber in der Praxis de facto nicht auswirken: „l'analogie peut nous tromper; mais en concevant qu'elle nous conduit très-souvent & presque toujours à la vérité; qu'elle est d'une nécessité absolue, soit dans les sciences & dans les arts, dont elle est un des principaux fondemens,“[199] Daher kommt es, daß der Analogie trotz der prinzipiellen logischen Vorbehalte in der Wissenschaftspraxis Beweiskraft zugesprochen wird: Das Wissen über Einzeldinge und sogar über deren Existenz, das wir durch Deduktion aus den Gesetzen ableiten, ist durch Analogie garantiert: „Quelle preuve avons-nous de l'existence particuliere de notre estomac, de notre cœur, de nos visceres? L'analogie.“[200] Offenbar war man sich über die mit der Analogie verbundenen logischen und erkenntnistheoretischen Probleme im Klaren. Laplace' Auffassung der Analogie scheint

---

195 SdM, S. 253.
196 SdM, S. 207; siehe zu dem Zitat auch oben, S. 88.
197 Siehe Platon: „Timaios“, 31 a.
198 Encyclopédie, Bd. VIII, S. 688.
199 Encyclopédie, Bd. VIII, S. 687.
200 Encyclopédie, Bd. VIII, S. 687.

dagegen ausschließlich von der wissenschaftlichen Praxis her bestimmt zu sein, da die Analogie selbst nicht ansatzweise theoretisiert wird. Im Fall der Himmelsmechanik mag dies noch legitim erscheinen, die Analogien bleiben aber nicht darauf beschränkt. Stegmüller legt dar, worin das Problem besteht:

> „Um diesen Erklärungstypus auf konkrete Situationen anwenden zu können, muß vorausgesetzt werden, daß ein bestimmter Gegenstandsbereich bereits durchforscht ist und daß die darin geltenden Gesetze richtig formuliert worden sind. Dieser Bereich samt seinen Gesetzen kann dann als Modell für die Erforschung weiterer Phänomene dienen. So z. B. wurden lange Zeit hindurch mechanische Modelle für die Deutung anderer physikalischer Phänomene (z. B. elektrischer oder magnetischer) verwendet."[201]

Bei der Übertragung von makro- und mesokosmischen Verhältnissen auf den molekularen Bereich wird genau das gemacht. Historisch bemerkenswert ist daran, daß die älteste und schon in der Vorsokratik vorkommende Analogie Mikro-/Makrokosmos bei Laplace noch immer aktuell ist. Das Kapitel „De l'attraction moléculaire" wird durch die Erwägung, ob es möglich ist, daß molekulare Repulsionskräfte sich analog zur bekannten Gravitationskraft verhalten, vorbereitet.[202] In Formulierungen wie: „Guidés par l'induction et par l'analogie"[203] zeigt sich, daß es aus bestimmten Bereichen, bei Laplace die Himmelsmechanik und die Mechanik, Motive gibt, die bei der Erschließung noch unbekannter Bereiche orientierend sind und damit die Forschung von vornherein in eine bestimmte Richtung lenken, wie z. B. bei der Theorie der Kapillarität. Bei den frühen astrophysikalischen Fragen, Beschaffenheit und Entwicklung von Planeten und Sternen, sind die irdischen Verhältnisse das Analogon zu kosmischen Verhältnissen. Die Annahme der nomologischen Einheit des Universums führt zur induktiven Verallgemeinerung irdischer Prozesse. Das ist die Basis bei der Reflexion von Entwicklungen auf dem Mond (Vulkane oder tektonische Veränderungen[204]), die keine empirische, sondern ausschließlich eine analogische Begründung haben.

Das Induktionsproblem wird ebenfalls in der Encyclopédie diskutiert und unterscheidet sich in der logischen Problematik nicht von modernen Auffassungen. Unter Induktion wird dort der Schluß von Partikularem auf Allgemeines verstanden, wobei diese Schlußgattung noch in vollständige (induction complette) und nicht vollständige (induction imparfaite) Induktion eingeteilt wird. Im Artikel werden Induktionen als vollständig angesehen, die man aus logischem Grund nicht dazu zählen würde: Eine Induktion ist dann vollständig, wenn alle Einzelfälle erfaßt sind. Diese Einzelfälle können gemäß der Encyclopédie selbst

201 Wolfgang Stegmüller: „Erklärung – Begründung – Kausalität", S. 171.
202 SdM, S. 349.
203 SdM, S. 111.
204 Siehe dazu oben, S. 31.

aber nicht vollständig erfaßbare Mengen sein, was in der Form nicht einmal der Auffassung der zeitgenössischen Logiker entspricht:

> „J'ai fait des expériences sur les métaux; j'ai observé que l'or, l'argent, le cuivre, le fer, l'étain, le plomb & le mercure étoient pesans, j'en conclus que tous les métaux sont pesans. Je puis m'assurer que j'ai fait une induction complette, parce que ces sept corps sont les seuls auxquels on donne le nom de métaux."[205]

Die Induktion von jedem Vorkommnis von Gold, Silber etc. ist nicht vollständig, wenn die vermeintlich vollständige Induktion über nicht vollständig induzierte Mengen gemacht wird. Das war bereits in der französischen Literatur erörtert worden, z. B. in den späteren Auflagen der Logik von Port Royal, troisième partie, Kapitel XIX, IX.[206] Im Encyclopédie-Artikel wird trotz der erkenntnistheoretischen Schwierigkeiten die Anwendung der Induktion dadurch rechtfertigt, daß Konsequenzen aus ihrer Ablehnung oder zumindest die sich ergebenden praktischen Absurditäten dargelegt werden. Daß man sich täuschen könne, wird zugegeben, aber:

> „Mais peut-on s'en passer, & toutes incomplettes qu'elles sont, ne sont elles pas une sorte de preuve qui a beaucoup de force? Qui peut douter que l'empereur de la Chine n'ait un cœur, des veines, des arteres, des poumons, fondé sur ce principe, que tout homme ne peut vivre qu'autant qu'il a toutes ces parties intérieures?"[207]

Das ist der Punkt, der Laplace' Auffassung der Induktion zugrunde zu liegen scheint: Die Induktion ist deshalb unproblematisch, weil die mit ihr erschlossenen Gesetze an sich bestehende Wahrheiten sind, die an einzelnen Prozessen entdeckt werden. Das Induktionsproblem und die damit verbundene erkenntnistheoretische Diskussion bleiben gänzlich unberücksichtigt. Die Akzeptanz der Induktion ist wissenschaftshistorisch und -praktisch gegeben. Newtons Principia mathematica werden als auf der Induktion basierend dargelegt, wodurch die Induktion als wissenschaftliche Methode bewährt und legitimiert ist. Die wissenschaftliche Induktion läßt Universalisierungen sogar in so hohem Maß begründet erscheinen, daß Induktion und empirische Bestätigungen praktisch Beweiskraft besitzen:

> „Loin d'avoir à craindre qu'un astre nouveau ne démente ce principe, on peut affirmer d'avance que son mouvement y sera conforme: c'est ce que nous avons vu nous-mêmes à l'égard d'Uranus et des quatre planètes télescopiques récemment découvertes, et chaque apparition de comète en fournit une nouvelle preuve."[208]

---

205 Encyclopédie, Bd. VIII, S. 687.

206 Vgl. auch die Erörterung der Axiomatik, quatrième partie, Chapitre VI.

207 Encyclopédie, Bd. VIII, S. 687.

208 SdM, S. 475.

Untersucht man dagegen die Mécanique céleste, so ergibt sich ein weitgehend anderes Bild. Ihr Aufbau ähnelt stark Newtons Principia: Sie beginnt mit der Erörterung von Gesetzen und Prinzipien, die dann auf die Planeten angewendet werden. Hahn bezeichnet dies als Euklidisches Erbe: „his adherence to a rigorous and logical scheme of presentation that echoed the Euclidean model".[209] Laplace schreibt im Vorwort der Mécanique céleste, daß die Astronomie „un grand problème de Mécanique" sei, bei dem lediglich die Elemente des bewegten Himmels der Erfahrung entnommen werden. Auch in diesem Vorwort (nicht nur in der Exposition) ist ein Motto der Himmelsmechanik „bannir tout empirisme"[210]. In Laplace' Verständnis ist die induktive Himmelsmechanik nicht empiristisch. Eine genauere Zuordnung, z. B. zum Rationalismus, bleibt aber aus. Trotz der Zurückweisung des Empirismus ist die Gesamtbeurteilung der Himmelsmechanik, daß sie frei von Hypothesen wäre. Was genau nach Laplace' Auffassung die Himmelsmechanik zu einer hypothesenfreien Disziplin macht, läßt sich nur interpretieren. Das Problem liegt vor allem darin, daß Laplace den Begriff Hypothese nicht definiert. Er wendet den Begriff z. B. auf die Entstehungslehre, auf Keplers Annahme der Bahnellipse, auf die Wellentheorie des Lichts, auf die Homogenität von Planeten oder auf das Tychonische System an. In methodologischen Zusammenhängen verwendet Laplace hypothèse, um das auszuschließen, das sich nicht durch Induktion und Analyse gewinnen läßt.[211] Es scheint der Komplex aus Induktion, Berechnung und Bestätigung zu sein, der zur Beurteilung der Himmelsmechanik als hypothesenfrei führt, oder wie es Gernot Böhme formuliert: „Die Ideologie der Unabhängigkeit der neuen Wissenschaft [der Newtonschen Mechanik] von der Philosophie (im Sinne spekulativer Naturphilosophie) ist die des Induktivismus."[212]

Eine Bewertung dieses Selbstverständnisses hängt von der eigenen wissenschaftstheoretischen Position ab. Wenn man wie im kritischen Rationalismus neben hypothetischen keine anderen Erklärungen für möglich hält, dann betrachtet man den Laplaceschen Selbstanspruch für nicht erfüllt. Selbst wenn man

---

209 Roger Hahn: „The Laplacean View of Calculation", in: Tore Frängsmyr, J. L. Heilbron, Robin E. Rider: „The Quantifying Spirit in the 18th century", Berkeley, Oxford 1990, S. 363.

210 Mécanique céleste, OC, Bd. I, S. 1.

211 Siehe oben, S. 85. Es gab im 17. Jahrhundert schon eine Diskussion um Akzeptanzkriterien wissenschaftlicher Erklärungen, zu denen Newtons erste regula philosophandi Stellung bezieht. Es seien nur Erklärungen zu akzeptieren, die *„nécessaires pour expliquer les Phénomenes"* seien. (Newton: „Principes Mathématiques", Bd. II, S. 2. Das Gegenbeispiel zu einer akzeptablen Erklärung war Descartes' Wirbeltheorie. (Für den Hinweis auf die vera-causa-Diskussion danke ich Peter McLaughlin; siehe auch Peter McLaughlin: „vera causa", in: Jürgen Mittelstraß [Hrsg.]: „Enzyklopädie Philosophie und Wissenschaftstheorie", Bd. 4, S. 498.)

212 Gernot Böhme: „Die kognitive Ausdifferenzierung der Naturwissenschaften", S. 241.

diesbezüglich etwas moderater ist, fällt es schwer, wissenschaftliche Zielsetzungen wie die folgende als induktivistisch aufzufassen[213]:

> „Mon objet, dans ce Livre, est de montrer dans la seule loi de la pesanteur universelle la source de toutes les inégalités du mouvement lunaire, et de me servir ensuite de cette loi comme moyen de découvertes pour perfectionner la théorie de ce mouvement, et pour en conclure plusieurs éléments importants du système du monde [...]."[214]

Zumindest in der Folge seiner Anerkennung wird das Gravitationsgesetz sowohl zur heuristischen Leithypothese als auch zum Erklärungsansatz für neue Bereiche, z. B. dem Molekularen.

Man wird die Laplacesche Methode in der Hinsicht stringent empfinden, daß die vorkommenden Erklärungen nicht spekulativ sind. Die philosophische Beurteilung widerspricht hier vielleicht der naturwissenschaftlichen. Die These der Hypothesenfreiheit ist wissenschaftstheoretisch, nicht jedoch naturwissenschaftlich verdächtig. Laplace' Wissenschaftsverständnis wird dadurch verständlich, daß durch die Ablehnung von Hypothesen eine Abgrenzung zu scholastisch anmutenden Spekulationen vorgenommen wird. Neben anderem bestimmen derartige Spekulationen, was unter Hypothese zu verstehen ist; der Hypothesenbegriff hat sich seit Laplace bis zur Wissenschaftstheorie gewandelt. Die Abgrenzungsbemühung dürfte ein nicht zu unterschätzendes Motiv bei der Formulierung der Wissenschaftsphilosophie gewesen sein; Newtons paradigmatisches hypotheses non fingo aus den Regulae haben mutmaßlich die Orientierung gegeben. Die methodologische Abgrenzung erfolgt nicht nur gegenüber der Theologie und der Teleologie, sondern auch gegenüber Erklärungen durch Zufall. Laplace sagt nach der Erwägung zeitgenössischer Positionen, denen gemäß der Zufall die Ursache für die Verhältnisse der Jupitersatelliten gewesen wäre: „je cherchai donc cette cause dans l'action mutuelle des satellites".[215] Die Erklärungen, die gemäß Laplace' Methodologie zu akzeptieren sind, spielen sich nur in den Kategorien Gesetz und Initialbedingung – calcul et observation – ab. Seine Methodologie schließt aus heutiger Sicht metaphysische Spekulationen, nicht aber Hypothesen aus.

Daß damit die in der Himmelsmechanik vorkommenden Erklärungen nicht umfassend wiedergegeben sind, zeigt sich insbesondere bei der kosmogonischen Frage: Wie kommt es zur Planetenkonstellation? Laplace versucht in der Regel, zeitgenössische ad-hoc-Erklärungen (Kometeneinwirkung, Ätherwiderstand etc.) durch Erklärungen kraft des Gravitationsgesetzes zu ersetzen, was aber nicht

---

213 Vgl. Jammers Charakterisierung von Newtons Philosophiae Naturalis Principia Mathematica: „the first systematic deductive exposition of classical mechanics" (Max Jammer: „Concepts of Force", S. 116) oder: „The Principia is written more geometrico as a hypothetical deductive system" (ebd., S. 119).

214 Mécanique céleste, OC, Bd. III, S. 182.

215 SdM, S. 256.

immer gelingt. Nun sind gerade die Situationen, bei denen ein Erklärungsschema an seine Grenzen stößt, sowohl systematisch als historisch interessant: An diesen Stellen zeigen Theorien ihre Schwächen und bieten Ansätze zur Widerlegung oder Ausarbeitung. Zum einen fällt die Entstehungslehre des Sonnensystems aus dem Schema observation et calcul heraus, was Laplace ja selbst deutlich macht und deshalb um Zurückhaltung bezüglich seiner eigenen Theorie bittet. Diese wird jedoch so ernst genommen, daß sie wie im Fall der Lehre vom Mondkometen anderen genetischen Erklärungen vorgezogen wird: Es gebe keine Aufzeichnungen, die die Auffassung rechtfertigten, daß der Mond sich irgendwann einmal nicht auf seiner heute nachvollziehbaren Bahn bewegt hätte: „en remontant par l'Analyse aux temps les plus reculés, on voit toujours la Lune se mouvoir dans un orbe presque circulaire, comme les planètes autour du Soleil. Ainsi ni la Lune, ni aucun satellite n'a été originairement une comète".[216] Daß das auch für die eigene Entstehungslehre des Sonnensystems gilt, wird übergangen.

Eine konkrete Einführung einer genetischen ad-hoc-Erklärung wird im Buch III, Kapitel 5 gegeben. Dort wird in der Folge von Überlegungen zum Stoßverhalten von Körpern die Antwort auf die Frage nach der Erdrotation gestellt. Damit eine Kugel durch einen Stoß nicht rotiert, müßte das Schwerezentrum der Kugel genau auf der Stoßrichtung liegen, andernfalls rotiert die Kugel. Erstens sei unwahrscheinlich, daß die Planeten, die Satelliten, die Sonne und die Kometen einen ursprünglichen Impuls erhalten hätten, der exakt ihr Zentrum getroffen hätte. Zweitens haben wir das Erfahrungswissen von der Rotation aller Planeten. Also haben die Planeten einen ursprünglichen Stoß erfahren:

> „Ainsi, pour expliquer le double mouvement de rotation et de translation de la Terre, il suffit de supposer qu'elle a reçu primitivement une impulsion dont la direction a passé à une petite distance de son centre de gravité [...]. Par une raison semblable, le Soleil, qui tourne sur lui-même, doit avoir reçu une impulsion [...]."[217]

Diese Stelle kommt schon in der ersten Edition vor und ist zur Entstehungslehre des Sonnensystems der späteren Auflagen widerspruchsvoll. Es wirkt so, als habe Laplace selber die unzusammenhängenden genetischen ad-hoc-Erklärungen als Schwachstelle seines himmelsmechanischen Systems gesehen, weshalb gerade dieser Aspekt im nachhinein systematisiert und im Punkt der Materiekondensation des ursprünglichen rotierenden Sonnennebels auf das Gravitationsgesetz zurückgeführt wurde, und zwar ohne daß es dafür einen durch Aufzeichnungen begründeten Anlaß gegeben hat. Das Kriterium der Überprüfbarkeit, das gerade einen der großen Vorzüge der quantitativen Erklärungen darstellt, spielt bei den genetischen Erklärungen keine Rolle.

---

216 SdM, S. 254.
217 SdM, S. 189.

Ebenfalls induktiv unbegründet ist das von Laplace selbst der Metaphysik zugeordnete Dogma der Einfachheit der Natur. Buffons Auffassung von der Einfachheit primordialer Gesetze, die gegen Clairauts Lehre eines komplizierteren Gravitationsgesetzes antwortet, stimmt Laplace zu, obwohl er ihn für einen Metaphysiker hält:

> „Cette considération doit nous porter sans doute à ne compliquer la loi de l'attraction que dans un besoin extrême; mais l'ignorance où nous sommes de la nature de cette force ne permet pas de prononcer avec assurance sur la simplicité de son expression. Quoi qu'il en soit, le métaphysicien eut raison cette fois vis-à-vis du géomètre […]."[218]

Vergleichbares kommt auch in der Diskussion um die Erdbewegung vor: Der Vorteil der Erklärung der scheinbaren Himmelsdrehung durch die Erdrotation ist, daß letztere nur die Existenz einer einzigen Ursache verlange. Geht man aber dagegen von der Geozentrik aus und möchte auf dieser Basis auch die Kometenbewegung erklären, „il sera très difficile de concevoir qu'une même cause imprime à tous ces corps un mouvement commun de rotation".[219] Dieses Problem taucht nur dann auf, wenn von einem Prinzipienmonismus ausgegangen wird. Warum eine Antwort, die mit nur einem Grund die Phänomene erklärt, einer anderen, die komplexer ist und mehrere Gründe umfaßt, vorzuziehen ist, ist nicht empirisch zu beantworten. Daß die einfachere Erklärung der komplizierteren vorzuziehen ist, ist zwar äußerst plausibel[220] und in die Tradition der Theoriebildung eingegangen, ist aber letztlich empirisch nicht fundierbar. Grundlegende Annahmen wie die der Geordnetheit der Natur oder der Einfachheit gehen der Mechanik voraus. Das Ökonomieprinzip wird nicht als Gegenstand der Spekulation wahrgenommen, und zwar weder in ontologischer noch in epistemologischer Hinsicht.[221] Noch befremdender ist freilich, daß der metaphysische Ökonomiegedanke mit einer ebenfalls weder dem Kalkül noch der Induktion zugänglichen axiologischen Naturauffassung in Verbindung gebracht wird: „La supposition d'un seul principe dont toutes ces lois dépendent est digne de la simplicité et de la majesté de la nature."[222] Axiologische Begründungen waren schon in ihrer Etablierungsphase im Peripatos umstritten.[223]

---

218 SdM, S. 239.

219 SdM, S. 112.

220 Vgl. Einstein und Infeld: „Wir haben ein Tatsachengebiet um so besser verstanden, je einfacher und einheitlicher die Theorie ist, mit der wir die Vorgänge symbolisch nachbilden können." (Albert Einstein, Leopold Infeld: „Die Evolution der Physik, von Newton bis zur Quantentheorie", Hamburg 1956, S. 197.)

221 Vgl. Ernst Mach: „Die Achtung vor dem echt philosophischen Streben, alles Wissen in einen Strom zusammenzuleiten, wird man in meiner Schrift überhaupt nicht vermissen, wenngleich dieselbe gegen Übergriffe der spekulativen Methode entschiedene Opposition macht." (Ernst Mach: „Die Mechanik in ihrer Entwicklung", S. 14.)

222 SdM, S. 150.

223 Siehe z. B. Theophrast: „Metaphysik", 11 a, 10–12.

Auf einen wissenschaftstheoretisch, -praktisch und -historisch besonders interessanten Punkt hat Eike von Savigny hingewiesen. In einer Untersuchung zur „Argumentation in der Literaturwissenschaft" legt er dar, daß in den Literaturwissenschaften Argumente unterschiedlichen Typs (biographische, literaturgeschichtliche, ästhetische etc.) vorkommen, die miteinander kollidieren können:

> „zwischen Argumenten verschiedener Typen kann es zu Konflikten kommen, für deren Behebung Regeln weder bekannt noch aus allgemeineren Anforderungen an rationales Argumentieren herzuleiten sind".[224]

Bei der Frage nach der Falsifikation und Zurückweisung von potentiellen Falsifikatoren bei Laplace trifft man auf eine den Literaturwissenschaften vergleichbare Situation: Lassen sich Regeln angeben, unter denen in der Himmelsmechanik eine Argumentart der anderen, z. B. die Theorie der Erfahrung, übergeordnet ist? Wann ‚schlägt' ein empirisches ein theoretisches und wann ein theoretisches ein empirisches Argument? Ich sehe keine Antwort. Man trifft auf folgenden Befund:

- Genealogische Erklärungen schlagen theoretische: Die Erklärung der Übereinstimmung von Rotations- und Umlaufzeit des Monds wird genealogisch erklärt. Ursprünglich verhielt sich die Bewegung des Monds auf eine nicht weiter spezifizierte Art und wurde dann durch Erdgravitation zu ihrem heutigen perfekten Verlauf umgelenkt. Das Stadium vor der Stabilität der Mondbahn ist aber empirisch nicht zu fassen.
- Theoretische Erklärungen schlagen genealogische: Laplace argumentiert mit derselben Begründung gegen die Theorie, daß der Mond ein Komet gewesen wäre: Dies lasse sich durch keine Aufzeichnung stützen; die Mondbahn sei daher immer nahezu kreisförmig gewesen. Ein analoges Argument, das er selbst gibt, trifft auch seine Kosmogonie: Sie führte in den Zustand der Stabilität, in dem auch wir uns befinden. Die Entwicklung läßt sich anhand der Daten ebenfalls nicht nachweisen.[225]
- Die Standardkollision, die allenthalben vorkommt, ist die zwischen Theorie und Erfahrung: Ein empirisches Argument schlägt eine Theorie, wenn die Theorie aufgrund der mangelnden Übereinstimmung mit der Beobachtung falsifiziert wird. Ein theoretisches Argument schlägt ein empirisches, wenn die mangelnde Übereinstimmung der Theorie mit den Daten durch die mangelhafte Beobachtung begründet wird. Die Dominanz der Theorie über die Beobachtung führte zu der dargelegten Methode der Kompensation von

---

224 Eike von Savigny: „Argumentation in der Literaturwissenschaft – Wissenschaftstheoretische Untersuchungen zu Lyrikinterpretationen", München 1976, S. 7.

225 Es sei ergänzt, daß der empirische Anlaß zur Urknalltheorie die aufgrund der Rot-Grün-Verschiebung spektroskopisch ermittelten Radialgeschwindigkeiten der Galaxien sind, die Hubble 1929 mittels Radioteleskopen an Galaxien nachgewiesen hat, die sich weit außerhalb unserer Galaxie befinden. Mit optischen Teleskopen kann die kosmische Ausdehnung nicht nachgewiesen werden.

Beobachtungsfehlern durch die Statistik. Hier läßt sich die oben im Zusammenhang der Protokollsatzproblematik formulierte wissenschaftstheoretische Frage beantworten: Bei Laplace sind Protokollsätze nicht von der Theorie zu trennen, sondern es ist möglich, aufgrund der Theorie über ihre Wahrheit zu entscheiden. Die Wahrheit eines Protokollsatzes hängt auch von der Kohärenz und Widerspruchsfreiheit mit der Theorie ab, für die sie die empirischen Informationen und somit die epistemische Basis liefern. Wissenschaftsphilosophisch erscheint dieser Punkt mittlerweile fast trivial. Tom Jagtenberg sagt unmißverständlich: „SCIENTISTS HAVE GOALS" und bestimmt die Wissenschaften als „goal directed behaviour".[226] Interessen wie z. B. Laplace' Stützung einer gesetzesmonistischen Himmelsmechanik leiten den Umgang mit Protokollsätzen.

Unklar bleibt dagegen, unter welchen Bedingungen eine Theorie falsifiziert ist, Teile von ihr aufgeben werden oder sie lediglich nur defizitär ist und um präzisierende Ausdrücke ergänzt werden muß. Es entstehen Widersprüche zwischen der Theorie und den Beobachtungen, wenn Elemente übersehen oder vernachlässigt werden, die sich letztlich aber doch bei den durch die Theorie ermittelten Ergebnissen bemerkbar machen. Laplace' häufigstes Beispiel ist die Einbeziehung der Planetenform in die Gravitationstheorie. Gegen Clairauts erwähnte Überlegung zur Modifikation des Gravitationsgesetzes hält Laplace am Forschungsprogramm der Erklärung jedes Phänomens durch Newtons Gravitationstheorie fest. Das geht so weit, daß bereichsübergreifend nach Lösungen gesucht wird: Obwohl Laplace die Himmelsmechanik als ein Teilgebiet der Mechanik einstuft, werden optische Gesetzmäßigkeiten wie die Aberration in himmelsmechanische Argumente eingebunden. Im nachhinein erscheint ein solcher Lösungsweg selbstverständlich; andererseits zeigt er, daß die Möglichkeiten, Anomalien à la Kuhn zu erklären, über den zunächst als relevant erachteten Bereich hinausgehen können: Die Himmelsmechanik ist nicht nur ein Teilbereich der Mechanik, sondern Lösungen werden auch der Optik entnommen, wie bei der Aberration, die sich aus der Lichtlaufzeit ergibt. – Das war nicht immer trivialerweise legitim, da die Unzulänglichkeit der gewohnten Lösungsstrategien nachgewiesen werden mußte und eine so grundlegende Änderung in der Lichttheorie nicht unmittelbar akzeptiert wurde. Im Bericht über die Entdeckung der Lichtgeschwindigkeit von 1676 betont Rømer, daß die Abweichungen von den zu erwartenden Werten mit der Standarderklärung Bahnexzentrizität nicht erklärt werden könne.[227] Zu Laplace' Zeit war die Theorie von der endlichen Geschwindigkeit des Lichts aber etabliert. – Derartige Strategien bedingen aber auch den Wahrheitsglauben: Die Frage nach den Falsifikationsbedingungen der Gravitationstheorie läßt sich, obwohl Falsifikationen ein Fortschrittsprinzip auch der Laplaceschen Astronomie-

---

226 Tom Jagtenberg: „The social construction of science", London 1983, S. 68.

227 Siehe das Faksimile des Berichts bei Cohen: „Roemer and the first determination of the velocity of light", S. 376.

geschichte sind und zum Inventar seiner Methode und Methodologie gehören, deshalb nicht beantworten, weil sie ausreichend bestätigt und als verifiziert akzeptiert ist: Die Gravitationstheorie ist schlichtweg nicht falsch. In der Wissenschaftsgeschichte sind solche Zusammenhänge wohl bekannt: Oftmals ist das Kriterium für die Akzeptanz einer Methode oder einer Erklärung nicht nur die Übereinstimmung mit der Erfahrung, sondern die Übereinstimmung mit der Geschichte der entsprechenden Disziplin.[228]

Die methodologischen Ausführungen sind weit davon entfernt, die methodische Vielfalt vollständig zu repräsentieren. Wie kommt es zur einer derartigen Selektion bei der methodologischen Verwertung der himmelsmechanischen Methode? Die Laplacesche Methodologie hängt in beträchtlichem Maß von seinem wissenschaftsphilosophischen Verständnis der Himmelsmechanik ab. Das besagt, daß mit der Beschränkung auf die quantitative Methode historische Alternativen wie metaphysische, teleologische oder theologische Erklärungen außen vor bleiben. Daher scheint die Methodologie nur fassen zu *sollen*, was dazu alternativ ist und der empfundenen Seriosität der quantitativen Methode sinnvollerweise entspricht. Das führt dazu, daß die Praxis der wissenschaftlichen Erklärung falsch beurteilt und nicht in ihrer Mannigfaltigkeit erfaßt wird.[229] Es werden nicht nur quantitative Erklärungen akzeptiert, sondern auch Angaben zu kausalen Ursachen eines Phänomens und metaphysische Dogmen. Mit der Nichtbeachtung derartiger Erklärungsarten geht einher, daß der Unterschied zwischen Beweisen, Erklärungen und epistemisch schwächeren Gründen, ein Theorem zu akzeptieren oder an eine Theorie zu glauben, nicht gemacht wird.[230]

Die Ungereimtheit der nicht nachvollziehbaren Hierarchisierung von Methodenelementen (Beobachtung versus Theorie) kommt dadurch auf, daß die Methodenelemente in der Induktion und der Deduktion relativ zueinander unterschiedliche Ordnungen aufweisen: Beim induktiven Verfahren geht die Beobachtung der Theorie voraus, beim deduktiven Verfahren ist dies umgekehrt. Hier wird von Laplace nicht systematisch unterschieden, wodurch die methodologischen Kommentare widersprüchlich oder zirkulär werden.

Konflikte zwischen genealogischen und theoretischen Erklärungen werden besser verständlich, wenn man von unterschiedlichen Erklärungszielen ausgeht: Die Frage nach einer ursprünglichen Herkunft des Sonnensystems ist von der Frage nach einer mathematischen Beschreibung abgekoppelt. Das wird daran deutlich, daß im Fall der genetischen Erklärung von einer Mathematisierung ausdrücklich abgesehen wird, wenn auch nicht ohne Vorbehalte. Das ist für Laplace

---

228 Vgl. Ricardo Lopes Coelho: „Zur Konzeption der Kraft der Mechanik", Münster 2001, S. 11.

229 Bas van Fraassen hat sich mit der Bandbreite der in den Wissenschaften tatsächlich vorkommenden Erklärungen beschäftigt. Siehe van Fraassen: „The scientific image", Oxford 1980, Kapitel 5: „The Pragmatics of Explanation", S. 97 ff.

230 Vgl. van Fraassen: „The scientific image", S. 104.

selbst deshalb problematisch, weil er eine einheitliche Methode anstrebt, aber nicht erreicht. Hinterfragt man im nachhinein Laplace' Methode und Methodologie in Bezug auf die von ihm selbst gesetzten Ziele, dann sind beide zusammen betrachtet sehr stark von der wissenschaftlichen Intuition oder von Überzeugungen abhängig und wissenschaftstheoretisch defizitär. Das ist zwar unbefriedigend, doch es muß zur Kenntnis genommen werden, daß gerade diese Methode erfolgreich gewesen ist. Insgesamt bekommt man den Eindruck, daß Laplace die Methodenlehre stärker an Idealen als an der Praxis ausgearbeitet hat. Die Methodologie harmoniert mit seiner Erkenntnisauffassung, bei der sich vergleichbare Probleme präsentieren.

4. Bemerkung zur Erkenntnisauffassung von Laplace

Laplace hat keine ausgearbeitete Erkenntnistheorie. Erkenntnistheorie scheint als ein rein philosophisches und naturwissenschaftlich nicht zu verwertendes Thema uninteressant gewesen zu sein. Der einzige Philosoph, der zu den Bedeutenden der neuzeitlichen Erkenntnistheorie gezählt wird und in der Œuvre vorkommt, ist John Locke – Hume und Kant nicht. Lockes Essai wird zitiert, jedoch nicht wohlwollend. Im Essai philosophique sur les probabilités geht es angesichts der Berichte von spirituellen Wunderheilungen um die Zuverlässigkeit von Zeugenaussagen. Laplace bemerkt, daß selbst Locke derartige Aussagen ansatzweise ernst nehme und nicht ihre Wahrscheinlichkeit abwäge.[231] Wie bei den anderen philosophischen Themen verfügt die Œuvre über einzelne Passagen, die für seine Erkenntnisauffassung aussagekräftig sind.

Das problematische Verhältnis von Erfahrung, Induktion, Deduktion, Rationalismus und Berechnung, wie es in der Exposition vorliegt, wurde oben dargelegt. Aus ihr ergibt sich ein Bild, das durchaus mit Carnaps Bemühung um eine Zusammenführung von Erfahrung und Rationalität übereinstimmt, so wie er sie in den Vorworten des logischen Aufbaus der Welt skizziert:

> „der Physiker beruft sich zur Begründung einer These nicht auf Irrationales, sondern gibt eine rein empirisch-rationale Begründung. […]
> Somit besteht die Aufgabe darin, eine Synthese des alten Empirismus mit dem alten Rationalismus herzustellen."[232]

Die außerhalb der Exposition du système du monde aussagekräftigste Passage zur Erkenntnisauffassung sind die ersten Seiten des Essai philosophique sur les probabilités. Dort schreibt Laplace: „presque toutes nos connaissances ne sont que probables"[233]. Dann folgt die Beurteilung, daß selbst in den mathematischen

231 Siehe OC, Bd. VII, S. LXXXVII–LXXXVIII.
232 Rudolf Carnap: „Der logische Aufbau der Welt", Hamburg 1998, S. XV–XVII.
233 OC, Bd. VII, S. v.

Wissenschaften, in denen wir gesicherte Erkenntnis haben, Induktion und Analogie als Mittel zur Auffindung der Wahrheit „se fondent sur les probabilités“[234]. Weil diese beiden Methoden nur zu Wahrscheinlichkeitsaussagen führen, hängt das System der menschlichen Erkenntnis von der Wahrscheinlichkeitstheorie ab. Es ist schon erstaunlich, wie irrelevant diese Zurückhaltung für die Grundlegung der Naturphilosophie und Erkenntnistheorie ist: Bereits auf der nächsten Seite trifft man auf Notwendigkeiten und den als evidentes Prinzip betrachteten Leibnizschen Satz vom zureichenden Grund, der als ontologische Aussage über an sich bestehende Kausalverhältnisse der Natur gelesen wird.[235] Der Satz vom Grund und die Auffassung, nach der alle Ereignisse eine notwendige Folge der Naturgesetze seien, bereiten den Entwurf des sogenannten Laplaceschen Geists oder Dämons vor. Da sich beim Laplaceschen Geist die Bekanntheit der Idee und die Textkenntnis umgekehrt proportional zueinander verhalten, sei der Entwurf zitiert:

> „Une intelligence qui, pour un instant donné, connaîtrait toutes les forces dont la nature est animée et la situation respective des êtres qui la composent, si d'ailleurs elle était assez vaste pour soumettre ces données à l'Analyse, embrasserait dans la même formule les mouvements des plus grands corps de l'univers et ceux du plus léger atome: rien ne serait incertain pour elle, et l'avenir, comme le passé, serait présente à ses yeux.“[236]

Laplace entwirft auf der Grundlage der Basisontologie der klassischen Mechanik und ihrer Differentialgleichungen eine Erkenntnissituation, die für die Wissenschaften orientierend ist. Ob die Wissenschaften dem entsprechen, ist erkenntnistheoretisch nicht von Belang, praktisch und sogar anthropologisch jedoch schon: Der menschliche Geist ist nur ein schwächliches Abbild dieser Intelligenz („une faible esquisse de cette intelligence“[237]). Zusätzlich distanzieren uns von der Situation dieser Intelligenz das faktische Unwissen über den Zustand aller im Kosmos vorliegenden Moleküle, die einzeln empirisch nicht zugänglich sind, das Unwissen von Prozessen und die Unkenntnis sehr lange dauernder Prozesse. Daher sind wir von dieser Intelligenz „toujours infiniment éloigné[s]“.[238] – Im Sterbebett soll Laplace gesagt haben: „Ce que nous connaissons est peu de chose,

---

234 OC, Bd. VII, S. v.

235 Siehe OC, Bd. VII, S. vi.

236 OC, Bd. VII, S. vii. Das ist auch die Erkenntnishaltung in der Exposition du système du monde. Vgl.: „Alors on pourra remonter par la pensée aux changements successifs que le système planétaire a éprouvés; on pourra prévoir ceux que les siècles à venir offriront aux observateurs, et le géomètre embrassera d'un coup d'œil dans ses formules tous les états passés et futurs de ce système.“ (SdM, S. 217.) „[...] ces lois [les lois de la nature], en embrassant l'univers, dévoilent à nos yeux ses états passés et à venir“ (SdM, S. 466).

237 OC, Bd. VII, S. vii.

238 OC, Bd. VII, S. vii.

ce que nous ignorons est immense."[239] – Obwohl dieses Fazit die menschliche Erkenntnissituation nicht nur positiv erscheinen läßt, ist für Laplace die Wahrheitssuche das anthropologische Spezifikum, das den Menschen gegenüber den Tieren auszeichnet.

Laplace' Erkenntnisauffassung ist dichotomisch und teilt sich in den theoretischen Entwurf des Laplaceschen Geists und in eine Beurteilung der tatsächlichen Erkenntnissituation auf, wobei beide miteinander nicht übereinstimmen. Auch das mag ein Grund dafür sein, daß die Erkenntnisauffassung letztlich nicht den bereits bestehenden erkenntnistheoretischen Systemen eingeordnet wird.

Wie kommt es zu einer solchen unklaren Erkenntnishaltung eines scharfsinnigen Kopfes? In der Erkenntnistheorie gibt es analog zu den Wissenschaften Paradigmata, deren jeweilige Plausibilität zu Schulbildungen wie Skeptikern, Rationalisten, Induktivisten, Empiristen etc. führt. Als Wahrscheinlichkeitstheoretiker kennt Laplace das Induktionsproblem, er kennt die offenen Fragen der Naturwissenschaften, andererseits war die Erkenntnishaltung der Wissenschaften lange durch die Sicherheit der Euklidischen Beweisführungen bestimmt. Die mit dem Aufkommen neuzeitlicher Technik und Wissenschaft geäußerte Skepsis seitens einiger Erkenntnistheoretiker und Wissenschaftler wie Maria Mersenne oder Josef Glanville hatte nicht den Grundton eines prinzipiellen Skeptizismus, sondern sie war eine Kritik an der deduktivistischen Tradition, um den induktiven Erfahrungswissenschaften Akzeptanz zu verleihen und die epistemische Sicherheit auf Erfahrungssätze zu übertragen. Erkenntnistheoretisch ist dies freilich problematisch, historisch aber verständlich. Im 18. Jahrhundert kann man wie Laplace die Haltung vertreten, daß das Wissen der Wissenschaften nur wahrscheinlich ist, dennoch Newtons „hypotheses non fingo" glauben und die Gesetze der Physik für unumstößliche Wahrheiten halten; der Gesetzesplatonismus ist hierfür die ontologische Voraussetzung. Erst aufgrund der Erkenntniskritik des kritischen Rationalismus des 20. Jahrhunderts dürfte unter Wissenschaftstheoretikern konsensfähig sein, daß die Laplacesche Erkenntnisauffassung inkonsistent ist.

[239] Fourier: „Éloge Historique de M. le Marquis de Laplace", S. XIII.

III. Laplace' Weltsystem

Was behandelt eine Schrift, die im Titel den Systembegriff trägt? Der Systembegriff der Exposition du système du monde erhält in ihr keine weitere Spezifizierung und sollte nicht überinterpretiert werden. Vorausgegangene Schriften zur Kosmologie, in denen der Systembegriff ebenfalls im Titel vorkommt, sind zahlreich, so daß der Systembegriff an Spezifizität, das heißt an Prägung durch einen einzelnen Autor schon wieder verloren hatte:

- Galileo Galilei: „Dialogo sopra i due massimi sistemi del mondo, tolemaico e copernicano", 1632;
- Galilei: „Systema cosmicum", 1635;
- Anton Deusing: „De vero systemate mundi", 1643;
- Eustachio Divini: „Brevis annotatio in systema Saturnium", 1660;
- Megerlin: „Systema mundi copernicanum", 1682;
- Louis Castel: „Le vrai systême de physique générale de Isaac Newton exposé et analysé en parallele avec celui de Descartes", 1743; Descartes drittes Buch trägt die Überschrift „De mundo adspectabili" („Von der sichtbaren Welt"); der Systembegriff wird von Descartes nicht verwendet;
- Der Kommentar der Marquise du Chastellet: „Exposition abregée du systême du monde" in der Übersetzung der Principia mathematica, „Principes Mathématiques", Bd. II;
- Desmarais: „Amusement sur le systeme neutonien", 1760;
- Claude Adrien Helvetius: „Le vrai sens du système de la nature", 1774.

Lagrange bezeichnet das, um das es in Galileis Dialogo geht, als „le systême du monde".[1]

Laplace' Systembegriff steht für das Gesamte aus Materie, Planetenbewegung, Bewegungsgesetzen, Erhaltungssätzen, Gleichgewichtsprinzipien, dem Gravitationsgesetz und Kräften. Implikationen wie das Erfordernis konkurrierender Weltsysteme sind nicht gegeben.[2]

Im Folgenden möchte ich Laplace' Weltsystem rekonstruieren, dessen historische Bezüge klären und die zugrundeliegende Naturphilosophie erarbeiten.

---

1 Lagrange: „Mécanique Analitique", S. 159.

2 Richard Schröder weist darauf hin, daß sich „die Bedeutung des Wortes systema in der neuzeitlichen Kosmologie von der Seite des Gegebenen auf die Seite der (Re-)Konstruktion des Gegebenen" verschiebt (Richard Schröder: „Du hast die Welt nach Maß, Zahl und Gewicht geordnet", in: „Denkwürdiges Geheimnis. Beiträge zur Gotteslehre", hrsg. von Ingolf U. Dalferth u. a., Tübingen 2004, S. 484).

1. Materie, Kräfte und Prinzipien

Laplace' Materievorstellung und das erste Newtonsche Axiom

Eine Vorgeschichte der Materievorstellungen würde die gesamte Philosophie- oder Physikgeschichte umfassen. Der Laplacesche Ansatz einer zugrundeliegenden Materie, die in der Realität in verschiedenen Formen realisiert ist, läßt sich bis in die Vorsokratik zurückverfolgen.[3] Wichtiger ist aber wohl die neuzeitliche Materieauffassung aus Descartes' Principia, Buch II, §§ 6 und 7: Die Materie liege in schwammartigen Strukturen vor und sei von Poren durchzogen. Newton äußert sich nie definitiv zu Atomen, auch wenn es einige Bemerkungen über deren Dichte oder über Poren gibt, z. B. im Buch II der Optique: „les Corps sont beaucoup plus rares & plus poreux qu'on ne croit ordinairement."[4] In der Erörterung der Règle III zur Erforschung der Natur legt Newton dar, daß die Härte eines Körpers von der Härte seiner ungeteilten Partikel (les particules *indivisées*, nicht *indivisibles*, unteilbar) herkomme.[5] Der Gedanke einer absoluten Dichte wird nicht ausgestaltet, scheint aber Newtons Materiekonzept zu entsprechen. Leibniz greift mit einer dynamistischen Materievorstellung die aristotelische Naturphilosophie wieder auf.[6] Die wenig gewinnbringende Diskussion um die Natur der Materie führte bei Euler dazu, die Dynamik als Dynamik unendlich kleiner Körper[7] zu begründen und den Begriff Masse operational durch das Verhältnis von

---

3 Schon in der Vorsokratik gibt es die Vorstellung, daß unterschiedlichen Körpern die gleiche Materie zugrunde liege. Nach Empedokles bestehen Haare, Blätter, Federn und Schuppen alle aus demselben Stoff (siehe DK 31 B, 82). Siehe zur antiken Begründung von modernen Begriffen und der Sprache der Physik Bruno Heller: „Grundbegriffe der Physik im Wandel der Zeit", Braunschweig 1970. Heller entwirft die Entwicklungslinien an den Begriffen Physis, Materie, Atom, Element, Raum, Zeit, Bewegung, Kraft und Energie und Kosmos.

4 Isaac Newton: „Traité d'Optique sur les Reflexions, Refractions, Inflexions, et les Couleurs, de la Lumiere", übersetzt von M. Coste, 2. Aufl., Paris 1722, Buch II, Teil III, Proposition viii, S. 313. Siehe dazu auch Alan E. Shapiro: „Newton's optics and atomism", in: Cohen, Smith (Hrsg.): „The Cambridge Companion to Newton", insbes. S. 247.

5 Siehe Newton: „Principes", Bd. 2, S. 3.

6 „[...] videamus jam etiam paulo propius, quid sit illa Natura, quam Aristoteles non male principium motus et quietis appellavit [...]." („[...] betrachten wir nun noch etwas näher, was jene Natur ist, die Aristoteles nicht zu Unrecht das Prinzip der Bewegung und der Ruhe genannt hat [...]." Leibniz: „De ipsa natura sive de vi insita actionibusque creaturarum", ursprünglich in den Acta Eruditorum von 1698, hier zit. nach: G. W. Leibniz: „Schriften zur Logik und zur philosophischen Grundlegung von Mathematik und Naturwissenschaft", Philosophische Schriften, hrsg. von Herbert Herring, Bd. IV, Frankfurt 1996, S. 274.)

7 „[...] primo corporum infinite parvorum et quasi punctorum motum investigarem [...]." („[...] zuerst würde ich die Bewegung von unendlich kleinen Körpern und gewissermaßen von Punkten untersuchen [...]." Euler: „Mechanica sive motus scientia analytice exposita", Bd. I, S. 9.)

Kraft zu Beschleunigung rein quantitativ zu definieren.[8] Mit vergleichbarer Einstellung sprechen d'Alembert im Traité de Dynamique und Lagrange in der Mécanique Analitique nicht mehr von Materie, sondern von Körpern, corps. Ferner ist auch die Diskussion um die Atomistik, das heißt um die Frage, ob die Materie analog zu mathematischen Größen unendlich teilbar ist, ohne Konsensbildung verlaufen. Descartes und Leibniz nahmen dies an, Newton spricht davon, daß aufgrund der Mathematik gewiß sei, daß man im Geiste Teile in kleinere Teile teilen könne, und läßt die Frage schließlich offen, wenn er sagt:

> „mais s'il étoit certain, par une seule expérience, qu'une des parties, qu'on regarde comme indivisible, eût souffert quelque division en séparant ou brisant un corps dur quelconque: nous conclurions par cette regle, que non seulement les parties divisées sont séparables, mais que celles qui sont indivisées peuvent se diviser à l'infini".[9]

Die Diskussion um die Materie hat nach Newtons Principia fortgedauert, obwohl Roger Cotes in der Préface zu den Principia schon ein Negativfazit aus den Erörterungen zieht, die Newton vorhergegangen sind.[10] Cotes teilt dort die Physiker in drei Gruppen, von denen zwei ertraglos vorgehen: 1. die Scholastiker in der Folge von Aristoteles und 2. die deduktivistischen Cartesianer. Erfolgreich sei nur die Gruppe der Anhänger der experimentellen Philosophie, in der mathematische Analyse und Synthese das methodische Werkzeug ausmachen und spekulative und essentialistische Fragen nicht mehr gestellt werden.[11]

Der Unterschied zwischen einem metaphysischen und einem physikalischen Materiebegriff war Laplace also offenkundig. Der wichtigste Vorläufer für sein Verständnis von Materie und Körpern ist die erwähnte Erörterung der Règle III aus den Principes. Dort geht es um unveränderliche Qualitäten, „qui ne sont susceptibles ni d'augmentation ni de diminution", die sich durch jedes Experiment experimentell begründen und damit als Qualitäten aller Körper betrachten lassen. Solche Qualitäten sind Härte, Undurchdringbarkeit und Trägheit, von denen Newton sagt, daß sie die Eigenschaften der gottgeschaffenen Materie ausmachen.[12] Das alles sind Zuweisungen von Eigenschaften und nicht Relationen. Daß die Gravitation den Körpern essentiell ist, verneint Newton. Gravitation komme zwar allen Körpern zu, aber nur mit dem Status einer Naturgesetzlichkeit, nicht per definitionem: „Cependant je n'affirme point que la gravité soit

---

8 Siehe Euler: „Mechanica sive motus scientia analytice exposita", Bd. I, § 139.

9 Newton: „Principes", Bd. 2, S. 4.

10 Auch diese Diskussion bestand seit der Vorsokratik, in der alle drei Antworten formuliert wurden: 1. unendlich teilbar (Anaxagoras), endlich teilbar (Leukipp, Demokrit), prinzipiell unendlich teilbar, tatsächlich aber nicht (Empedokles).

11 Siehe Cotes' Vorwort in der Principes-Ausgabe von Chastellet, S. xxi–xxii.

12 Siehe Newton: „Principes Mathématiques", Bd. 2, S. 3–4, und die Question XXXI in: Newton: „Traité d'Optique", S. 486.

essentielle aux corps. [...] la gravité diminue lorsqu'on s'éloigne de la terre."[13] In der Optik geht er etwas weiter und sagt, daß ihm scheine, daß alle Körper neben der Trägheitskraft auch über die aktive Kraft der Gravitation verfügen; dort ist die Gravitation weniger eine Relation als ein den Körpern immanentes aktives Prinzip.[14] Die Newtonsche Charakterisierung der Partikel hat sich in der französischen Mechanik durchgesetzt. Der Traité de Dynamique von d'Alembert beispielsweise beginnt mit der Bestimmung der Undurchdringbarkeit als grundlegender Eigenschaft von Körpern, durch die ein Körper vom durch ihn eingenommenen Raum unterscheidbar ist:

> „Si deux portions d'étendue semblables & égales entr'elles sont impénétrables, c'est-à-dire, si elles ne peuvent être imaginées unies & confondues l'une avec l'autre, de manière qu'elles ne fassent qu'une même portion d'étendue moindre que la somme des deux, chacune de ces portions d'étendue sera ce qu'on appelle un Corps. L'impénétrabilité est la propriété principale par laquelle nous distinguons les Corps des parties de l'espace indéfini, où nous imaginons qu'ils sont placés."[15]

Es paßt zu Laplace' Methodologie, dergemäß in der Relation der kleinste der Mechanik zugängliche Sachverhalt besteht, daß er über die Materie nur wenige Aussagen macht, die dann neben der Homogenität auch nur entweder geometrische oder sich aus den Axiomen der Mechanik ergebende Konsequenzen betreffen. Die Auffassung der Homogenität der Materie geht aus Nebenbemerkungen zum Verhältnis von Dichte, Gewicht und Masse hervor. Laplace erwägt, ob nicht neben den Formen der Materie auch wesentliche Unterschiede bestehen können, und zieht schließlich das Fazit:

> „Mais cela est indifférent à la Mécanique, qui ne considère dans les corps que l'étendue et le mouvement. On peut alors, sans craindre aucune erreur, admettre l'homogénéité des éléments de la matière, pourvu que l'on entende par masses égales des masses qui, animées de vitesses égales et directement contraires, se font équilibre."[16]

Auch wenn das Wesen der Materie offenbar für die Himmelsmechanik gleichgültig ist, stellt er sich anscheinend eine homogene Materie vor, die allen Körpern zugrunde liegt. Die kleinsten Partikel – Laplace spricht von Molekülen – unterscheiden sich durch verschiedene Gestalten, die von Poren durchsetzt sind. Die Verschiedenheit entsteht durch die Anzahl und die Größe der Poren, was Unterschiede bei komplexeren Strukturen bedingt. Dadurch kommt zustande, daß

---

13 Newton: „Principes Mathématiques", Bd. II, S. 4.

14 Newton: „Traité d'Optique", S. 488.

15 D'Alembert: „Traité de Dynamique", S. 1.

16 SdM, S. 175.

Körper unterschiedliche Dichten haben.[17] Die Masse eines Körpers ist gleich der Summe der Materiepunkte, seiner „points matériels"[18]. Die Dichte eines Körpers wird geometrisch in der Abhängigkeit eines Volumens von den von ihm umschlossenen Materiepunkten gesehen. Hätte ein Körper keine Hohlräume, so verfügte er über eine absolute Dichte, „une densité absolue"[19]. Was aber ein point matériel ist, bzw. was ihm in der Natur entsprechen soll, wird nicht einmal beiläufig kommentiert, so daß materieller Punkt der Grundbegriff der Mechanik, molécule der Grundbegriff der Naturphilosophie zu sein scheint.

Am Ende des Kapitels zur molekularen Anziehung skizziert Laplace die Tendenz, in die seine Vermutungen über die Gestalt der Materie gehen, bleibt aber auf dem Niveau der Problematisierung mit einer Hypothese. Er stellt sich die Moleküle so vor, daß der Anteil der Materie am Raum sehr gering ist. Für ein sehr ungleiches Verhältnis von Volumen und leeren Zwischenräumen sprechen der Umstand, daß das Licht sehr leicht durchsichtige Körper durchdringen kann, und die nahezu unendlich geringe Dichte von Kometenschweifen. Die Dichte der Erde entspricht demgemäß einem mittleren Niveau zwischen einer absoluten Dichte und der von Nebeln.[20] Neben den wenig konkreten Aussagen über Poren findet man eine Stelle im Zusammenhang des Gleichgewichts von Flüssigkeiten, an der Laplace die Form eines Moleküls der Flüssigkeit als „un prisme rectangle infiniment petit"[21] beschreibt. Solche Ansichten gehen in die Chemie ein. Das unterschiedliche Verhalten von Elementen, bzw. materiellen Prinzipien als Teilen von komplexen Molekülen wird dadurch erklärt, daß die Teile sich so verbinden, daß sie zu einem neuen chemischen Verhalten führen, das analog zum chemischen Verhalten von Elementen gesehen wird: „Quelquefois deux principes s'unissent ensemble, et les molécules formées de leur union s'unissent à celles d'un troisième principe".[22] Die Kombination einer Säure mit einer Lauge beispielsweise führt zu einem Salz mit neuen Eigenschaften. Das chemische Verhalten hängt von den Formen und sich damit ergebenden Abständen zwischen den Schwerezentren der Moleküle ab, was bedeutet, daß auch chemisches Verhalten von der Gravitationskraft bedingt ist.

Laplace' Materiebegriff beinhaltet ferner den Aspekt der Undurchdringbarkeit. Die Undurchdringbarkeit der Körper wird zwar mechanistisch durch das Stoßphänomen begründet, ist aber auch von ontologischen Überlegungen begleitet: Laplace spricht im Zusammenhang mit den einfachsten Gleichgewichts-

---

17 „[...] tous les corps ne sont pas de même nature, et les différences qui existent, soit dans leurs molécules intégrantes, soit dans le nombre et la grandeur des intervalles ou pores qui séparent ces molécules, en apportent de très grandes entre leurs masses renfermées sous le même volume." (SdM, S. 174.)

18 SdM, S. 173.

19 SdM, S. 392.

20 Siehe dazu SdM, S. 392.

21 SdM, S. 182.

22 SdM, S. 391.

bedingungen davon, daß zwei points matériels auf einander und dann von einander abprallen. Der Grund für das Abprallen liegt in der Undurchdringlichkeit der Materie: „Leur impénétrabilité mutuelle, propriété de la matière en vertu de laquelle deux corps ne peuvent pas occuper le même lieu au même instant [...].“[23] Die Undurchdringbarkeit begründet hier den ontologischen Satz, daß zwei Körper nicht denselben Ort einnehmen können.[24]

Die Aussagen zur Dynamik der Materie sind nur schwerlich befriedigender zu nennen. Laplace bezeichnet zwei Gesetze als Grundgesetze der Mechanik. Eines davon ist das erste Newtonsche Axiom:

> „Cette tendance de la matière à persévérer dans son état de mouvement ou de repos, est ce que l'on nomme *inertie*: c'est la première loi du mouvement des corps.“[25]

Hinsichtlich des zweiten Gesetzes spricht Laplace von der Proportionalität von Kraft und Geschwindigkeit, womit er die Abhängigkeit der Geschwindigkeit von den Kräften meint, die dem Körper ihre Geschwindigkeit ‚eingedrückt‘ (imprimer) haben.[26] Beide Gesetze werden als Grundlagen für eine wenig ausgearbeitete, aber doch zumindest ansatzweise vorhandene Materietheorie verwertet. Sowohl das Trägheitsgesetz als auch das Gesetz der Proportionalität von Kraft und Geschwindigkeit „sont les plus naturelles et les plus simples que l'on puisse imaginer, et sans doute elles dérivent de la nature même de la matière“.[27] Das Kriterium für die Zuweisung einer Eigenschaft zur Materie scheint das theoretische Niveau dessen zu sein, das zugewiesen wird: Nur die in der Dynamik grundlegenden Eigenschaften, die in den Axiomen formuliert sind, kommen der Materie zu. An den Molekülen selbst sind sie nicht zu beobachten, wohl aber an komplexen Körpern und am besten an den Planeten: „l'inertie de la matière est principalement remarquable dans les mouvements célestes, qui, depuis un grand nombre de siècles, n'ont point éprouvé d'altération sensible“.[28] Komplexere Gesetze oder Prinzipien wie das der kleinsten Wirkung zählen nicht zu den Eigenschaften der Materie, obwohl sie sich aus ihrem Wesen zu ergeben scheinen:

> „Ce principe n'est au fond qu'un résultat curieux de ces lois [der Bewegungsgesetze], qui, comme on l'a vu, sont les plus naturelles et les plus simples que l'on puisse imaginer, et qui par là semblent découler de l'essence même de la matière.“[29]

23 SdM, S. 172.
24 Siehe zu diesem Argument S. 173.
25 SdM, S. 155.
26 Siehe SdM, S. 157 ff.
27 SdM, S. 159.
28 SdM, S. 155.
29 SdM, S. 171.

Die obige Einschätzung des Nutzens einer Materietheorie – „Mais cela est indifférent à la Mécanique“[30] – zeigt an, daß Laplace die Problemstellung gut kennt, sie aber weder erörtert und auch nicht als lohnenswert empfindet. Die Diskussion darum, ob die Gravitation eine wesentliche Eigenschaft der Materie ist, wurde von und nach Newton geführt.[31] Offenbar fallen solche ontologisch-definitorischen Überlegungen für Laplace in die scholastische Metaphysik. Man bekommt den Eindruck, daß eine Frage dann zugelassen wird, wenn ihr Gegenstand tatsächlich existiert: Spekulationen über isolierte Moleküle, die in keiner gravitativen Wechselwirkung stehen, scheinen physikalisch nicht verwertbar zu sein. Daher bleibt die Einordnung von Laplace' Materieauffassung letztlich nicht zu klären.

Laplace' Kraft- und Gravitationsbegriff und das zweite Newtonsche Axiom

Daß der Kraftbegriff trotz seiner Virulenz und zentralen Bedeutung in der Physik nicht problemlos ist, ist ein Umstand, der in der Wissenschaftsgeschichte zu langwierigen und schwierigen Diskussionen geführt hat. In der Sekundärliteratur wurde darüber ausführlich geschrieben, z. B. Max Jammer: „Concepts of force“, Ricardo Lopes Coelho: „Zur Konzeption der Kraft der Mechanik“ oder István Szabó: „Geschichte der mechanischen Prinzipien“, Kapitel I. Selbst in diesen Werken fehlen aufschlußreiche Erörterungen zu Laplace, der mit fehlleitenden Nebenbemerkungen abgehandelt wird: „Thus Laplace, in his *Mécanique céleste*, stated that the objective of his study is a reduction of all mechanical phenomena to forces acting at a distance. Lagrange's monumental work, *Mécanique analytique*, the highlight of classical mechanics, was written in the same spirit.“[32] Ein Verweis auf fünf Bände Mécanique céleste deutet nicht auf deren intensive Lektüre hin.

Zur Vorgeschichte

Angesichts eines heute stabilen Kraftbegriffs in der Mechanik ist es wert zu betonen, daß Neudefinitionen auch von grundlegenden physikalischen Begriffen ein Element der Entwicklung einer Disziplin sind.[33] Die Vorgeschichte des Laplace-

---

30 SdM, S. 175.

31 Siehe z. B. George Berkeley: „Treatise concerning principles of human knowledge“, § 106 in: „The Works of George Berkeley“, 4 Bde., Bd. I, Oxford 1901, S. 316, oder Hegel: „Enzyklopädie der philosophischen Wissenschaften“, Bd. 2, S. 98.

32 Max Jammer: „Concepts of Force“, S. 145.

33 „A common feature of great importance for the historian of scientific concept-formation is the process of 'redefining' a concept and changing thereby its status and

schen Kraftbegriffs hat zwei Hauptaspekte: 1. Die Metaphysik der Kraft. 2. Das richtige Kraftmaß. Zunächst seien die wichtigsten Aspekte der metaphysischen Erörterung des Kraftbegriffs dargelegt, insofern sie auf Laplace wirken:

1. Zur Metaphysik der Kraft

In der vorklassischen Mechanik wurde der Kraftbegriff mit zahlreichen außerwissenschaftlichen, z. B. theologischen, teleologischen, animistischen oder spirituellen Konnotationen versehen.[34] Das liegt nicht zuletzt daran, daß die Fragen schlichtweg schwer sind. Die materialistischen Erklärungsversuche der Schwere von Demokrit, Lukrez und Descartes überzeugten empirisch nicht. Die Alternative der Fernwirkung war ontologisch problematisch und ging mit Erklärungsmodellen einher, die mechanisch nicht zufriedenstellen. Das Schwereproblem ist ein Paradebeispiel dafür, daß es bei wissenschaftlichen und philosophischen Problemen oftmals um die Frage geht, welche Schwierigkeiten in Kauf zu nehmen, mit anderen Worten: welchen Preis für seine Theorie zu zahlen, man bereit ist.

Ein der Schwere von Körpern analoges Problem war Magnetismus, das in der Neuzeit von erheblicher Bedeutung war. Die Magnetismusdiskussion zeigt sehr gut die Offenheit von Erklärungsversuchen mechanischer Probleme für metaphysische Ansätze: Nach einem Bericht von Aristoteles erklärt Thales den Magnetismus durch die Beseeltheit des Magneten,[35] was noch von William Gilbert in De Magnete (1600) diskutiert und übernommen wird.[36] Kepler übernimmt Gilberts kausale Theorie der Planetenbewegung durch Magnetismus. Newton zieht zur Verdeutlichung der Zentralkraft den Magnetismus heran.[37]

Auch bei Leibniz und Newton gehen metaphysische Einflüsse in den Kraftbegriff ein. Max Jammer gibt eine historische Erklärung, wie es zu Belegungen des Kraftbegriffs wie bei Newton in der dritten Definition kommt, dergemäß Kraft nicht als Ursache von Bewegung oder Beschleunigung, sondern als Prinzip der Aufrechterhaltung von Bewegung zu verstehen ist.[38] Eine solche Definition sei als Zugeständnis zur vorgalileischen Mechanik zu sehen, in der Dynamis eine duale Natur habe, „an active one insofar as it affects other objects, and a passive

---

position in the logical texture of the system.“ (Max Jammer: „Concepts of Force“, S. 6.)

34 Siehe Max Jammer: „Concepts of Force“, S. vi.

35 Siehe Thales, DK 11 A 22; die Stelle ist Aristoteles: „De anima“, 405 a, 19.

36 Siehe William Gilbert: „De Magnete“, übersetzt von P. Fleury Mottelay, New York 1958, S. 109.

37 Siehe Newton: „Principes Mathématiques“, S. 6, die Erläuterungen der Definition VIII. Physikalisch ist dies falsch, da die magnetische Anziehungskraft keine Zentralkraft ist.

38 „Tous les corps que nous connoissons étant mobiles, & doués d'une certaine force (que nous appellons force d'inertie) par laquelle ils perséverent dans le mouvement ou dans le repos, nous concluons que tous les corps en général ont ces propriétés.“ (Newton: „Principes Mathématiques“, Bd. II, S. 3.)

one as susceptible of external changes".[39] Diese Definitionen haben ihre konzeptuelle Grundlegung in dem Dynamisbegriff in Aristoteles' Metaphysik, IX 1. Dort bestimmt Aristoteles δύναμις als „ἀρχὴ μεταβολῆς ἐν ἄλλῳ ἢ ᾗ ἄλλο",[40] das heißt als Anfang der Veränderung in einem anderen oder als ein anderes: Auch der Umstand, daß ein Körper eine Veränderung erfahren kann, wird als eine δύναμις verstanden, wobei der Begriff darauf nicht beschränkt ist und als Vorläuferin für Kraft den weiten Umfang mitgeführt hat. Eine konkrete Auswirkung dieser Metaphysik auf den Kraftbegriff ist z. B. die Leibnizsche Auffassung der vis viva: Kraft als Fähigkeit zur Zustandsänderung.[41] Der Leibnizsche Kraftbegriff ist aber unmittelbar bei weitem nicht so wirkungsmächtig wie der Newtonsche,[42] erst recht nicht für Laplace.

Newtons Kraftbegriff ist Gegenstand gesonderter Monographien, z. B. Werner Kutschmann: „Die Newtonsche Kraft".[43] Der recht mannigfaltige Begriff der Newtonschen Kraft hat drei Teilaspekte oder Unterbegriffe:

1. die interne Kraft, vis insita,
2. die externe impulsive Kraft, vis motrix impressa, und
3. die beschleunigende Kraft, vis acceleratrix.[44]

Kutschmann weist wie Max Jammer daraufhin, daß diese Aufteilung heutige Physiker überrasche, da der Begriff eindeutig als $m \cdot a$ empfunden werde. Die Aufteilung, bzw. die Unterbegriffe erhalten aber dadurch ihre Plausibilität, daß sie sich als Theoretisierung von drei mechanischen Phänomenen auffassen lassen: Trägheit (1), Stoß (2) und freier Fall (3)[45]:

1. Trägheit – vis insita: Unter vis insita wird die Eigenschaft eines Körpers verstanden, ohne Krafteinwirkungen in seiner Bewegung zu verharren und einer Bewegungsänderung einen Widerstand entgegen zu setzen.[46] Hierzu sei bemerkt,

---

39 Max Jammer: „Concepts of Force", S. 120.

40 Aristoteles: „Metaphysik", Buch IX, 1, 1046 a, 10–11.

41 Siehe Diogenes Allen: „From vis viva to Primary Force in Matter", in: Albert Heinekamp [Hrsg.]: „Leibniz' Dynamica", Stuttgart 1984, S. 56, und Enno Rudolph: „Die Bedeutung des aristotelischen Entelechiebegriffs für die Kraftlehre von Leibniz", in: Heinekamp, S. 49–54.

42 „Newtons Physik, gegen welche Leibniz' Konzeption gerichtet war, hat unbestreitbar den Sieg davongetragen, und so scheint die Frage nach der Bedeutung der Leibnizschen Dynamik für die Geschichte der Naturwissenschaften und unser heutiges Verständnis der Natur müßig zu sein." (Albert Heinekamp: „Leibniz' Dynamica", Stuttgart 1984, S. VII.)

43 Werner Kutschmann: „Die Newtonsche Kraft", Wiesbaden 1983.

44 Siehe Kutschmann: „Die Newtonsche Kraft", S. 20.

45 Im Folgenden stütze ich mich auf Kutschmann: „Die Newtonsche Kraft", Kapitel I: „Konzeptionen des Kraftbegriffs bei Newton".

46 Vgl.: „The inert nature of matter is here [in Newtons Principia] conceived as a force of inactivity. Inertia, in Newton's opinion, is some kind of force that is inherent (*insita*) in matter and latent as long as no other force, impressed upon the body, 'endeavors to change its condition."' (Max Jammer: „Concepts of Force", S. 119.)

daß für Newton jede Bewegung noch ein Bewegungsprinzip erfordert. Newtons zweites Axiom besagt, daß Kraft eine hinreichende Bedingung einer Beschleunigung ist, nicht aber eine notwendige. Es schließt nicht aus, daß die Trägheitsbewegung nachlasse, weshalb Newton Trägheit in einem eigenen Axiom formuliert hat. Der Ausdruck $a = F/m$ entspricht nicht Newtons Begrifflichkeit. Deshalb ist das Trägheitsaxiom nicht durch das zweite Axiom abgedeckt.

2. Stoß – vis motrix impressa: Das Stoßverhalten zeigt, daß „genau die Kraft erforderlich ist, einen Körper in Bewegung zu setzen, die dann in ihm als ‚Kraft der Bewegung' inhärent ist".[47] Der Kraftbegriff wird von Newton nicht auf die Aufrechterhaltung der Bewegung begrenzt, sondern umfaßt sowohl „Schöpfung und Zerstörung von Bewegung"[48]. Die eindrückende Kraft wird somit in eine äußere Ursache verlagert und ist keine substantielle inhärente Größe. Der quantitative Ausdruck ist unabhängig von der Zeit und bezeichnet den Betrag des vermittelten Impulses $\Delta(m \cdot v)$.

3. Freier Fall – vis acceleratrix: Die vis insita und die vis motrix impressa sind Kräfte, die noch sehr nah an der Alltagserfahrung sind. Die vis acceleratrix dagegen kommt erst mit der „Mathematisierung der planetaren Anziehung"[49] auf. Sie bezeichnet die permanent zwischen Massen wirkende Anziehungskraft, die sich bewegungsverändernd auswirkt. Der Begriff ist „eine Synthese aus der Vorstellung der jedem Körper eigenen *Schwere* und der Konzeption der gegenseitigen *Attraktion* zwischen zwei Körpern".[50] Die Situation der Physik zur Zeit Newtons war jedoch so, daß eine physikalische Erklärung in dieser Zeit in der Angabe der mechanischen Gründe eines Phänomens bestand.[51] Dieses Erfordernis konnte Newton nicht erfüllen.[52] Er stellt die Gravitationskraft tendenziell als Fernwirkung dar, macht dies aber nur unter sehr starken Vorbehalten. Die Konsequenz, die er aus der äußerst unbefriedigenden Situation zog, war die Beschränkung, für sich lediglich die mathematische Charakterisierung der Anziehungskraft zu beanspruchen, wenn er die Proportionalität der Größe der Zentralkraft zur durch sie hervorgerufenen Bewegungsänderung in einer bestimmten Zeit behauptet: „Cette façon de considérer la force centripete est purement mathématique: & je ne prétends point en donner la cause physique."[53] Das war für viele Zeit-

---

47 Kutschmann: „Die Newtonsche Kraft", S. 23.

48 Kutschmann: „Die Newtonsche Kraft", S. 23.

49 Kutschmann: „Die Newtonsche Kraft", S. 25.

50 Kutschmann: „Die Newtonsche Kraft", S. 25.

51 „It is important to note that this [die Unkenntnis des Wesens der Gravitation] implied for Newton's contemporaries that gravitation remains an unexplained phenomenon. For to explain a physical phenomenon, at that time, still meant to give its mechanical causes, that is, to account for it in terms of the fundamental qualities of matter, impenetrability, extension, inertia, together with the laws of motion." (Max Jammer: „Concepts of Force", S. 141.)

52 Schon für Galilei ist das Problem des Wesens der Schwere ohne Erfolg ausdiskutiert. Siehe Max Jammer: „Concepts of Force", S. 94–95.

53 Newton: „Principes Mathématiques", Bd. I, S. 6.

genossen, z. B. für Cartesianer, Huygens und Leibniz,[54] inakzeptabel, zumal es um eine so grundlegende Änderung der physikalischen Betrachtungsweise geht, die den aristotelischen Unterschied zwischen natürlicher und künstlicher Bewegung aufhebt. Zu Zeiten der Optik mußte Newton sich bereits mit dem Vorwurf auseinandersetzen, daß er okkulte Qualitäten wieder zulasse.[55] Er entgegnet dem Vorwurf damit, daß Trägheit und Gravitation nicht spezifische Eigenschaften von Dingen, sondern naturgesetzlich seien; nicht die Eigenschaften seien okkult, sondern deren Gründe.[56] Da Newton selbst dies sagt, verwundert es nicht, daß es in der Folge weiterhin cartesianische mechanische Erklärungsversuche der Gravitation gab.

Euler kennt zwei Kraftarten, potentia und vis inertiae. Der Begriff potentia ist für Euler eher spezifisch als der Basisbegriff der Mechanik vis inertiae, potentia wird jedoch von Laplace nicht übernommen und kommt in der Œuvre nicht vor. Mit Euler setzt ein, daß sich die Mechanik auf die Mathematisierung beschränkt und die Angabe der mechanischen Ursachen der Kräfte für die Gemeinschaft der Newton-Anhänger sekundär wird: Nach Euler reiche aus, daß Kräfte vorhanden seien, was deren Wirkung belege.[57] Für Laplace bedeutender ist d'Alembert, der das Forschungsprogramm der Mathematisierung der Mechanik unter Verzicht auf die Angabe der mechanischen Gründe der Kräfte deutlich formuliert:

> „En général, dans les Mouvemens variés dont les causes sont inconnues, il est évident que l'effet produit par la cause, soit dans un tems fini, soit dans un instant, doit toujours être donné par l'équation entre les tems & les espaces: cet effet une fois connu, & le principe de la force d'inertie supposé, on n'a plus besoin que de la Géométrie seule & du calcul, pour découvrir les propriétés de ces sortes de Mouvemens."[58]

Lopes Coelho betont, daß bei d'Alembert der Unterschied zwischen dem ontologischen und dem erkenntnistheoretischen, besser epistemischen, Aspekt der Mechanik vorliegt: „Denn vom ontologischen Standpunkt aus existiert die Kraft, sie verursacht die nicht trägen, beobachtbaren Zustände, vom erkenntnistheoretischen Standpunkt aus ist sie aber nicht brauchbar, da sie uns abgesehen von den Stoßphänomenen unbekannt ist."[59] Worum es bei d'Alembert konkret geht,

---

54 Siehe Dijksterhuis: „Die Mechanisierung des Weltbildes", §§ 312–313, S. 535–537.

55 Vgl. Merleau-Ponty über d'Alembert: „and because the law [das mathematische Gesetz der Gravitation] played such a basic role in the system, it was felt as something obscure and unsatisfactory by d'Alembert and many others." (Merleau-Ponty: „Laplace As a Cosmologist", S. 285.)

56 Siehe Newton: „Traité d'Optique", S. 487–488.

57 Euler: „Mechanica sive motus scientia analytice exposita", Bd. I, § 102. Vgl. Lopes Coelho: „Zur Konzeption der Kraft der Mechanik", S. 23.

58 D'Alembert: „Traité de Dynamique", S. xi–xii.

59 Lopes Coelho: „Zur Konzeption der Kraft der Mechanik", S. 29–30.

sind drei Kraftarten, die sich in die Trägheitskraft und bewegungsändernde Kräfte aufteilen. Letztere bestehen 1. aus der Kraft, die sich uns im selben Moment zeige, in dem die Wirkung übertragen werde und die sich aus der wahrnehmbaren gegenseitigen Aktion und aus der Undurchdringbarkeit der Körper ergebe: Sie läßt sich auf den Stoß zurückführen. Und 2. aus den anderen Kräften:

> „toutes les autres causes ne se font connoître que par leur effet, & nous en ignorons entiérement la nature: telle est la cause qui fait tomber les Corps pesans vers le centre de la Terre, celle qui retient les Planètes dans leurs orbites &c."[60]

Lagrange fügt dem nichts mehr hinzu, wenn er seine Auffassung zum Wesen der Kraft auf die Nebenbemerkung beschränkt: „On entend en général par force ou puissance la cause, quelle qu'elle soit [...]."[61] Diese Entwicklung von Euler bis Lagrange kann wissenschaftshistorisch nicht überbewertet werden: Die Mathematisierung der Mechanik setzte während der traditionellen Naturphilosophie ein und war so erfolgreich, daß sie die Unterdrückung der naturphilosophischen Fragen ermöglichte, obwohl diese Fragen Bedingung und Ziel der Naturbetrachtung waren. Die Frage nach den Mechanismen der Anziehungskraft war noch präsent, ihre Offenheit war weiterhin störend, sie war aber nicht mehr vernichtend.

2. Zum Streit um das richtige Kraftmaß

Zum Streit um das richtige Kraftmaß wurde viel und auf hohem Niveau geschrieben.[62] Der Streit dauerte etwa ein halbes Jahrhundert und entbrannte an Leibnizens Kritik an Descartes. Descartes lehrt in den Principia Philosophiae, daß Gott die Bewegungsmenge im Universum aufrecht erhalte. Das war physikalisch falsch, weil Descartes die Geschwindigkeit im Ausdruck des Impulses $m \cdot v$ nicht als vektorielle Größe gesehen, sondern den Betrag der Geschwindigkeit zugrunde gelegt hat.

Leibniz argumentiert in der Brevis demonstratio[63] gegen das Cartesische Kraftmaß. 1. Ein Körper erhält beim Fall genauso viel Kraft, um auf dieselbe Höhe wieder zurück zu steigen, was sich an der Pendelbewegung zeigt. 2. Das Anheben eines Körpers A von einem Pfund auf eine Höhe von vier Ellen erfordert genauso viel Kraft wie das Anheben eines Körpers B von vier Pfund auf die

60 D'Alembert: „Traité de Dynamique", S. xi.

61 Lagrange: „Mécanique Analitique", S. 1.

62 Siehe Ernst Mach: „Die Mechanik in ihrer Entstehung", Kapitel III, 2; István Szabó: „Geschichte der mechanischen Prinzipien", Basel 1977, Kapitel II, A; L. L. Laudan: „The *Vis viva* Controversy, a Post-Mortem", in: Isis 59 (1968), S. 131–143; Caroline Iltis: „Leibniz and the *Vis Viva* Controversy", in: Isis 62 (1971), S. 21–35; Caroline Iltis: „D'Alembert and the *Vis viva* controversy", in: Studies in History and Philosophy of Science 1 (1970), S. 135–144; David Papineau: „The *Vis Viva* controversy: Do Meanings Matter?", in: Studies in History and Philosophy of Science 8 (1977), S. 111–142.

63 G. W. Leibniz: „Brevis demonstratio erroris memorabilis Cartesii [...]", S. 218 ff.

Höhe von einer Elle. Wenn ein Pfund vier Ellen und vier Pfund eine Elle herabfallen, so besitzen sie die Kraft, die sie benötigen, um auf dieselbe Höhe zurück zu steigen. Die Kräfte der Körper A und B sind daher gleich. Leibniz erklärt unter Bezugnahme auf Galilei, auf der vierfachen Strecke erlange der Körper A die doppelte Geschwindigkeit, die B auf der einfachen Strecke erreiche. Bei den Körpern A und B ergeben sich dadurch unterschiedliche Bewegungsgrößen: $p_A = 1 \cdot 2$ und $p_B = 4 \cdot 1$. Also läßt sich die Kraft nicht nach dem Impuls beurteilen, sondern in die Kraft müsse das Quadrat der Geschwindigkeit eingehen.[64] Leibniz nennt die von ihm gemeinte Kraft vis viva, die Vorläuferin des späteren Begriffs der kinetischen Energie.

Die Diskussion kreiste um zwei verschiedene Sachen: Die Veränderung des Impulses ist eine Wirkung, die von der Zeit: $dp = F \cdot dt$, die Veränderung der vis viva ist die Wirkung einer Kraft, die von der Strecke abhängt: $\frac{1}{2}d(m \cdot v) = F \cdot dl$. D'Alembert hat im Discours préliminaire der zweiten Auflage des Traité de Dynamique den Streit um das richtige Kraftmaß als bloßen Wortstreit, der für die Mechanik nutzlos sei, dargestellt: „une discussion Métaphysique très-futile, ou [...] une dispute de mots plus indigne encore d'occuper des Philosophes".[65] Damit war die Frage nach dem richtigen Kraftmaß nicht entschieden, sondern es war gezeigt, daß es unterschiedliche Sichtweisen auf die Kraft gibt und die Wahl für oder gegen ein Maß von der Anwendbarkeit in dem Kontext (z. B. Gleichgewichts- oder Stoßtheorien) abhängt. Bei Lagrange wirkt sich der Unterschied in der Kraftdefinition aus. Die Kraft sei der Grund, „qui imprime ou tend à imprimer du mouvement au corps auquel on la suppose appliquée".[66] Der Einwand von Leibniz gegen das Cartesische Kraftmaß wird durch die Aufnahme des ontologischen Unterschieds von Aktualität und Potentialität entkräftet. Im Gleichgewicht produziere Kraft nur den Drang zur Bewegung. Ihr Betrag sei an der Bewegung zu bemessen, die hervorzubringen sie in der Lage sei: „on doit toujours la mesurer par l'effet qu'elle produiroit si elle n'étoit pas arrêtée".[67]

Bei der historischen Beurteilung des Streits um das wahre Kraftmaß ist zu bedenken, daß Zusammenhänge erschlossen werden, an die man sich zuvor mit der qualitativen Methode und den entsprechenden Begriffen der qualitativen Naturphilosophie angenähert hat; für die unterschiedlichen quantitativen Begriffe ausreichend stand kein differenziertes Vokabular zur Verfügung.[68] Der Begriff

---

64 Für die Entwicklung des Streits dürfte auch Leibnizens Polemik mitverantwortlich sein: Descartes habe sich etwas zu viel zugetraut, was ein bei großen Männern üblicher Fehler sei, und die Cartesianer seien genauso unbedacht wie die Peripatetiker, die sie verspotten: Sie befragen die Werke des Meisters anstatt die Vernunft und die Natur (siehe Leibniz: „Brevis demonstratio", S. 223).

65 D'Alembert: „Traité de Dynamique", S. xxii.

66 Lagrange: „Mécanique Analitique", S. 1.

67 Lagrange: „Mécanique Analitique", S. 2.

68 „What was, therefore, more natural than to take a word from ordinary Latin, a word that had no technical connotation, and to use it as *terminus technicus*, especially as its

Force wird noch sehr unspezifisch für drei Dinge angewandt, die wir heute deutlich unterscheiden: Impuls mit der Proportionalität zur Geschwindigkeit v, Energie mit der Proportionalität zum Quadrat der Geschwindigkeit v^2 und Kraft mit der Proportionalität zur Beschleunigung a.[69] Die force accélératrice kommt dem heutigen Kraftbegriff, $F = m \cdot a$, am nächsten. Letztlich zeigt die Verschiedenheit der force-Begriffe auch, daß d'Alembert mit seiner Einschätzung des Streits um das richtige Kraftmaß als bloßen Wortstreit Unrecht hatte. Es geht nicht bloß um Wörter, sondern um die Frage, welche Grundbegriffe die Wissenschaften formen, die man betreibt.[70]

Laplace und das Kraftmaß

Laplace' Ausführungen zu verschiedenen quantitativen Bestimmungen der Kraft sind schwierig, da in hoher Allgemeinheit von force gesprochen und die spezifizierenden Adjektive motrice und accélératrice kaum benutzt werden. Die Verwendungsweise von force variiert innerhalb von Absätzen.[71]

Der Streit um das richtige Kraftmaß führt bei Laplace zu einer Offenheit gegenüber verschiedenen quantitativen Kraftbegriffen. Der Grund dafür liegt in der von d'Alembert aufgezeigten Widerspruchsfreiheit bei der Verwendung dieser Begriffe, die „n'impliquent pas contradiction"[72]. Einerseits trifft man auf die von Descartes ausgehende Bestimmung der Kraft als Impuls, $m \cdot v$: „On nomme quantité de mouvement, le produit de la masse par la vitesse; c'est aussi ce que l'on entend par la *force d'un corps*."[73] Anderseits spreche nichts dagegen, Kraft in Proportionalität zu v^2 zu verstehen, die als force vive die kinetische Energie eines Systems mißt: „On nomme *force vive* d'un système la somme des produits de la masse de chaque corps par le carré de la vitesse."[74] Leibniz wird in diesem Kontext nicht genannt. Die Möglichkeit verschiedener quantitativer Ausdrücke der Kraft kann für Laplace nicht im vorhinein zu einer Festlegung auf ein bestimm-

ordinary meaning seems to come rather close to the operational interpretation of the concept under discussion? Descartes' use of the term 'force' (*vis*) for 'mass times velocity' is thus wholly legitimate, although subsequent scientific terminology took a different path." (Max Jammer: „Concepts of Force", S. 10–11.)

69 „Die heutige Physik bezeichnet keine der beiden Größen als Kraft, sondern die von DESCARTES eingeführte Größe als Impuls, die von LEIBNIZ eingeführte als Energie." (Carl Friedrich Freiherr von Weizsäcker: „Zum Weltbild der Physik", 3. Aufl., Leipzig 1945, S. 55.)

70 Hier bin ich Peter McLaughlin für Anregungen dankbar.

71 Szabó unterstellt Newton den „Gebrauch von einzelnen Wörtern wie zum Beispiel motus und vis für verschiedene Begriffe" (István Szabó: „Geschichte der mechanischen Prinzipien", S. 16). Gleiches gilt für Laplace.

72 SdM, S. 156; siehe auch oben, S. 69.

73 SdM, S. 173.

74 SdM, S. 196. Der Unterschied zwischen der force vive und der kinetischen Energie ist der Faktor ½.

tes Kraftmaß führen, weshalb die Natur zu untersuchen ist: „Parmi toutes les fonctions mathématiquement possibles, examinons quelle est celle de la nature.“[75]

Welches Phänomen soll aber die Frage nach dem naturgemäßen Kraftmaß klären? Der Konflikt zwischen den Cartesianern und Leibniz hat gezeigt, daß unterschiedliche Kraftmaße die Folge von der Betrachtung unterschiedlicher Naturphänomene sind: Stoß und freier Fall. Laplace' Repräsentant einer natürlichen Kraft, hier der force motrice, ist ein sich auf der Erde gleichförmig bewegender Körper, das Ergebnis dementsprechend die Proportionalität der Kraft zur Geschwindigkeit. Die force motrice verhält sich additiv: Ein Körper setzt nach einer Impulsänderung in einer Zeit die Strecke zurück, die er mit der Ausgangsgeschwindigkeit plus der Strecke, die er mit der hinzu gewonnenen Geschwindigkeit allein in der selben Zeit zurückgelegt hätte. Das Kraftmaß nur in Proportionalität zur Geschwindigkeit und keinem weiteren Ausdruck zu setzen, hat den Vorteil der Einfachheit:

> „Il faudrait donc, si la vitesse n'était pas proportionnelle à la force, supposer que, dans la nature, la fonction de la vitesse qui exprime la force est formée de plusieurs termes, ce qui est peu probable.“[76]

Der Begriff der Masse kommt in der Bestimmung des Kraftmaßes nicht vor.[77] Die Grundannahme bei der Berechnung der force accélératrice ist ihre kontinuierliche Wirkung. Die force accélératrice wirkt mit einem konstanten Betrag auf einen in Ruhe befindlichen Körper. Wird der Körper der Einwirkung der Schwere überlassen, erhält er im ersten Moment einen unendlich kleinen Geschwindigkeitsbetrag („un degré de vitesse infiniment petit“[78]), der im weiteren Verlauf der konstanten Krafteinwirkung um weitere Geschwindigkeitsbeträge anwächst; daher ist der Geschwindigkeitszuwachs bei gleichbleibender force accélératrice proportional zur Zeit. Die Geschwindigkeitsänderung gibt somit das Maß der force accélératrice ab. Der Proportionalität von Kraft und Beschleunigung liegen Verabredungen über die Einheiten der Zeit und der Strecke zugrunde; diese Konventionen könnten auch anders sein, was sie bis zur Ausarbeitung des metrischen Systems auch waren. Das Erfordernis der Konventionen bringt mit sich, daß auch die Ausdrücke der Kraft keine absoluten Werte, sondern nur Relationen ausdrückten „elles ne donnent pas les valeurs absolues de ces forces, mais seulement leurs rapports entre elles, et dans la Mécanique on n'a besoin que de ces rapports“.[79]

---

75 SdM, S. 157.

76 SdM, S. 158–159.

77 Vgl. hierzu Szabós Kommentar zu Fehldeutungen des zweiten Newtonschen Axioms: István Szábo: „Geschichte der mechanischen Prinzipien“, S. 12 ff.

78 SdM, S. 160.

79 SdM, S. 161.

Der Kraftbegriff

Die dargestellte dunkle Geschichte ergebnisloser Erörterungen des Kraftbegriffs wirkt sich auf Laplace aus. Es fehlt in der Exposition jeder intuitive Zugang zum Kraftbegriff via Muskeltätigkeit oder ähnlichem, obwohl dieser in zeitgenössischen Lehrbüchern durchaus vorkommt.[80] Die Diskussionen dürften Laplace zur Resignation über die Erfolgsaussichten auf eine essentialistische Gravitationstheorie geführt haben; er schließt die Einsicht in das Wesen der Kraft aus, vielleicht auch weil die Kraft, wie es schon Newton lehrte, nur an ihrer Wirkung zu erkennen sei:

> „La nature de cette modification singulière en vertu de laquelle un corps est transporté d'un lieu dans un autre, est et sera toujours inconnue. Elle a été désignée sous le nom de force: on ne peut déterminer que ses effets et la loi de son action."[81]

Dennoch läßt sich einiges über Laplace' Kraftbegriff sagen. Die Analyse seines Kraftbegriffs wird an der Gravitationskraft geführt, da sie für Laplace selbst paradigmatisch ist. Der allgemeinste Aspekt ist die Existenz von Kräften und von den Bewegungsgesetzen, in die die Kraftgleichung eingeht; Laplace spricht über die Gravitation sowohl als Kraft als auch als Gesetz. Das Existenzkriterium der Kraft ist ihre Wirksamkeit, wie z. B. die Keplergesetze zeigen. Im Sonnensystem läßt sich die Gravitationswirkung als Wirkung einer der Sonne immanenten Kraft verstehen:

> „Nous nommerons cette pesanteur *attraction solaire*; car, sans en connaître la cause, nous pouvons, par un de ces concepts dont les géomètres font souvent usage, supposer cette force produite par un pouvoir attractif qui réside dans le Soleil."[82]

Solche geometrischen Zusammenhänge sind ontologisch relevant. Ihre Analyse und ihr Vergleich mit der Beobachtung ist „le plus sûr moyen d'en [des Gravitationsgesetzes] constater l'existence".[83] Analoge Gedankengänge gibt es bei Newton, der sich mit der Existenzbehauptung von Kräften begnügt: „Et il suffit que la gravité éxiste, qu'elle agisse selon les loix que nous avons exposées, & qu'elle puisse expliquer tous les mouvemens des corps célestes & ceux de la mer."[84]

Eine Konsequenz aus dem Fehlen einer essentialistischen Gravitationstheorie ist die Frage, ob das Gravitationsgesetz ein oberstes Naturgesetz, une loi

---

80 Vgl.: „Oft wird in Lehrbüchern die Kraft anhand unserer Empfindung erklärt, d. h., die Idee der Kraft wird auf unsere muskuläre Anstrengung zurückgeführt, wie beispielsweise beim Schieben oder Ziehen eines Objekts." Siehe Lopes Coelho: „Zur Konzeption der Kraft der Mechanik", S. 9 oder Max Jammer: „Concepts of Force", S. vii.

81 SdM, S. 152.

82 SdM, S. 206.

83 SdM, S. 201.

84 Newton: „Principes Mathématiques", Bd. II, S. 179.

primordiale de la nature, oder ableitbar ist und aus einer noch unbekannten Ursache folgt. Die Antwort ergäbe sich aus einer zufriedenstellenden Materietheorie, die ebenfalls nicht vorliegt. Daher bleibt die Frage offen: „Ici, l'ignorance où nous sommes des propriétés intimes de la matière, nous arrête, et nous ôte tout espoir de répondre d'une manière satisfaisante à ces questions."[85]

In der Praxis verwendet Laplace die Gravitation allenthalben als universelles Begründungsprinzip und er neigt auch aus theoretischen Gründen dazu, sie als oberstes Gesetz zu betrachten. Buffons Lehre der mathematischen und metaphysischen Einfachheit grundlegender Gesetze stimmt Laplace dahingehend zu, daß das Gravitationsgesetz nur aus einem ‚modul' bestehe.[86] Was aber genau unter einem solchen Modul zu verstehen ist, wird nicht definiert. Aus Laplacescher Sicht ist die Annahme des Gravitationsgesetzes als kosmologischem Ausgangspunkt deshalb gerechtfertigt, weil der Erkenntnisgegenstand der Mechanik Relationen sind, die ab zwei Massen bestehen.[87] Für die Relation zweier Massen bedeutend ist nur die einzelne Masse, die aber nicht zugänglich ist und zu der es keine Theorie gibt, aus der sich das Gravitationsgesetz ableiten läßt. Wenn dem so wäre, dann zeigte dies die Existenz eines übergeordneten Gesetzes an. Laplace kennt das Regreßproblem und spricht in aristotelischer Manier, die man gemäß seinen Vorbehalte gegenüber dem antiken Prinzipiendenken nicht erwartet, von ersten Ursachen:

> „C'est à découvrir ces grands phénomènes, et à les réduire au plus petit nombre possible, que doivent tendre nos efforts; car les causes premières et la nature intime des êtres nous seront éternellement inconnues."[88]

Offenbar nimmt er die Existenz von ersten Ursachen an, und zwar unabhängig davon, ob diese erkannt werden können. Die Ableitbarkeit ist daher keine notwendige Existenzbedingung. Wenn ein gültiges Gesetz aus einem übergeordneten Gesetz abgeleitet werden kann, dann existiert das übergeordnete Gesetz; es werden aber auch den bekannten Gesetzen vorhergehende Ursachen angenommen, die in den Theorien nicht auftauchen.

---

85 SdM, S. 343.

86 Siehe dazu oben, S. 103.

87 Es sei bemerkt, daß in der quantitativen Naturwissenschaft Positionen formuliert sind, die in der Analytischen Philosophie mutatis mutandis auftauchen. Russell betont in der mathematischen Philosophie, daß wir die Grammatik und Syntax einer Sprache, nicht aber deren Wortschatz kennen: „Wir wissen, daß gewisse wissenschaftliche Sätze, – die sich in den am meisten fortgeschrittenen Wissenschaften in mathematischen Symbolen ausdrücken, – mehr oder weniger von der Welt gelten. Aber wir befinden uns in großer Verlegenheit darüber, wie die in diesen Sätzen auftretenden Ausdrücke auszulegen sind. Über die Form der Natur wissen wir weit mehr als über ihren Inhalt […]." (Bertrand Russell: „Einführung in die mathematische Philosophie", hrsg. von Michael Otte und Johannes Lenhard, Hamburg 2002, S. 65.)

88 SdM, S. 6.

Zur Wirkung der Gravitationskraft

Wie die Vorläufer in der analytischen Mechanik entwirft Laplace keine Theorie der kausalen gravitativen Interaktion, sondern er beschränkt sich auf die Mathematisierung der Himmelsmechanik. Doch es gibt Angaben zu ihrer Wirkung, und zwar zu 1. ihrer Geschwindigkeit, 2. ihrer Kontinuität oder Diskontinuität und 3. ihrem Wirkungsbereich.

Zu 1. Die Übertragungsgeschwindigkeit der Gravitation ließe sich prinzipiell an säkularen Mondstörungen bestimmen. Laplace hatte bei der Berechnung der säkularen Beschleunigung des Monds die Hypothese zugrunde gelegt, daß diese Beschleunigung in der Dauer der Übertragung der Gravitation von der Sonne bis zur Erde und zum Mond ihren Grund habe. Die Berechnungen führten dann zu einem korrekten Ergebnis, wenn das Verhältnis der Lichtgeschwindigkeit zur Gravitationsübertragung ca. 1/7 000 000 wäre. Da aber die Veränderung der Exzentrizität der Erdbahnellipse als Grund dieser Mondstörung eingesehen wurde, mußte die Übertragungsgeschwindigkeit der Gravitation fünfzig Millionen mal schneller als die Lichtgeschwindigkeit sein, was zu vernachlässigen ist: „On peut donc, sans craindre aucune erreur sensible, considérer sa transmission comme instantanée."[89]

Zu 2. Die hohe Geschwindigkeit der Übertragung besagt nichts über die Kontinuität oder Diskontinuität der Wirkung der Gravitationskraft. Die Frage, ob die Gravitationskraft kontinuierlich wirkt, hängt mit den Problemen der Interpretation des Infinitesimalkalküls zusammen. Das Kontinuumsproblem stellt sich auch in der Mechanik. Newton verwendet bei der Ermittlung von Zentripetalkräften die Einteilung der Zeit in infinitesimal kleine Einheiten, die gemäß dem zweiten Keplergesetz zu infinitesimal kleinen Flächen proportional sind.[90] Laplace wiederholt Newtons Argumentation[91] und fragt, ob die zu den zu beobachtenden Kurven führende Gravitationskraft kontinuierlich wirkt, wie es der Alltagserfahrung entspricht, aber:

> „A la vérité, nous ignorons si ses actions successives sont séparées par des intervalles de temps, dont la durée est insensible; mais, les phénomènes étant à très peu près les mêmes dans cette hypothèse et dans celle d'une action continue, les géomètres ont préféré celle-ci, comme étant plus commode et plus simple."[92]

89 SdM, S. 472. Max Jammer hat 50 Millionen hinzugemogelt: „Laplace berechnete, daß unter der Annahme, die Gravitation sei eine Nahwirkung, die sich von Punkt zu Punkt durch den Raum ausbreitet, ihre Fortpflanzungsgeschwindigkeit, um mit den Beobachtungen übereinzustimmen und keine Aberrationsphänomene hervorzurufen, wenigstens hundert Millionen mal größer sein müßte als die des Lichtes." (Max Jammer: „Fernwirkung", in: HWPh, Bd. 2, Sp. 934.)

90 Siehe Newton: „Principes Mathématiques", Bd. I, S. 49.

91 Siehe SdM, S. 167.

92 SdM, S. 160.

Die Frage nach der Kontinuität bleibt also naturphilosophisch offen und wird pragmatisch entschieden. Für das Verständnis einer solchen Antwort ist hilfreich, daß die Frage nach der Kontinuität bei Lagrange zu einem der metaphysischen Probleme wurde[93], die von Laplace nicht diskutiert werden.

Zu 3. Wie der Zusammenhang von Gravitationskraft und Materie ist, bleibt unklar. Sie wird an manchen Stellen in ihrer Abhängigkeit von der Materie gesehen, andere Stelle legen eine platonistische Auffassung der Kraft nahe, da die Kraft oder sogar ihr Gesetz erst dasjenige sei, das Körpern Anziehungskraft verleihe: „La loi de l'attraction donne aux corps célestes la propriété de s'attirer [...].“[94] Für den Wirkungsbereich der Gravitation macht das metaphysische Verhältnis von Gravitationskraft und Materie auch keinen Unterschied: Die Gravitationskraft hängt mit der Materie zusammen und jeder Körper wird durch seine Oberfläche hindurch von der Gravitation affiziert: „Semblable à la pesanteur, elle [l'attraction moléculaire] ne s'arrête point à la superficie des corps [...].“[95] Der Sinn dieser Aussage besteht darin, daß die gravitative Wirkung eines Körpers nicht von seiner Oberfläche abhängt, wie es bei mechanischen Wirkungen von Körpern angenommen wurde: Newton läßt im scholium generale die Frage nach der Wirkungsweise der Gravitationskraft offen, grenzt sie aber gegen mechanische Wirkungsweisen ab: „elle n'agit point selon la grandeur des superficies, (comme les causes méchaniques) mais selon la quantité de la matière.“[96] Weil mit Materie immer auch ihre Anziehung verbunden ist, wirkt die Anziehungskraft in allen kosmischen Bereichen, wie im Himmel, so in der Kapillare.

Weitere Kraftarten

Die Frage, ob es zwischen den Planeten neben der Gravitationskraft noch weitere Kräfte gibt, bleibt offen. Gibt es solche, dann haben sie sich zumindest als nicht wahrnehmbar erwiesen: In der Himmelsmechanik spielen sie keine Rolle, so daß sich aus ihr heraus die Existenzannahme weiterer Kraftarten nicht begründen läßt.[97]

Das Verhalten des Molekularen aber läßt sich nicht nur durch einen Kraftmonismus erklären. Laplace hat in der fünften Auflage der Exposition von 1824 einige Absätze des Kapitels zur universellen Gravitation aus den früheren Auflagen zu einem eigenständigen, 43 Seiten langen Kapitel über die molekulare Anziehung erweitert (Buch IV, Kapitel 18). Er entwickelt dort eine hypothetische Auffassung des Molekularen, die mit einigen Äußerungen zur Universalität der Gravitation schwer zu vereinbaren ist. Es bestehe die Frage, ob die kosmische

---

93 Siehe Klaus Mainzer: „Kontinuum, Kontinuität“, in: HWPh, Bd. 4, Sp. 1057.

94 SdM, S. 472.

95 SdM, S. 388.

96 Newton: „Principes Mathématiques“, Bd. II, S. 178.

97 Siehe SdM, S. 346.

Gravitationskraft dieselbe Kraft sei, die auch die molekulare Anziehung bedinge und eventuelle Unterschiede nicht von der Kraft, sondern von den intermolekularen Formen und Distanzen abhängen. In diesem Fall müßten die Moleküle die sechsmilliardenfache Dichte der Erde haben und die Abstände zwischen ihnen wären gemessen an ihrem Durchmesser unvorstellbar groß. Die Leichtigkeit, mit der das Licht Körper durchdringe, spreche aber dafür.

Laplace' Arbeitsweise tritt bei der Konklusion der Erörterung gut hervor. Die Hypothese, daß die molekulare Anziehung eine Modifikation der Gravitationskraft ist, hat ihren Grund im Bemühen, zumindest die Anziehung theoretisch zu vereinheitlichen:

> „Les affinités dépendraient alors de la forme des molécules intégrantes et de leurs positions respectives, et l'on pourrait, par la variété de ces formes, expliquer toutes les variétés des forces attractives, et ramener ainsi à une seule loi générale tous les phénomènes de la Physique et de l'Astronomie."[98]

Für die Berechnung himmelsmechanischer Phänomene genügt die Anziehungskraft, das Molekulare stellt jedoch vor das Problem der Abstoßung. Abstoßung verursacht Phänomene wie Lichtreflexion, Viskosität und Härte. Selbst im Kapitel zur molekularen Anziehung werden der Abstoßung nur beiläufige Bemerkungen gewidmet und die Anziehung ist dominant. Dies geht so weit, daß Abstoßung meistens nicht einmal als eigenständige Komponente, sondern lediglich als ein die Anziehung modifizierender Faktor behandelt wird. Aussagekräftig ist bereits der Titel von Kapitel XVIII: „DE L'ATTRACTION MOLÉCULAIRE". Der Begriff der Repulsionskraft, force répulsive, kommt vor und wird, anders als bei der Gravitationskraft, durch andere physikalische Phänomene begründet. Ursachen, die als molekulare Abstoßung die Anziehung modifizieren, sind Wärme und Elektrizität: „La figure des molécules, l'électricité, la chaleur, la lumière et d'autres causes, en se combinant avec cette loi générale, modifient ses effets."[99] Eine eigenständige Repulsionskraft liegt bei der Lichtreflexion vor. Das Licht erhalte bei der Reflexion seine Geschwindigkeit wieder, was das Prinzip der kleinsten Wirkung und die force vive begründen. Die Kraft, die das Licht von einer Oberfläche zurückwirft, ist zwar unbekannt, doch „on peut la considérer comme une force répulsive"[100].

Die Ausführungen über zusätzliche Kraftarten neben der Gravitationskraft empfindet Laplace als noch unbefriedigender als die über die Gravitationskraft. Bei den zusätzlichen Kraftarten gelinge nicht einmal ihre Berechnung, da der molekulare Bereich nicht wahrgenommen werden könne. Formulierungen wie „peut-être d'autres forces encore inconnues"[101] zeigen, daß der molekulare Bereich als

---

[98] SdM, S. 392.
[99] SdM, S. 388.
[100] SdM, S. 358.
[101] SdM, S. 391.

bei weitem nicht erschlossen empfunden wird und eine Änderung prinzipiell nicht zu erwarten ist: In der Himmelsmechanik besteht grundsätzlich eine optimistische Haltung gegenüber Wissenslücken; beim Molekularen ist dies anders, da die geringe Größe der Moleküle ein nicht zu überwindendes Hindernis ist: „Mais l'impossibilité de connaître les figures des molécules et leurs distances mutuelles, rend ces explications, vagues et inutiles à l'avancement des sciences.“[102]

Das dritte Newtonsche Axiom und der Satz vom Grund

Das dritte Newtonsche Axiom, das Aktions-Reaktions-Prinzip, taucht als solches nur im Précis de l'Histoire de l'Astronomie auf. Das Prinzip wird auch nicht erläutert, sondern es wird nur dargelegt, daß Newton von ihm ausgehend begründet habe, daß die Gravitation eine Wechselwirkung von Massen sei. Newton selbst induziert das Axiom im Scholium aus Stoßexperimenten. Die Schwierigkeit des Axioms liegt darin, daß Energie verschiedene Formen annimmt und Körper mit unterschiedlicher Elastizität beim Stoß unterschiedlich reagieren. Newton machte mit Bällen aus Glas, Kork oder Stahl Pendelexperimente, die zeigten, daß beim Stoß der Impuls erhalten bleibt. Eine zweites Experiment ist die Anziehung von schwimmenden Magneten mit unterschiedlichen Massen. Die Körper bewegen sich aufeinander zu und nicht nur der leichtere zum schwereren hin.[103]

Die Bedeutung des Axioms läßt sich historisch besser einsehen, wenn man sich vergegenwärtigt, daß die aristotelische Schwerelehre – ein Körper strebt zu seinem οἰκεῖος τόπος – dem zwar nicht entspricht, wohl aber auch natürlich erschien. Aufgrund des Massenunterschieds zwischen der Erde und einem Stein hat man nicht den Eindruck, daß die Erde auch zu einem fallenden Stein fällt. Gleiches gilt auch für das Sonnensystem, anhand dessen Laplace sein Argument für das Aktions-Reaktions-Prinzip entwickelt: Daß die Planeten auch die Sonne anziehen und sie sich bewegt, ist empirisch kaum nachweisbar. Die Himmelsphänomene jedoch, für deren Erklärung eine Punktmassenmechanik nicht mehr ausreicht und deren Erklärungen von den Planetenformen abhängen, deutet Laplace so, daß alle Moleküle gegen alle anderen gravitieren: „L'accord parfait de ces théories avec toutes les observations ne doit maintenant laisser aucun doute sur l'attraction de molécule à molécule.“[104] Auch die kleinste Bewegungsänderung geschieht nicht isoliert, sondern nur im Zusammenhang einer ihr entgegengesetzten Beschleunigung. Das Zitat steht im Kontext der Stützung des Aktions-Reaktions-Prinzips. Daß es im historischen Teil der Exposition vorkommt, zeigt

---

[102] SdM, S. 392.

[103] Siehe Newton: „Principes“, Bd. 1, S. 31–32.

[104] SdM, S. 471.

aber, daß Laplace es eigentlich nicht für begründungsbedürftig hält.[105] Er beschränkt das Wechselwirkungsaxiom nicht auf gravitative Wechselwirkung, sondern sieht es als Prinzip sämtlicher Naturprozesse:

> „L'égalité de l'action à la réaction se manifeste dans toutes des actions de la nature: le fer attire l'aimant comme il en est attirée; on observe la même chose dans les attractions et dans les répulsions électriques, et même dans le développement des forces animales [...]."[106]

Newton hat mehrere vergleichbare Beispiele, die die Universalität des Axioms verdeutlichen, z. B. das der gegenseitigen Anziehung von Eisen und Magneten.[107] Für Laplace ist die Interaktion für das Kausalitätsverständnis zentral.[108] Das dritte Newtonsche Axiom gehört zur Basisontologie seines Weltsystems.

Der Leibnizsche Satz vom Grund ergänzt die Basisontologie in derselben Richtung. Leibniz diskutiert den Satz im Briefwechsel mit Clarke. Das dritte Kapitel von Voltaires Métaphysique de Neuton, die ein Vergleich zwischen der Newtonschen und der Leibnizschen Philosophie ist, behandelt den Satz.[109] Der Artikel zum Principe de la raison suffisante der Encyclopédie beinhaltet den Verweis auf Leibniz. Der Satz hat eine lange Tradition, die bei den vorsokratischen Atomisten beginnt und seit Platon von vielen gepflegt wurde (Aristoteles, Descartes, Spinoza etc). Wichtiger dürfte aber die Geschichte der Mechanik sein. Bei d'Alembert taucht er modifiziert als Argument gegen eine Abweichung von den Stoßgesetzen auf:

> „Si les deux corps (zwei gegeneinander prallende Körper) sont égaux & leurs vitesses égales, il est évident qu'ils resteront tous deux en repos. Car il n'y a point de raison pourquoi l'un se meuve plutôt que l'autre dans la direction qu'il a [...]."[110]

Trotz der Wichtigkeit des Satzes wird er nicht zitiert, sondern nur paraphrasiert und benannt. Im Essai philosophique sur les probabilités ist der Satz vom Grund das Prinzip, durch das die Kontinuität in der Natur bedingt ist:

> „Les événements actuels ont avec les précédents une liaison fondée sur le principe évident, qu'une chose ne peut pas commencer d'être sans une cause qui la produise. Cet axiome, connu sous le nom de *principe de la raison suffisante* [...]."[111]

---

105 In der Akademie-Ausgabe wurde das Prinzip nicht ins Register aufgenommen.

106 SdM, S. 173–174.

107 Siehe Newton: „Principes", Bd. 1, S. 18 und S. 32–33.

108 Vgl. Howard Stein: „Newton's metaphysics", in: Cohen, Smith (Hrsg.): „The Cambridge Companion to Newton", S. 288.

109 Siehe Chapitre III: „De la Liberté dans Dieu, & du grand Principe de la raison suffisante", in: Voltaire: „La Métaphysique de Neuton ou Parallèle des Sentimens de Neuton et de Leibnitz", Amsterdam 1740, S. 18–21.

110 D'Alembert: „Traité de Dynamique", S. 51.

111 OC, Bd. VII, S. vi.

Das entspricht den in der Exposition vorkommenden Anwendungen des Prinzips. Dort wird es – wie bei d'Alembert – zur Ablehnung einer Selbstbewegung oder einer causa sui angeführt, z. B.: „Un point en repos ne peu se donner aucun mouvement puisqu'il ne renferme pas en soi de raison pour se mouvoir dans un sens plutôt que dans un autre."[112]

Erhaltungssätze

Laplace nennt drei Erhaltungssätze, die aber nicht im ursprünglichen Sinn Prinzipien sind, sondern sich aus Überlegungen zu den Differentialgleichungen ergeben. Die Erhaltungssätze basieren auf den unterschiedlichen Kraftbegriffen. Die Erhaltungssätze sind nach Laplace für eine Axiomatisierung der Mechanik nicht notwendig, jedoch praktisch hilfreich. In Newtons Principia gehören sie nicht zum Axiomensystem.

1. Impulserhalt: Der Impulserhalt wird anhand des Stoßphänomens zweier gleicher Massenpunkte erläutert und auch auf isolierte Systeme von Massenpunkten angewendet. Das gemeinsame Schwerezentrum der Massenpunkte ändert nicht seinen Bewegungszustand, auch wenn die Massenpunkte aufeinander einwirken; der Gesamtimpuls bleibt erhalten, $\Sigma m \cdot v$ ist konstant.[113] Der Impulserhalt wird nicht eigens als principe de la conservation du quantité du mouvement benannt.[114]

2. Flächenerhalt: Der Flächensatz besagt, daß der Drehimpuls eines Körpers, der sich nur unter dem Einfluß einer Zentralkraft bewegt, erhalten bleibt. Laplace bestimmt das Prinzip des Flächenerhalts über die Summe der Produkte jedes Körpers mal die Fläche, die vom Radius überstrichen wird; die Summe ist proportional zur Zeit. Er schreibt zwar nicht in der Exposition: dA/dt = konstant, da er den Flächenerhalt aber aus den Differentialgleichungen herleitet, dürfte er den differentiellen Ausdruck im Sinn haben. Für Systeme aus mehreren Körpern gilt, daß die Summe der Produkte der Massen mal die vom Radiusvektor überstrichene Fläche proportional zur Zeit ist ($\Sigma m \cdot dA \sim dt$). „C'est en cela que consiste le principe de la *conservation des aires*."[115] Das zweite Keplergesetz ist der berühmteste Fall des Flächensatzes.

Laplace wendet das Prinzip des Flächenerhalts bei einem Problem an, das kosmologisch relevant ist. Eine himmelsmechanische Aufgabe war die Frage, ob der Mond sich der Erde bis zum Zusammenstoß annähert. Laplace löst das

---

112 SdM, S. 155.

113 Siehe SdM, S. 195.

114 Laplace bezeichnet es auch nicht als principe de la conservation de la force o. ä. Descartes hatte vom Erhalt der Bewegungsmenge gesprochen, wobei der Impuls eine Kraftart ist, so daß es ein principle of conservation of force gab. Siehe dazu A. Wolf: „A History of science technology, and philosophy in the eighteenth century", London 1938, S. 61 ff.

115 SdM, S. 196.

Problem unter Rückgriff auf das Gravitationsgesetz und das Prinzip des Flächenerhalts:

> „L'attraction peut encore faire naître et entretenir sans cesse le mouvement dans un système de corps primitivement en repos; car il n'est pas vrai de dire, avec plusieurs philosophes, qu'elle doit à la longue réunir tous à leur centre commun de gravité. Les seuls éléments qui doivent toujours rester nuls sont le mouvement de ce centre, et la somme des aires décrites autour de lui dans un temps donné, par toutes les molécules du système projeté sur un plan quelconque."[116]

3. Erhalt der force vive: In Laplacescher Deutung ist die force vive eines einzelnen Körpers $m \cdot v^2$ und $\Sigma\, m \cdot v^2$ die force vive eines geschlossenen Systems. Der Principe de la conservation des forces vives besagt, daß in einem geschlossenen System die Summe der force vive konstant ist. Das Prinzip ist allgemeiner als der Impulserhalt und umfaßt „toutes les lois possibles entre la force et la vitesse"[117]. Der Principe de la conservation des forces vives umfaßt auch potentielle Energieformen wie Verformungs- oder Lageenergie, die sich unter einer Beschränkung auf den Impuls nicht verstehen lassen.[118] Der Erhalt der force vive wird in der Exposition nicht zur Erklärung herangezogen, sondern nur als eine Eigenschaft von geschlossenen Systemen eingeführt.[119] Die Prinzipien der Erhaltung von Impuls, Drehimpuls und Energie sind hier vorformuliert.

Das Prinzip der kleinsten Wirkung

Neben den Prinzipien der Mechanik, wie Newton sie formuliert, kommen bei Laplace noch weitere vor, die aber nicht den Stellenwert von Axiomen haben, sondern Theoreme sind, die mechanische Zusammenhänge in einem anderen Licht erscheinen lassen und daher auch naturphilosophisch interessant sein können. Ein Beispiel ist das Prinzip der kleinsten Wirkung, das erstmals von Maupertuis formuliert und später von Euler formalisiert worden ist. Laplace wußte um die Darstellung von Maupertuis, dessen Name im Kontext fällt,[120] hält aber Euler für den wahren Entdecker. Was das Prinzip besagt, hängt noch mehr als bei anderen Prinzipien von der Sichtweise ab, unter der es betrachtet wird. Die geschichtlichen Sichtweisen sind ihrerseits durch das Brachystochronenproblem bestimmt: Welche Kurve zwischen zwei Punkten A und B führt dazu, daß eine

---

116 SdM, S. 472–473.

117 SdM, S. 197.

118 Darum ging es im Streit zwischen den Cartesianern und Leibniz; siehe oben.

119 Die force vive spielt bei der Störungstheorie von Jupiter und Saturn jedoch eine Rolle. Siehe Wilson: „The great inequality of Jupiter and Saturn from Kepler to Laplace", S. 288.

120 SdM, S. 170.

Kugel nur durch ihre Schwere beschleunigt die Strecke in kürzester Zeit durchläuft? Die Zykloïde. Sämtliche alternativen Kurven unterscheiden sich von der Zykloïde dadurch, daß deren Integrale $\int m \cdot v \cdot dt$ einen höheren Betrag annehmen würden, bzw. $\int m \cdot v \cdot dt$ hat einen Minimalwert. Die zweite Sichtweise ergibt sich aus den Differentialgleichungen. Was läßt sich über den Gesamtverlauf einer Bewegung sagen, die durch die differentielle Bewegung bestimmt ist? Das Ergebnis ist das gleiche. Beim Prinzip der kleinsten Wirkung differenziert man über die Strecke. Das Integral $\int m \cdot v \cdot ds$ hat einen Minimalwert und alle anderen Kurven führten zu einer höheren Wirkungsgröße. Euler hat dies im zweiten Anhang der Methodus inveniendi lineas curvas entwickelt.[121]

Die Übereinstimmung beider Sichtweisen ist philosophisch interessant. Euler deutet sie in den Begriffen der Aitiologie von Aristoteles: Die causa efficiens führe zum selben Ergebnis wie die causa finalis, was er zum Anlaß nimmt, die teleologische Struktur der differentiellen Bewegung zu behaupten:

> „Cum enim Mundi universi fabrica sit perfectissima, atque a Creatore sapientissimo absoluta, nihil omnino in mundo contingit, in quo non maximi minimive ratio quaepiam eluceat: quamobrem dubium prorsus est nullum, quin omnes Mundi effectus ex causis finalibus, ope Methodi maximorum & minimorum aeque feliciter determinari queant, atque ex ipsis causis efficientibus."[122]
>
> „Da nämlich die Erstellung des gesamten Welt die vollkommenste und von dem weisesten Schöpfer vollendet ist, so geschieht überhaupt nichts auf der Welt, in dem nicht irgendein Verhältnis des Maximums oder Minimums hervortritt. Deshalb kann weiter kein Zweifel bestehen, daß doch alle Wirkungen in der Welt aus den Endursachen mit Hilfe der Methode der Größten und Kleinsten gleich gut bestimmt werden können wie aus den bewirkenden Ursachen selbst."

D'Alembert nimmt im Encyclopédie-Artikel zur Cosmologie ausführlich zum Prinzip der kleinsten Wirkung Stellung, wobei seine Referenz Maupertuis ist. Nach d'Alembert ergebe es sich aus den Differentialgleichungen und sage deshalb nichts Zusätzliches über die Natur aus: „Le principe de M. de Maupertuis n'est donc, comme tous les autres, qu'un principe mathématique [...]."[123] Das ist auch Laplace' Auffassung. Er gibt sowohl die Fassung als auch die Ökonomie-Interpretation von Euler wieder:

---

121 Siehe Leonhard Euler: „Methodus inveniendi lineas curvas maximi minive proprietate gaudentes, sive solutio problematis isoperimetrici latissimo sensu accepti", Lausanne, Genf 1744, S. 309–320.

122 Euler: „Methodus inveniendi lineas curvas", S. 245. Übersetzung nach H. Linsenbarth: „Abhandlungen über das Gleichgewicht und die Schwingungen der ebenen elastischen Kurven von Jakob Bernoulli und Leonh. Euler", Leipzig 1910, S. 18.

123 D'Alembert: „Cosmologie", in: Encyclopédie, Bd. IV, S. 297.

> „*parmi toutes les courbes qu'un corps peut décrire en allant d'un point à un autre, il choisit toujours celle dans laquelle l'intégrale du produit de sa masse par sa vitesse et par l'élément de la courbe est un minimum.* [...] Euler établit donc que cette action est toujours un minimum, en sorte que l'économie de la nature consiste à l'épargner: c'est là ce qui constitue le principe de la moindre action".[124]

Im ersten Band der Mécanique céleste leitet Laplace das Prinzip aus den Differentialgleichungen ab.[125] Der analytische Ausdruck der Gleichung ist: $0 = \delta\Sigma \int m \cdot \varphi(v) \cdot ds$, wobei $\varphi(v)$ eine Funktion der Geschwindigkeit ist. Die Wirkungsintegrale aller Körper haben einen Minimalwert, bzw. die Variation der Summe der Wirkungsintegrale ist gleich Null.

Die Gleichgewichtstheorie

Die Gleichgewichtstheorie von Laplace hat ihren Vorläufer in den Mechaniken von d'Alembert und von Lagrange. Überlegungen zu statischen Gleichgewichten lassen sich bis zu Archimedes zurückverfolgen. In den Mechaniken des 18. Jahrhunderts ging es darum, die Prinzipien des statischen Gleichgewichts für die Dynamik zur verwerten. Zu erwähnen sind hier der „Traité des forces mouvantes" von Charles Etienne Louis Camus und Trabauds „Principes sur le Mouvement & et l'Équilibre", auf die sich d'Alembert bezieht und die er zum Studium empfiehlt.[126] D'Alembert hat im Traité de Dynamique eine Gleichgewichtstheorie ausgearbeitet, die auf der Bewegungsmenge basiert. Die Definition des Gleichgewichts wird am Stoß von Körpern entwickelt:

> „Si les obstacles que le corps rencontre dans son mouvement, n'ont précisément que la résistance nécessaire pour empêcher le corps de se mouvoir; on dit alors qu'il y a équilibre entre le corps & ces obstacles."[127]

Die weiteren Ausführungen entwickeln den Gleichgewichtsbegriff mittels der Bewegungsmenge, die nicht mit dem Impuls zu identifizieren ist, da d'Alembert die vis viva am Impuls, der aus ihr resultieren kann, bemißt. Daher kommt es zu etwas unklaren Begriffsverwendungen, wenn d'Alembert im weiteren Gleichgewichtsbedingungen einerseits an die Bewegungsmenge rückbindet:

> „Le produit de la masse d'un corps par sa vitesse est appelée *quantité de Mouvement.* De là naît cet axiome, que les corps qui ont des quantités de mouvement égales & directement opposées, se font équilibre."[128]

---

124 SdM, S. 170.

125 Siehe Buch I, Kapitel VI: „Des lois du mouvement d'un système de corps, dans toutes les relations mathématiquement possibles entre la force et la vitesse", Mécanique céleste, OC, Bd. I, S. 74–79.

126 Siehe d'Alembert: „Traité de Dynamique", S. 71.

127 D'Alembert: „Traité de Dynamique", S. 50.

und andererseits Gleichgewichtsbedingungen von beschleunigenden Kräften dargelegt, in denen der Impuls nicht vorkommt.[129] Lagrange formuliert die Gleichgewichtsbedingungen allgemeiner: „L'équilibre résulte de la destruction de plusieurs forces qui se combattent & qui anéantissent réciproquement l'action qu'elles exercent les uns sur les autres [...]."[130] Im statischen Gleichgewicht sei der Effekt einer Kraft die Tendenz zur Bewegung, die stattfinden würde, wenn nicht eine Gegenkraft entgegenwirkte. Die potentielle Bewegung gebe das Maß für die Ermittlung der Gleichgewichtsbedingungen ab: „on doit toujours la mesurer par l'effet qu'elle produiroit si elle n'étoit pas arrêtée".[131]

Laplace folgt hier d'Alembert.[132] Er entwickelt erst gar keine statische Gleichgewichtstheorie, sondern führt die Gleichgewichtstheorie über Überlegungen zum Stoßverhalten ein. Der einfachste Fall eines dynamischen Gleichgewichts sei der von zwei in entgegengesetzter Richtung gleich schnellen kollidierenden Massenpunkten. Die Geschwindigkeiten der Punkte heben einander auf und die Massenpunkte bleiben stehen. Das Gleichgewichtsprinzip besteht darin, daß der Gesamtimpuls der kollidierenden Massen gleich Null ist.

Die Gleichgewichtsbedingungen statischer Systeme werden nur angeführt, um die Gleichgewichtstheorie rotierender Körper und dann rotierender Systeme von Körpern vorzubereiten. Eine Balkenwaage befindet sich im Gleichgewicht, wenn die von zwei Massen ausgeübten Drehmomente gleich sind. Analoges gilt bei rotierenden Körpern und rotierenden Systemen von Körpern: Ein Körper, der sich um seinen Schwerpunkt dreht, bleibt im Gleichgewicht, wenn die Summe der auf ihn einwirkenden Drehmomente gleich Null ist. Versetzt man ein System von Körpern, das sich im Gleichgewicht befindet, in Schwingungen, so ist dieses Gleichgewicht entweder stabil oder labil (*ferme* ou *stable*). Ein Gleichgewichtssystem ist dann stabil, wenn durch eine kleine Störung des Gleichgewichts die Körper nur um ihre ursprüngliche Position schwanken; beim labilen Gleichgewicht entfernen sich die Körper von ihrer ursprünglichen Position.[133] Für die Lehre der Stabilität des Sonnensystems sind solche Aspekte relevant: Die himmelsmechanisch wichtigste Anwendung der Gleichgewichtstheorie liegt bei Laplace im Verständnis des zweiten Keplergesetzes: Ein System aus zwei Körpern erfüllt genau dann den Flächensatz, wenn die Summe der auf das System einwirkenden Drehmomente gleich Null ist.[134] Das System der Jupitersatelliten bietet die Möglichkeit, die Erfüllung von Planetengesetzen in relativ kurzen Zeiträumen zu beobachten. Dieses System entspricht den Gleichgewichtsbedingun-

---

128 Siehe d'Alembert: „Traité de Dynamique", S. 55.

129 Siehe § 50, d'Alembert: „Traité de Dynamique", S. 58.

130 Lagrange: „Mécanique Analitique", S. 2.

131 Lagrange: „Mécanique Analitique", S. 2.

132 „Cette manière de ramener les lois du mouvement à celles de l'équilibre, dont on est principalement redevable à d'Alembert, est generàle et très lumineuse." (SdM, S. 194.)

133 Siehe SdM, S. 192 ff. Laplace kennt nicht das indifferente Gleichgewicht.

134 Siehe SdM, S. 196.

gen und die Satelliten „se balancent dans l'espace"[135]. Daran ändert sich nichts, solange nicht ein äußerer Einfluß, z. B. die Einwirkung eines Kometen, das System stört.[136]

Das Prinzip der virtuellen Geschwindigkeit

Neben den angeführten Prinzipien gibt es mathematisch-technische Prinzipien, die auch naturphilosophisch interessant und wissenschaftshistorisch und -philosophisch äußerst bedeutsam sind, insbesondere das Prinzip der virtuellen Geschwindigkeit.[137] Dieses Prinzip historisch angemessen zu verstehen, ist sehr schwierig, weil 1. die Bezeichnung auch im 18. Jahrhundert nicht einheitlich gewesen ist und 2. heute gängige Mechaniken in der Regel nicht über das Prinzip der virtuellen Geschwindigkeit, sondern über das der virtuellen Verrückung oder das der virtuellen Arbeit verfügen. Auch in Darstellungen der Physikgeschichte taucht es erheblich seltener auf als die beiden letztgenannten.[138] Costabel sieht den Grund für den Rückgang des Prinzips der virtuellen Geschwindigkeit und für die Dominanz der anderen Prinzipien in dessen Unklarheit.[139] Allein eine Untersuchung des Prinzips der virtuellen Geschwindigkeit bei d'Alembert, Lagrange und Laplace verleiht Costabels Einschätzung hohe Plausibilität: D'Alembert verwendet die vitesse virtuelle als Bedingung des Kräftegleichgewichts von zwei Körpern:

> „tout le monde convient qu'il y a équilibre entre deux Corps, quand les produits de leurs masses par leurs vitesses virtuelles, c'est-à-dire par les vitesses avec lesquelles ils tendent à se mouvoir, sont égaux de part & d'autre. Donc dans l'équilibre le produit de la masse par la vitesse, ou, ce qui est la même chose, la quantité de Mouvement, peut représenter la force."[140]

Er versteht anscheinend unter virtueller Geschwindigkeit die Geschwindigkeit der Impulsgröße.

---

135 SdM, S. 257.

136 SdM, S. 258.

137 Vgl.: „Die Newtonschen Prinzipien sind genügend, um ohne Hinzuziehung eines neuen Prinzips jeden praktisch vorkommenden mechanischen Fall, ob derselbe nun der Statik oder der Dynamik angehört, zu durchschauen. Wenn sich hierbei Schwierigkeiten ergeben, so sind dieselben immer nur mathematischer (formeller) und keineswegs mehr prinzipieller Natur." (Erst Mach: „Die Mechanik in ihrer Entwicklung", S. 302.)

138 Szabó erläutert das Prinzip der virtuellen Geschwindigkeit: „Der Kern dieses Prinzips liegt im folgenden Axiom von GALILEI: ‚Gleiche und mit gleicher Geschwindigkeit bewegte Gewichte haben in ihrem Wirken gleiche Kräfte und gleiche Momente.'" (István Szabó: „Geschichte der mechanischen Prinzipien", S. 64.)

139 Siehe Pierre Costabel: „Coriolis, Gaspard Gustave de", in: DSB, Bd. 3, S. 417 b.

140 D'Alembert: „Traité de Dynamique", S. xx.

Lagrange baut auf dem Prinzip der virtuellen Geschwindigkeit seine Mechanik auf. Seine Formulierung des Prinzips der virtuellen Geschwindigkeit in der Dynamik der Mécanique Analitique bezieht den infinitesimalen Unterschied zur Ausgangsbedingung ein:

> „Pour se former d'abord une idée de cette méthode, on se rappellera que le Principe général des vîtesses virtuelles consiste en ce que, lorsqu'un systême de corps réduits à des points, & animés de forces quelconques est en équilibre, si on donne à ce systême un petit mouvement quelconque en vertu duquel chaque corps parcoure un espace infiniment petit, la somme des forces ou puissances multipliées chacune par l'espace que le point où elle est appliquée parcourt suivant la direction de cette puissance, est toujours égale à zéro."[141]

Lagrange zieht aber nicht die Variation der Geschwindigkeit, sondern die der Strecke in Betracht, durch die die vitesse virtuelle bestimmt ist. Offenbar ist Lagranges Prinzip der virtuellen Geschwindigkeit das der virtuellen Verrückung, wenn es darauf beruht, daß die Kraft mit der infinitesimalen Strecke, die in der Kraftrichtung liegt, multipliziert wird.[142] Das zeigt auch die Gleichung:

$$S\left(\frac{d^2x}{dt^2}\delta x + \frac{d^2y}{dt^2}\delta y + \frac{d^2z}{dt^2}\delta z + P\delta p + Q\delta q + R\delta r + \&c.\right)m = 0$$

$\frac{d^2x}{dt^2}$ ist die Beschleunigung parallel zur X-Achse, die mit der Variation der Strecke δx multipliziert wird. P, Q und R stellen Kräfte dar[143] und δp, δq und δr die Variationen der Strecken in Richtung der Kräfte, was dem Ausdruck der differentiellen Arbeit entspricht. Die Gleichung setzt zum einen Kräfte in beliebiger Anzahl ins Verhältnis zur Beschleunigung in einem dreidimensionalen Koordinatensystem, zum anderen besagt sie, daß in einem Gleichgewicht die Summe der differentiellen Arbeit gleich Null ist. Das wiederum besagt, wie die virtuelle Bewegung eines Körpers die virtuelle Bewegung eines zweiten Körpers sofort mit sich führt, weil sich in einem Gleichgewichtssystem die Kräfte ausbalancieren.

---

141 Lagrange: „Mécanique Analitique", S. 181.

142 Das Prinzip der virtuellen Geschwindigkeit habe ich ausführlich mit André Große-Wöhrmann und Dr. Christoph Lehner diskutiert. Auch A. Wolf kommt zur Auffassung, daß das Prinzip der virtuellen Arbeit und das Prinzip der virtuellen Geschwindigkeit im 18. Jahrhundert zeit- oder autorenweise identisch sind: „Early writers on Mechanics frequently established their propositions by implicitly utilizing the statistical law now known as the Principle of Virtual Velocities, or (following Coriolis) as the Principle of Virtual Work. [... Johann Bernoulli] calls this displacement a *virtual velocity* [...]." (Wolf: „A History of science technology, and philosophy in the eighteenth century", S. 64. Den Hinweis auf diese Stelle verdanke ich Christoph Lehner.)

143 Lagranges Notation ist aus heutiger Sicht verwirrend, weil anscheinend Kräfte mit Massen multipliziert werden. Vgl.: „A glance at the higher mathematics indicates, that the great mathematicians of the eighteenth century, Euler, Lagrange, Laplace, used symbolism freely, but expressed much of their reasoning in ordinary language." (Florian Cajori: „A history of mathematical notations", Chicago 1928, Bd. 1, S. 431.)

Für Laplace ist mit der Lagrangeschen Fassung des Prinzips der virtuellen Geschwindigkeit die Mechanik prinzipiell abgeschlossen: „l'objet de la Mécanique est rempli, et c'est à l'Analyse pure à achever la solution des problèmes".[144] Warum: Das Prinzip der virtuellen Geschwindigkeit ist holistisch und benennt die Systemeigenschaft, daß und wie in einem geschlossenen System eine Änderung der Zustandsgrößen von Körpern proportional zur Änderung der Zustandsgrößen anderer Körper ist. Die Summe der entsprechenden Größen des Gesamtsystems bleiben unveränderlich.[145] (Prinzipiell geht es um Impuls- und Energieerhalt, wovon aber nicht ausdrücklich die Rede ist.) Die Mechanik erklärt also die Verbindung aller Zustände in Raum und Zeit, wodurch sie vollständig ist: Es gibt keine Bewegung, die von dieser Gleichung nicht erfaßt ist! Oder logisch äquivalent: Jede Bewegung ist durch diese Gleichung bestimmt. Deshalb kann Laplace sagen, daß die Mechanik prinzipiell abgeschlossen sei und ihre einzige Aufgabe in der Lösung von Differentialgleichungen bestehe.

Kosmologisches

Die wichtigsten der bisher dargelegten weltsystematischen Aspekte sind die Entstehungslehre des Sonnensystems, die Erklärung der Planetenstörungen durch das Gravitationsgesetz und die Prinzipien der Mechanik. Nur diese thematisiert Laplace ausführlich. Daneben gibt es noch wenige weitere cosmologica, die über sein Weltsystem informieren:

Sterntheorie

Laplace' Auffassung von den Sternen baut auf deren Leuchtverhalten auf. Die Distanz und die Helligkeit der Sterne zeigen, daß sie nicht das Sonnenlicht reflektieren, sondern daß sie selbst leuchtende Sonnen sind. Das wird durch die Kosmogonie ergänzt, durch die der Entwicklungsgedanke punktuell im Laplaceschen Weltsystem enthalten ist. Ein empirischer Anlaß für die Entwicklungsthese ist, daß es die im Zusammenhang der Kosmogonie erwähnten veränderlichen Sterne, les étoiles changeantes, gibt.[146] Auf einigen dieser Sterne seien Blitze oder Funken zu sehen, die wie beim Mond in Analogie zu irdischen Vulkanausbrüchen erklärt werden.[147] Über die materielle und gesetzliche Einheit des Universums hinaus, die durch das Materiekonzept und das Gravitationsgesetz gegeben

144 SdM, S. 194.

145 Zur Systematik des Prinzips der virtuellen Geschwindigkeit siehe Ernst Schmutzer: „Grundprinzipien der klassischen Mechanik und der klassischen Feldtheorie", Berlin 1973, S. 11 ff.

146 Siehe oben, S. 26–27.

147 Siehe oben, S. 32.

ist, nimmt Laplace auch eine prozessuale Einheit des Universums an. Irdische Verbrennungsprozesse liegen analog auch auf weit entfernten Sternen vor:

> „Quant aux étoiles qui se sont montrées presque subitement avec une très vive lumière pour disparaître ensuite, on peut soupçonner avec vraisemblance que de grands incendies, occasionnés par des causes extraordinaires, ont eu lieu à leur surface, et ce soupçon se confirme par le changement de leur couleur, analogue à celui que nous offrent, sur la Terre, les corps que nous voyons s'enflammer et s'éteindre."[148]

Es handelt sich hierbei um eine Alternative zur Theorie der Fixsterne und deren Unveränderlichkeit.

Dauer und Größe des Kosmos

Obwohl eine der Hauptaussagen der Entstehungslehre des Sonnensystems ist, daß das Sonnensystem einen zeitlichen Ursprung hat, macht Laplace keine einzige Aussage zu dessen Alter und auch nicht zum Alter des Kosmos. Das dürfte daran liegen, daß die weit in der Vergangenheit liegende Entstehung des Sonnensystems durch die Bewegungsgleichungen nicht erfaßt wird und die Himmelsmechanik gerade die Stabilität des Sonnensystems garantiert. Im Fall des Kosmos sind die erforderlichen Angaben erst recht nicht zugänglich. Außerdem hat Laplace keine Kosmogonie im eigentlichen Sinn, so daß die Frage nach einem zeitlichen Ursprung des Kosmos nicht gestellt wird; es gibt für sie keinen empirischen Anlaß.

Auch bei der Größe des Kosmos fehlen konkrete Angaben. Der für die Beschreibung verwendete Begriff ist „l'immense distance des étoiles"[149] und bezeichnet die Distanz der Erde zu den Fixsternen. Für das Gefühl der Größe des Kosmos ist zum einen das erwähnte Leuchtverhalten der Sterne relevant; alle Sterne sind zu weit weg, um das Sonnenlicht zu reflektieren, und einige sind dennoch gut zu sehen, andere aber nicht. Himmelsmechanisch besser greifbar als das Leuchtverhalten ist das Mißlingen der Parallaxenbestimmung bei Fixsternen. Die nächsten Sterne sind schon so weit entfernt, daß eine geometrische Distanzberechnung nicht funktioniert. Das verhindert zwar die Angabe der konkreten Entfernung zwischen der Erde und den Sternen, ermöglicht aber zumindest die Berechnung einer Distanz, die nicht unterschritten sein kann: das 200 000-fache der Erde-Sonnen-Entfernung.[150] Die immense Größe des Kosmos regt dazu an, die Verhältnisse des Sonnensystems nicht als einzigartig anzunehmen. Vergleichbare Sonnen dürfte es viele geben; diese sind „répandus dans l'immensité de l'espace, et qui, semblables au notre, peuvent être les foyers d'autant de systèmes planétaires".[151]

---

148 SdM, S. 59.

149 SdM, S. 69.

150 Siehe SdM, S. 120.

151 SdM, S. 120.

Die alte Frage nach der Unendlichkeit des Kosmos wird nicht mehr gestellt. Ferner bleibt auch offen, ob der Kosmos leer oder mit einem Äther angefüllt ist. Die Unveränderlichkeit der Himmelsbewegung sei mit der Meinung derer vereinbar, „qui regardent le vide comme impossible. Mais cela est indifférent à la Mécanique, qui ne considère dans les corps que l'étendue et le mouvement."[152] Die Natur des absoluten Raums ist quantitativ nicht faßbar und damit für die Mechanik irrelevant.

Leben

Das Phänomen des Lebens ist in Weltsystemen, die auf physikalischen Prinzipien aufbauen, immer ein Problem. Der häufigste Vorwurf ist, daß physikalische Theorien der Komplexität des Lebens und im Bereich der Anthropologie dem Bewußtseinsphänomen nicht gerecht werden. Newton bietet im scholium generale eine Erklärung des Lebens mittels eines ‚esprit', der für die Anziehung der Elemente eines Körpers zuständig sei.[153] Im 18. Jahrhundert gab es jedoch einige Fortschritte bei der Erforschung des Lebens, bei denen die systematische Nähe von Leben und physikalischen oder chemischen Prozessen offenkundig wurde. Die Froschschenkelexperimente von Luigi Galvani und die Arbeiten zur Irritabilität der Muskelfaser von Albrecht von Haller zeigten, daß für tierische Bewegung keine Seelenfunktion erforderlich sei, womit eine weitere Annahme von Aristoteles obsolet wurde; Aristoteles hatte Leben und Bewegung an das Vorhandensein einer Seele gebunden. Der Reduktionismus lag in der Zeit. Für Frankreich folgenreicher war das materialistische Werk „L'homme machine" von Julien Offray de Lamettrie, der es an Albrecht von Haller (gegen dessen Willen) adressiert hat.[154] Auch wenn Laplace weder von Haller noch de Lamettrie ausdrücklich in der Œuvre nennt, so kann doch davon ausgegangen werden, daß er zumindest mit deren geistiger Haltung vertraut ist. Laplace und Lavoisier hatten Experimente zur tierischen Wärme gemacht, in denen es um die quantitative Erfassung von animalischen Verbrennungsprozessen ging; diese sind im Mémoire sur la chaleur dokumentiert.[155] Laplace hat danach keine weiteren Arbeiten zum Verhältnis von Physik und Biologie oder Medizin verfaßt. Aus den wenigen Randbemerkungen der Exposition zum Lebensphänomen geht hervor, daß er die Grundhaltung beibehalten hat:

> „L'égalité de l'action à la réaction se manifeste dans toutes les actions de la nature: [...] quel que soit le principe moteur de l'homme et des animaux, il est constant qu'ils reçoivent, par la réaction de la matière, une force égale et

---

152 SdM, S. 175.

153 Siehe Newton: „Principes Mathématiques", Bd. II, S. 179–180.

154 Siehe Julien Offray de La Mettrie: „L'Homme Machine", in: „Œuvres philosophiques", 2. Nachdruckauflage der verbesserten und erweiterten Ausgabe von 1774, Hildesheim 1988, S. 277.

155 Siehe OC, Bd. X, S. 149–200.

contraire à celles qu'ils communiquent, et qu'ainsi, sous ce rapport, ils sont assujettis aux mêmes lois que les êtres inanimés."[156]

Das Zitat zeigt, daß die Allgemeinheit des Wechselwirkungsprinzips so hoch ist, daß dessen Gültigkeit bei biologischen Prozessen nicht bezweifelt wird.

Ein weiterer Zusammenhang zwischen Physik und Biologie war schon in der Antike bekannt: das Verhältnis von Sonne, Feuer und Leben.[157] Die Funktion der Sonne besteht auch für Laplace nicht nur in der Stabilisierung der Planeten-, insbesondere der Erdbahn, sondern auch in ihrer Wärme. Die Ausgewogenheit der Sonnenwärme und der Distanz von der Erde zur Sonne verleitet sogar ihn zu einer kreationistisch anmutenden Bemerkung: Der Mensch sei für die auf der Erde bestehenden Bedingungen gemacht: „L'homme, fait pour la température dont il jouit sur la terre [...]."[158] Daß es überhaupt Leben gibt, wird säkularisiert durch Sonnenwärme und die Fruchtbarkeit der Materie erklärt. Beide führen zur irdischen Lebensvielfalt:

„Non-seulement cet astre [die Sonne] agit par son attraction sur tous ces globes, en les forçant à se mouvoir autour de lui; mais il répand sur eux, sa lumière et sa chaleur. Son action bienfaisante fait éclore les animaux et les plantes qui couvrent la terre [...]; car il est naturel de penser que la matière dont nous voyons la fécondité se développer en tant de manières, n'est pas stérile sur une aussi grosse planète que Jupiter [...]."[159]

Laplace scheint die Auffassung der Universalität physikalischer Gesetze auf Lebensprozesse zu übertragen. Er geht von der Möglichkeit extraterrestrischen Lebens aus, weil andere Planeten vergleichbare physikalische Eigenschaften besitzen, ausdrücklich Größe, Atmosphäre und (falsch eingeschätzte) Temperatur. Das veranlaßt zur Annahme extraterrestrischen Lebens, weil schon auf der Erde eine einheitliche Materie zu einer als reichhaltig empfundenen Mannigfaltigkeit von Lebensformen führt. Auf der Erde allein lassen sich den unterschiedlichen Klimaverhältnissen entsprechend unterschiedliche Tiere und Pflanzen beobachten. Laplace behauptet nicht, daß es auf anderen Planeten Leben gebe, sondern fragt vielmehr, warum dies denn nicht der Fall sein solle.[160] Es dürfte aber For-

---

[156] SdM, S. 173–174.

[157] Vgl. Aristoteles: „De generatione et corruptione", 336 a, 29–34.

[158] SdM, S. 475.

[159] SdM, S. 475. Daß die Sonne, Wärme oder Feuer das Lebensprinzip ist, reicht bis zur Vorsokratik und bei der Grundlegung der Biologie bis zum Peripatos zurück. Siehe für die Zoologie Aristoteles: „De generatione et corruptione", 336 a, 29–34 und für die Botanik Theophrast: „Historia plantarum", I, 7, 1 und „De causis plantarum" III, 3, 1 und I, 12, 7.

[160] Für die Annahme von extraterrestrischem Leben argumentiert schon Huygens auf der Basis einer Wahrscheinlichkeitserwägung (Christiaan Huygens: „ΚΟΣΜΟΘΕΩΡΟΣ", in: „Œuvres complètes", Bd. XXI, La Haye 1944, S. 700–701, S. 18, La Haye 1649, S. 18). Für den Hinweis danke ich Eberhard Knobloch.

men annehmen, von denen wir uns keine Vorstellungen machen können, da wir die klimatischen Bedingungen, die auf den Planeten herrschen, zu wenig kennen, um Analogieschlüsse ziehen zu können. Der Mond beispielsweise habe eine sehr dünne Atmosphäre, in der irdische Lebensformen nicht vorliegen können: „De là nous devons conclure qu'aucun des animaux terrestres ne pourrait respirer et vivre sur la Lune, et que, si elle est habitée, ce ne peut être que par des animaux d'une autre espèce."[161] Die Theorien über extraterrestrisches Leben bleiben auf dem Niveau der Analogieschlüsse und der Spekulation, so daß sie nur mit dem Status hoher Wahrscheinlichkeit vertreten werden: „leur [die Vielfalt von Lebensformen im Universum] existence est, au moins, fort vraisemblable".[162]

Zurück auf die Erde: Eine befremdende Entwicklung der neuzeitlichen Wissenschaftsgeschichte ist, daß die historische Reihenfolge der Evolutionstheorien vom Kosmos über die Geologie zur Biologie geht. Eine Kosmogonie ohne eine biologische Evolutionstheorie greift auf wissenschaftlich fragliche Theorien wie einen sich wiederholenden Kreationismus zurück (Cuvier). Laplace sieht offenbar das Problem: Einerseits mutmaßt er, daß die von Cuvier dargelegte Vielfalt von Lebensformen zumindest den Wandel der Arten bezeuge:

> „Mais tant d'espèces d'animaux éteintes dont M. Cuvier a su reconnaître, avec une rare sagacité, l'organisation dans les nombreux ossements fossiles qu'il a décrits, n'indiquent-elles pas dans la nature une tendance à changer les choses même les plus fixes en apparence?"[163]

Andererseits weist der Kosmos eine Stabilität auf, die dem zu widersprechen scheint:

> „Il semble que la nature ait tout disposé dans le ciel pour assurer la durée du système planétaire, par des vues semblables à celles qu'elle nous paraît suivre si admirablement sur la terre, pour la conservation des individus et pour la perpétuité des espèces."[164]

Die Erörterung des Lebens als wissenschaftlicher Befund macht deutlich, daß Laplace mit Weltanschauungen zumindest intuitiv vertraut ist, die keineswegs mechanistisch sind. Solche Argumentationen erinnern an animistische oder teleologische Weltbilder: Die Aufrechterhaltung der Arten, die im Bereich der Biologie durch Reproduktion erreicht wird, ist schon bei Aristoteles das Ziel des individuellen Lebens; Laplace zeichnet sie als anscheinendes Ziel der kosmischen Natur aus. Man urteilt aber vorschnell, wenn man darin lediglich ein sprachökonomisches Prinzip oder bloße Metaphorik sehen möchte. Letztlich geht es bei der Erörterung der Gründe für Leben überhaupt und für die Artenvielfalt um Fragen, die nicht in den Gegenstandsbereich der Himmelsmechanik gehören. Die

---

161 SdM, S. 31.
162 SdM, S. 475.
163 SdM, S. 480.
164 SdM, S. 477–478.

schwierigen Fragen nach der Emergenz von Bewußtsein oder von Leben bleiben außen vor. Eine himmelsmechanische Theorie muß aus der Sicht eines Lebenswissenschaftlers äußerst unbefriedigend sein oder sogar am Kernproblem der Wissenschaften vorbei gehen, für den Himmelsmechaniker leistet sie aber genau das, das er zu dem Zeitpunkt wissenschaftlich verantworten kann. – Es ist erstaunlich, daß auch Laplace sich bei Problemen, die der quantitativen Methode nicht zugänglich sind, schnell teleologischer Begriffe oder Argumentationsweisen bedient.[165]

2. La Métaphysique de Laplace

Voltaires Métaphysique de Neuton von 1740, die ein Vergleich zwischen Newtons und Leibnizens System ist, klärt, was im Frankreich der Aufklärungszeit als Metaphysik der Newtonschen Mechanik zählt. Dies ist nicht viel; der größte Teil der Schrift widmet sich naturwissenschaftsexternen Fragen. Insgesamt geht es um Gott, das Verhältnis von Raum und Zeit zu Gott, Freiheit und das Prinzip vom zureichenden Grund, Freiheit des Menschen, natürliche Religion, das Leib-Seele-Problem, erste Prinzipien der Materie, Elemente, Monaden und um aktive Kraft. Laplace' ablehnende Haltung zur Metaphysik hat sich erst in seiner wissenschaftlichen Laufbahn herauskristallisiert.[166] Diese Themen gehören zu Zeiten der Exposition nicht mehr zu seinen Interessen, doch gelegentlich gibt es noch Bemerkungen zu ihnen. Keines der Themen wird in der Exposition theologisch diskutiert. Daher wird dieses Kapitel kurz ausfallen. Es bleiben vor allem die Fragen offen, die in einer positivistischen Wissenschaft erst gar nicht gestellt werden.

Der Begriff der Metaphysik bezeichnet innerhalb der Abhandlungen zur Mechanik so etwas wie die Prinzipien der entsprechenden Disziplin oder eines Verfahrens. D'Alembert verweist im Traité de Dynamique im Zusammenhang des Differentialkalküls auf die Encyclopédie: „Voyez l'*Encyclopédie*, aux mots DIFFÉRENTIEL & FLUXION. La Métaphysique du calcul différentiel est expliquée dans le premier de ces articles, d'une manière qui ne doit laisser aucune difficulté."[167] Das scheint Laplace' ohnehin nur sehr spärlichen Gebrauch von Meta-

---

165 Vgl. Kanitscheider über Freeman Dyson: „Es ist […] selbst für kühle Naturwissenschaftler ein kurzer verführerischer Schritt, von einem Universum, das auf unsere Existenz perfekt zugeschnitten *scheint*, zu einem Universum, das wirklich von einem kosmischen Schneider als Maßanzug für den Menschen angefertigt wurde, zu gelangen." (Bernulf Kanitscheider: „Die Feinabstimmung des Universums und die Existenz von Leben, ein Rätsel der Kosmologie?", in: Walter G. Saltzer, Peter Eisenhardt u. a. (Hrsg.): „Die Erfindung des Universums? Neue Überlegungen zur philosophischen Kosmologie", Frankfurt, Leipzig 1997, S. 32.)

166 Die Entwicklung skizziert Roger Hahn im Aufsatz: „Laplace as a Newtonian Scientist", insbesondere S. 12 ff.

167 D'Alembert: „Traité de Dynamique", S. 50.

physik zu entsprechen. Die Vorlesungen zur Mathematik beginnen mit einer Erläuterung des Dezimalsystems, das auf der Position der zehn Zeichen basiert. Darin besteht die Metaphysik der Arithmetik: „Vous concevez, par les principes métaphysiques sur lesquels est fondé notre système de numération, que rien n'obligeait de s'en tenir à dix caractères; on pouvait en employer plus ou moins.“[168]

In der Exposition gibt es keine Erörterungen zur Metaphysik, sondern nur zwei Vorkommnisse des Begriffs[169]: 1. Fermat wandte auf das Problem der Lichtbrechung die Methode der Maxima und Minima an. Laplace kommentiert Fermats Methode: „En considérant cet objet sous un point de vue métaphysique, il chercha la loi de la réfraction par le principe que nous avons exposé précédemment, et il fut tres surpris à celle de Descartes.“[170] 2. Buffons oben erwähntes Argument zur Primordialität und Einfachheit des Gravitationsgesetzes wies ihn als métaphysicien aus.[171]

In der Mécanique céleste gibt es ein weiteres Vorkommnis des Metaphysikbegriffs. Laplace leitet das Prinzip der kleinsten Wirkung aus der Erhaltung der force vive her. Er kommentiert dies mit historischen Anmerkungen:

> „si le mobile n'est point assujetti à se mouvoir sur une courbe déterminée, la courbe qu'il décrit jouit d'une propriété singulière, à laquelle on a été conduit par des considérations métaphysiques, et qui n'est au fond qu'un résultat remarquable des équations différentielles précédentes.“[172]

Alle Vorkommnisse sind dergestalt, daß sie auf die Prinzipien der Mechanik beschränkt sind. Die anderen Themen der Metaphysik, für die Voltaires Métaphysique de Neuton einen Katalog darstellt, scheinen Laplace nicht nur nicht zu interessieren, sondern sie werden, wenn sie denn überhaupt angesprochen werden, als für den Fortschritt der Mechanik nutzlos ausgegrenzt. Dennoch lassen sich manchmal aus Randbemerkungen Informationen über einige Themen gewinnen, die heute zur Metaphysik der Physik zählen. Derartige Bemerkungen sind für die Charakterisierung eines mechanistischen Weltsystems aufschlußreich.

Raum und Zeit

Beispielhaft für naturwissenschaftlich interessante, aber innerhalb der klassischen Mechanik irrelevante Themen ist die Ontologie von Raum und Zeit. Die Frage stammt aus der Antike, Descartes, Newton und Leibniz haben die neuzeitliche Diskussion intensiviert, jedoch ohne ein konsensfähiges Ergebnis hervorgebracht zu haben. Voltaires Métaphysique de Neuton ist ein gutes Zeugnis dafür,

---

168 Laplace: „Leçons de Mathématiques“, OC, Bd. XIV, S. 20.

169 Im Registerband der Œuvres gibt es keinen Eintrag Métaphysique.

170 SdM, S. 363.

171 Siehe oben, S. 103.

172 Mécanique céleste, OC, Bd. I, S. 24.

wie eine Diskussion behandelt wird, in der Wissenschaftler auf wissenschaftsexterne Bereiche ausweichen. Die naturwissenschaftliche Frage nach dem Wesen des Raums wird durch Argumente, die nicht in den Naturwissenschaften selbst ihren Grund haben, entschieden. Voltaire gibt einige Details des Streits aus dem Clarke-Leibniz-Briefwechsel (sensorium dei, Allgegenwart Gottes, „L'Espace existe nécessairement, parce que Dieu existe nécessairement“[173] etc.) wieder und läßt die eigene Auffassung nicht außen vor. Bei der systematischen Erörterung greift er auf einen „ancien argument“ zurück; gemeint ist das Weltrandproblem: Wenn ich am äußeren Rand der Welt stehe, kann ich dann noch einen Stock nach außen halten?[174] Das Argument kommt in der Neuzeit auch bei Descartes und John Locke vor. Descartes argumentiert, daß man sich nicht nur einen Raum jenseits der Grenze vorstellen könne, sondern daß dieser auch existiere; nach Locke ist es nicht möglich, sich einen endlichen Raum vorzustellen, da geometrisch jede Grenze überschritten werden könne.[175]

Angesichts der methodischen und inhaltlichen Ferne der Diskussion zur physikalischen Zugänglichkeit verwundert es nicht, daß es für Laplace Nützlicheres gibt, als sich auf das Verhältnis Gott – Raum einzulassen.[176] In einem einleitenden Absatz zur Kraft- und Gleichgewichtstheorie stellt er die methodische Bedeutung des Raums in der Kinematik vor. Bewegung sei eine Veränderung der Situation relativ zu einem System von Körpern, das sich in Ruhe befinde. Zur Messung der absoluten Veränderung definiere man im realen Raum Fixpunkte, die zugleich auch bekannte Punkte in einem geometrischen Raum markieren. Der imaginäre absolute Raum wird als „un espace sans bornes, immobile et pénétrable à la matière“[177] vorgestellt, Eigenschaften, die auch Newton dem Raum zuschreibt.[178] Laplace führt die Erörterung nicht weiter, aus anderen Bemerkungen geht aber hervor, daß er an einen Euklidischen Raum mit einem rechtwinkligen Koordinatensystem denkt.

Im Zusammenhang der Zeitmessung sagt er, daß ein sich auf einer Geraden gleichförmig bewegender Körper zur Zeitmessung herangezogen werden könne,

---

173 Voltaire: „La Métaphysique de Neuton“, S. 12.

174 Das Argument ist von Archytas von Tarent: „ἀεὶ οὖν βαδιεῖται τὸν αὐτὸν τρόπον ἐπὶ τὸ ἀεὶ λαμβανόμενον πέρας καὶ ταὐτὸν ἐρωτήσει, καὶ εἰ ἀεὶ ἕτερον ἔσται ἐφ' ὃ ἡ ῥάβδος, δῆλον ὅτι καὶ ἄπειρον.“ (Archytas DK 47 A 24. „Man schreitet nun immer auf dieselbe Art voran, indem man immer eine Grenze annimmt und dann dasselbe fragt; und wenn es immer anderes gibt, an das der Stock stößt, ist klar, daß es auch grenzenlos ist.“)

175 Siehe Descartes, „Principia Philosophiae“, Pars secunda, § 21 und John Locke: „An Essay concerning human understanding“, Oxford 1975, Book II, Chapter XV, § 2, S. 196–197.

176 Siehe jedoch zur Würdigung der theologischen Argumentationen Alexandre Koyré: „Von der geschlossenen Welt zum unendlichen Universum“, Frankfurt 1969, insbesondere die Kapitel VII, IX und X.

177 SdM, S. 152.

178 Siehe Newton: „Principes Mathématiques“, Bd. 1, S. 8.

und zwar mit der Begründung: „car un corps ne pouvant pas être dans plusieurs lieux à la fois, il ne parvient d'un endroit à un autre, qu'en passant successivement par tous les lieux intermédiaires".[179] Der Raum ist also stetig und an jeder Stelle differenzierbar.

Weitere Eigenschaften des absoluten Raums, z. B. seine Emergenz, die in den metaphysischen Erörterungen aufkamen, bleiben offen. Eine Randbemerkung, die für Laplace' Geringschätzung derartiger Erörterungen aussagekräftig ist, folgt auf die obige Charakterisierung des absoluten Raums: Um sich eine Vorstellung von der Bewegung zu machen, stelle man sich einen grenzenlosen, unbeweglichen und für Materie durchlässigen Raum vor. „C'est aux parties de cet espace réel ou idéal, que nous rapportons par la pensée, la position des corps;"[180] „réel ou idéal" ist in der Exposition du système du monde die einzige Aussage zur Ontologie des Raums.

In der Philosophie ist man geneigt, das Problem des Raums an entsprechende philosophische Texte wie den Clarke-Leibniz-Briefwechsel rückzubinden.[181] Zumindest in Bezug auf die Entwicklung der Mechanik in Frankreich, die allerdings maßgeblich war, glaube ich nicht, daß das historisch angemessen ist. Die wichtigsten Texte der Mechanik des 18. Jahrhunderts sind d'Alemberts Traité, Lagranges Mécanique Analitique und die Arbeiten von Laplace. Schon d'Alembert entspricht der Auffassung vom absoluten Raum nur noch in methodischer Sicht; bei ihm trifft man auf eine sprachlich ähnliche Darstellung wie bei Laplace:

> „Il nous sera donc toujours permis de concevoir un espace indéfini comme le lieu des corps, soit réel, soit supposé, & de regarder le Mouvement comme le transport du mobile d'un lieu dans un autre."[182]

Der Praxis liegt zwar das Konzept eines absoluten Raums zugrunde, wohl aber nur als theoretischer, analytischer oder technischer und nicht als ontologischer Begriff: Wenn sich die Impulse zweier aufeinander prallender Massen aufheben, dann müssen sie „rester en repos dans cet espace absolu".[183] Der absolute Raum ist hier der idealisierte Raum, in dem die Gesetze der analytischen Mechanik gelten. Newtons Eimerversuch spielt bereits bei d'Alembert keine Rolle mehr. Wenn er den Raum thematisiert, dann auch nicht mit dem personellen Hintergrund von Newton, Clarke und Leibniz, sondern der „Cartésiens (Secte qui à la

---

179 SdM, S. 16.

180 SdM, S. 152.

181 Vgl. Bartels: „[...] entscheidend war [für die Durchsetzung von Newton/Clarke gegenüber Leibniz], daß Newton den absoluten Raum zur Erklärung einer beobachtbaren Tatsache verwenden konnte: Das Auftreten von Trägheitskräften in beschleunigten Inertialsystemen (z. B. Zentrifugalkräfte beim Karussell) beruht darauf, daß diese Bezugssysteme gegenüber dem absoluten Raum beschleunigt sind. Die Existenz des absoluten Raumes ist der Grund für das Auftreten von Trägheitskräften." (Bartels: „Naturphilosophie", S. 31.)

182 D'Alembert: „Traité de Dynamique", S. vi–vii.

183 D'Alembert: „Traité de Dynamique", S. 53.

vérité n'existe presque plus aujourd'hui)"[184]. Das Wissen um die Cartesianische Raumtheorie läßt sich auch bei Laplace nachweisen. Die Möglichkeit eines leeren und ausgedehnten Raums, die Descartes und seine Anhänger ablehnen, wird von Laplace eingeräumt; letztlich ist es ihm aber gleichgültig:

> „On pourrait ainsi concilier l'inaltérabilité de ces mouvements [der Planetenbewegung], prouvée par les phénomènes, avec l'opinion de ceux qui regardent le vide comme impossible. Mais cela est indifférent à la Mécanique [...]."[185]

Die Ausführungen zu d'Alemberts Raumbegriff lassen sich auf Lagrange übertragen, bei dem espace der Raum eines Koordinatensystems ist, in dem Bewegungen analytisch beschrieben werden.[186] In der französischen Mechanik ist der Raum nicht wie bei Newton hypostasiert. Warum sich die Newtonsche Ontologie – nicht die Newtonsche Methode – bei d'Alembert, Lagrange und Laplace nicht durchgesetzt hat, ist schwer zu sagen. Zum einen ist ein absoluter Raum physikalisch nicht wirkfähig und Newtons Interpretation des Eimerversuchs unhaltbar. Wichtiger ist aber wohl, daß Newtons Definitionen von Raum und Zeit schon in den Principia Fremdkörper sind: „Das Abstrahieren von den Sinnen in bezug auf Raum und Zeit ist ein Grenzfall. Überall sonst unterstreicht Newton seine phänomenalistische Haltung."[187]

Laplace' Erläuterungen zur Ontologie der Zeit sind nicht ausführlicher. Er widmet ein Kapitel der Zeit und ihrer Messung, das bis auf den ersten Satz nur die Zeitmessung behandelt.[188] Der erste Satz läßt die Ontologie außen vor und bestimmt Zeit subjektivistisch als Eindruck, den die Folge von Ereignissen in der Erinnerung hinterläßt: „Le temps est pour nous l'impression que laisse dans la mémoire une suite d'événements dont nous sommes certains que l'existence a été successive."[189] Ich sehe keine Möglichkeit, aufgrund eines Satzes Laplace' Zeitvorstellung an konkrete historische Zeitbegriffe anzuknüpfen. Kandidaten gibt es viele, z. B. Descartes, Locke oder Berkeley. Offenbar schließt er sich der Newtonschen Auffassung einer absoluten Zeit, die an sich gleichförmig verläuft, nicht vorbehaltlos an oder ignoriert sie zumindest. Letzteres ist die für Laplace typischere Haltung gegenüber der Metaphysik. Die mangelnde Bereitschaft, sich mit Zeit als metaphysischem Problem auseinanderzusetzen, läßt sich wie beim Raumproblem verstehen. Die Zeiterörterungen werden im 18. Jahrhundert ohnehin oft

---

[184] D'Alembert: „Traité de Dynamique", S. v–vi.

[185] SdM, S. 175.

[186] „Pour exprimer analitiquement la même quantité, ce qui se présente de plus simple, est de rapporter la position de tous les points du systême donné à des coordonnées rectangles & parallèles à trois axes fixes dans l'espace." (Lagrange: „Mécanique Analitique", S. 19.)

[187] Paolo Casini: „Isaac Newton", in: Friedrich Ueberweg: „Grundriss der Geschichte der Philosophie – Die Philosophie des 17. Jahrhunderts. England", neubearb. Ausgabe, hrsg. von Jean-Pierre Schobinger, Basel 1988, S. 476.

[188] Kapitel III, Buch I: „Du temps et de sa mesure", SdM, S. 16–22.

[189] SdM, S. 16.

im Zusammenhang einer Raummetaphysik geführt, z. B. im zweiten Kapitel aus Voltaires Métaphysique de Neuton: „De l'Espace & de la Durée comme propriétés de Dieu". Der Kapiteltitel kündigt an, was von der anschließenden Diskussion zu erwarten ist: „L'Espace & la Durée sont deux attributs nécessaires & immuables, de l'Etre éternel & immense. [...] Dieu seul peut connoître toute la Durée".[190] Lagrange behandelt die Zeit nur in ihrer Funktion der vierten Dimension in einem Raum-Zeit-Koordinatensystem: „on peut regarder la mécanique comme une géométrie à quatre dimensions, et l'analyse mécanique comme une extension de l'analyse géométrique".[191] Auf das obige Laplace-Zitat zur Zeit folgt die Anleitung zur Zeitmessung und deren Anwendungsbereiche. Die Anwendungsbereiche sind nicht auf die Naturwissenschaften beschränkt, sondern eine Funktion der Zeitmessung ist auch die Organisation der „vie civile"[192]. Es geht also nicht nur um Mechanik oder Naturphilosophie, sondern auch um praktische Verwertungen der Zeitmessung. Die Organisation einer Gesellschaft ist thematisch der Ontologie noch ferner als die Himmelsmechanik, so daß das Fehlen einer Ontologie der Zeit verständlich ist.

Der Laplacesche Gesetzesdeterminismus

Die grobe Charakterisierung des Laplaceschen Gesetzesdeterminismus ist, daß Naturgesetze existieren und die Materie sich gemäß diesen Naturgesetzen verhält: „Tout leur [den Naturgesetzen] obéit dans la nature".[193] Mit diesem Satz gehen zwei große Themen der Metaphysikgeschichte einher: Welche Existenzform haben Naturgesetze? Wie ist das Verhältnis von Naturgesetzen und der Materie? Auch hier trifft man auf die für Laplace übliche Ablehnung der Metaphysik: Man erfährt, zu welchen philosophischen Auffassungen die Himmelsmechanik führt, wobei diese Auffassungen keiner philosophischen Analyse unterzogen werden. Von einer Trennung von Ontologie und Epistemologie ist nichts zu spüren. Das heißt: Es gibt Naturgesetze. Was oben im Zusammenhang des Kraftbegriffs gesagt wurde, gilt auch in Bezug auf die Naturgesetze. Schon Newton hatte sich trotz aller ihm bekannten ontologischen Probleme mit der Annahme der Existenz der Gravitationskraft ohne weitere Erläuterungen zufrieden gegeben: „Et il suffit que la gravité éxiste [...]."[194] Die Position wurde von d'Alembert inklusive ihrer theologischen Begründung mitgeführt und an

190 Voltaire: „La Métaphysique de Neuton", S. 15.

191 Joseph Louis Lagrange: „Théorie des fonctions analytiques, contenant les principes du calcul différentiel, dégagés de toute considération d'infiniment petits ou d'évanouissans, de limites ou de fluxions, et réduits à l'analyse algébrique des quantités finies", Paris, Jahr V nach der Revolution, S. 223.

192 SdM, S. 16.

193 SdM, S. 151.

194 Newton: „Principes Mathématiques", Bd. II, S. 179.

Laplace vermittelt.[195] Er überträgt sie säkularisiert auf die Bewegungsgesetze, die aus der Gravitationstheorie abgeleitet werden. Andererseits darf man nicht überall dort einen Platonismus unterstellen, wo Existenzbehauptungen in Bezug auf Gesetze oder Gleichungen gemacht werden. Laplace spricht z. B. von der Existenz von säkularen Gleichungen und einer Bestätigung von seinen errechneten Werten: „les éléments de ces Tables confirment donc à la fois l'existence de ces équations et les valeurs que je leur ai assignées".[196] Den Planetenbahnen wird dagegen die Realität abgesprochen, wobei Realität wohl auf die Materialität Bezug nimmt: „L'orbe lunaire et généralement les orbes du Soleil et de tous les corps célestes n'ont pas plus de réalité que les paraboles décrites par les projectiles à la surface de la Terre."[197]

Laplace sagt nichts ausdrücklich zur zeitlichen und räumlichen Gültigkeit der Naturgesetze. Daß er beides annimmt, geht aus Formulierungen wie „force universelle"[198], „des mouvements réglés par des lois éternelles"[199], „lois dont nous dépendons sans cesse"[200] oder „embrassant l'univers"[201] hervor. Die Annahme der Orts- und Zeitinvarianz von physikalischen Gesetzen basiert auf der Induktion der Verhältnisse des Sonnensystems: Man schließt in der Himmelsmechanik von dem uns optisch zugänglichen Bereich auf den Gesamtaufbau des Universums. Physikalisch ist dies legitim, da gerade durch Newton die Trennung von irdischer und kosmischer Physik überwunden wurde und zur Annahme einer eingeschränkten Gültigkeit der Physik des Sonnensystems kein Anlaß bestand. Laplace' Auffassung ist durchaus mit dem heutigen kosmologischen Prinzip vergleichbar: Die uns zugängliche Physik deutet auf einen stofflich, gesetzlich und informatorisch einheitlichen Aufbau des Universums hin.

Die wissenschaftshistorische Bedeutung der stofflichen und nomologischen Einheit des Universums besteht in der Aufhebung des von Aristoteles etablierten Dualismus der sub- und translunaren Physik. Daß sich die Gesetze der Himmelsmechanik auf die allgemeineren Gesetze der Mechanik zurückführen lassen, ist schon keine Selbstverständlichkeit. Es geht aber um die Vereinheitlichung unterschiedlicher physikalischer Bereiche. Zum Beispiel ist in der Lichttheorie der Zusammenhang von Optik und Mechanik über die Prinzipien der Mechanik gegeben. Das Prinzip der kleinsten Wirkung ist nicht nur ein mechanisches Prinzip, sondern ein allgemeineres Prinzip, das innerhalb der Mechanik formuliert worden ist und in der Optik seine Anwendung findet. Daß die Prinzipien der kleinsten Wirkung und der force vive die zentralen mechanischen Grundsätze für die

---

195 Siehe Roger Hahn: „Laplace as a Newtonian Scientist", S. 13–14.

196 SdM, S. 248.

197 SdM, S. 25.

198 SdM, S. 393.

199 SdM, S. 400.

200 SdM, S. 151.

201 SdM, S. 466.

Optik sind, zeigt die Bemerkung zu Malus' Optik. Deren optische Gesetze seien „déduites des principes de la moindre action et des forces vives" und die optischen Eigenschaften des Kristalls „sont le résultat des forces attractives et répulsives".[202] Laplace' häufige Betonung, daß sich aus dem Gravitationsgesetz alle Phänomene ergeben und daher auch aus ihm ableitbar seien, darf nicht allzu wörtlich verstanden sein: Es kommen nicht nur Kohärenzbildungen mittels des Gravitationsgesetzes vor, sondern auch mittels allgemeiner Prinzipien oder Teiltheorien. Hydrodynamik, Mechanik und Chemie hängen über die Gleichgewichtstheorie miteinander zusammen:

> „La considération de la stabilité de l'équilibre d'un système de molécules réagissantes les unes sur les autres par leurs forces attractives est très utile pour l'explication d'un grand nombre de phénomènes. De même que, dans un système de corps solides et fluides animés par la pesanteur, la Mécanique nous montre plusieurs états d'équilibre stable, la Chimie nous offre, dans la combinaison des mêmes principes, divers états permanents."[203]

Zwei philosophiehistorische Aspekte des kosmologischen Einheitsgedankens sind die Preisgabe von kosmischen axiologischen Hierarchien und die Säkularisierung von den metaphysischen Einheitslehren des Neuplatonismus.[204] Kanitscheider hat dies sehr gut auf den Punkt gebracht: „Die grandiose Vision von Giordano Bruno wird im kosmologischen Postulat heutiger Astronomie zu einer nüchternen Arbeitshypothese."[205]

Das epistemische Prinzip der kosmischen Einheit und der Kohärenz ist die Deduktion. Die deduktive Hierarchie des Laplaceschen Weltsystems besteht aus drei Stufen: 1. Kräfte, 2. Gesetze, 3. Phänomene. Die Stufen sind zugleich Ursachen- und Erklärungsstufen; eine Trennung von Ontologie und Epistemologie fehlt. An oberster Stelle steht das Gravitationsgesetz, aus dem die Bewegungsgesetze folgen; aus den Bewegungsgesetzen wiederum ergeben sich die konkreten Bewegungen aller Körper. Das scheint mir die angemessene Darstellung zu sein, obwohl im Laplaceschen Weltsystem weitere Gesetze und Prinzipien wie das Trägheitsgesetz, Erhaltungssätze oder das Gleichgewichtsprinzip gelten. Eine zufriedenstellende Antwort auf die Frage, ob Laplace einen Gesetzesmonismus vertritt, läßt sich nicht geben; die Exposition ist diesbezüglich inkonsistent. Man liest einleitend, daß das Ziel der Exposition die Darstellung der Induktion des „principe de la pesanteur universelle" aus den Beobachtungen sei und vom Gravitationsgesetz ausgehend alle Phänomene des Himmels erklärt werden: „redescendre enfin de ce principe à l'explication complète de tous les phénomènes

---

202 SdM, S. 360.

203 SdM, S. 391.

204 Zu den neuplatonischen Einheitslehren siehe Jens Halfwassen: „Plotin und der Neuplatonismus", München 2004, insbesondere S. 74–79.

205 Klaus Mainzer: „Symmetriebrechung und Emergenz in der Kosmologie", in: Saltzer, Eisenhardt u. a. (Hrsg.): „Die Erfindung des Universums?", S. 74.

célestes jusque dans leurs moindres détails".[206] Das dritte Buch beginnt mit dem Resumee, daß in den zwei vorausgegangen Büchern „le petit nombre des lois générales que la matière suit dans ses mouvements"[207] hergeleitet wurden. Das Buch IV stellt die Gesetze der Himmelsbewegung in Abhängigkeit zu Kräften, forces, die selbst Resultat einer force principale seien.[208] An anderer Stelle ist die Rede von zwei lois fondamentales du mouvement, womit das Trägheitsgesetz und die Proportionalität von Kraft und Geschwindigkeit gemeint sind.[209] – Auch wenn es dem widersprechende Passagen gibt, geht die Tendenz meines Erachtens zu einem Gesetzesmonismus: Die Prozesse der Natur sind das Resultat eines Gesetzes und es ist die Aufgabe der Naturphilosophie, das Gesetz in seinen mannigfaltigen Erscheinungsformen darzulegen.

Welches Kausalitätsverständnis liegt dem Laplaceschen Determinismus zugrunde? Das Kausalitätsproblem besteht seit der Antike, wobei es in der Neuzeit vor allem um die Frage geht, ob es neben den mechanischen Wirkungen Druck und Stoß noch weitere Ursachenarten gibt. Der wissenschaftshistorische Hintergrund besteht aus drei Erklärungskategorien: 1. Teleologie, 2. Zufall und 3. Fernwirkung. Die Diskussion bekommt durch Descartes und die Newtonsche Physik eine erneute Brisanz. Fernkräfte kommen bei Descartes' nicht vor, Kausalität ist auf Druck und Stoß beschränkt. Die Newtonsche Physik verlieh dagegen der actio in distans eine starke Überzeugungskraft, und zwar ohne daß Newton selbst sie vertreten hat. Die phänomenale Basis der physikalischen Kausalitätsauffassung ist bei Newton nicht nur das Experiment, sondern der erfolgreiche Umgang mit mathematisch formulierten Naturgesetzen. Die Question XXXI aus Newtons Optik ist für seine Haltung zur Kausalitätsfrage aussagekräftig. Er spricht zwar von Anziehung, gibt aber die Unkenntnis von ihrer Ursache zu:

> „Je n'examine point ici quelle peut être la cause de ces Attractions: ce que j'appelle ici *Attraction*, peut être produit par impulsion, ou par d'autres moyens qui me sont inconnus. [...] une force quelconque, [...] quelle qu'en soit la cause: car c'est des Phenomenes de la Nature que nous devons apprendre quels Corps s'attirent réciproquement, & quelles sont les Loix & les proprietés de cette Attraction, avant que de rechercher quelle est la cause qui la produit."[210]

Laplace' prägnanteste Darlegung seines Kausalitätsverständnisses befindet sich im Essai philosophique sur les probabilités. Im Zusammenhang mit dem Laplaceschen Dämon wird behauptet, daß alle Ereignisse, auch solche, die uns unbedeutend erscheinen, „une suite [des grandes lois de la nature] aussi nécessaire que les révolutions du Soleil"[211] seien. Aus Unwissenheit suchte man die Begrün-

---

206 SdM, S. 1.
207 SdM, S. 151.
208 Siehe SdM, S. 201.
209 SdM, S. 159.
210 Newton: „Traité d'Optique", S. 454.
211 „Essai philosophique sur les probabilités", OC, Bd. VII, S. vi.

dungen in Finalursachen oder in Zufall („des causes finales ou du hasard [...] ces causes imaginaires“[212]), aber der wissenschaftliche Fortschritt drängte und dränge solche Erklärungen zurück. Die Erklärung der strikten Ablehnung von Finalität und Zufall ist der Satz vom Grund.[213] Dessen ontologische Bedeutung bestehe darin, daß „l'état présent de l'univers comme l'effet de son état antérieur et comme la cause de celui qui va suivre“[214] zu betrachten sei. Damit ist zu Kausalitätsarten noch nicht viel gesagt und Ausführlicheres sucht man vergeblich.

Daß ein gegenwärtiger Zustand die Wirkung seines vorausgegangenen und die Ursache des ihm folgenden sei, ist in naturwissenschaftlichen Schriften des 18. Jahrhunderts häufig anzutreffen. Der Übergang eines Zustands zum nächsten ist kontinuierlich, was die Differentialgleichungen fordern. Daher sind die Bahnen der Planeten das Resultat einer beständigen Krafteinwirkung: „Si le point est sollicité par des forces agissant d'une manière continue, il décrira, d'un mouvement sans cesse variable, une courbe dont la nature dépend des forces qui la font décrire.“[215] Die Bewegung eines Körpers verläuft dementsprechend kontinuierlich. Im Zusammenhang der Zeitmessung sagt Laplace, daß ein sich auf einer Geraden gleichförmig bewegender Körper deshalb zur Zeitmessung herangezogen werden könne, „car un corps ne pouvant pas être dans plusieurs lieux à la fois, il ne parvient d'un endroit à un autre, qu'en passant successivement par tous les lieux intermédiaires“.[216] Auf wen das Kontinuitäts- oder Stetigkeitsprinzip (lex continuitatis) bei Laplace zurückzuführen ist, muß offen bleiben. Die sprichwörtliche Formulierung „natura non facit saltus“ geht auf Leibniz zurück. Oft wird aber auch Linné erwähnt[217]; Boscovich hat dem Kontinuitätsprinzip ein ganzes Buch gewidmet.[218] Doch weder Linné noch Boscovich spielen für Laplace eine bedeutende Rolle, auch nicht die Schriften von Leibniz oder Locke, die nicht einmal erwähnt werden. Für eine angemessene Einschätzung der Laplaceschen Naturphilosophie ist dies wichtig: Eine Kontrastierung mit zeitgenössischen Kausalitätslehren findet bei Laplace nicht statt. Daher wäre es fehlleitend, dies in einer Laplace-Interpretation vorzunehmen. Seine Kausalitätslehre ergibt sich aus der Mechanik, nicht aus der Philosophie.

Wie wirkt sich die Kausalitätsauffassung aus? Wenn Wirkungen mittels deterministischer Gesetze mit ihren Ursachen verbunden sind, scheidet vieles aus. Konkret heißt das, daß neben teleologischen Argumenten auch Erklärungen durch Zufall oder Selbstverursachung zurückgewiesen werden:

---

212 „Essai philosophique sur les probabilités“, OC, Bd. VII, S. vi.

213 Siehe oben, S. 131.

214 „Essai philosophique sur les probabilités“, OC, Bd. VII, S. vi.

215 SdM, S. 159.

216 SdM, S. 16.

217 Siehe P. F. Stevens: „Linnaeus, Carl von (1707–1778)“, in: „Routledge Encyclopedia of Philosophy“, CD-Lexikon, 1998.

218 Ruder Josip Boscovich: „De continuitatis lege“, Rom 1754.

– Zufallserklärungen. Die Einrichtung des Systems der Jupitersatelliten wäre durch Zufall zustande gekommen: „Il était contre toute vraisemblance de supposer que le hasard a placé originairement les trois premiers satellites aux distances et dans les positions convenables à ces rapports, et il était extrêmement probable qu'ils sont dus à une cause particulière".[219]
– Erklärungen durch Selbstverursachung. Die Trägheitsbewegung eines Körpers ist dadurch begründet, daß der Körper in sich nicht den Grund trägt, eine Bewegungsänderung hervorzubringen. Nun wird aber die Frage zugelassen, ob die geradlinige Bewegung beständig ist oder nachläßt.[220] Laplace wendet dieselbe Kausalitätsauffassung an: „La nature de la force motrice étant inconnue, il est impossible de savoir a priori si cette force doit se conserver sans cesse. A la vérité, un corps étant incapable de se donner aucun mouvement, il paraît également incapable d'altérer celui qu'il a reçu, en sorte que la loi d'inertie est au moins la plus naturelle et la plus simple que l'on puisse imaginer."[221] Das ontologische Argument ist: es gibt keine causa sui. Daß es der Erfahrung vorausgeht, wird insbesondere durch den sich unmittelbar anschließenden Hinweis auf die Bestätigung durch die Erfahrung deutlich: „Elle est d'ailleurs confirmée par l'expérience".[222] Eine causa sui wäre nach der klassischen Mechanik auch nicht mit dem Aktions-Reaktions-Gesetz und den Erhaltungssätzen zu vereinbaren:

> „On voit donc généralement que, dans l'action mutuelle des corps, la réaction est toujours égale et contraire à l'action. On voit encore que cette égalité ne suppose point une force particulière dans la matière; elle résulte de ce qu'un corps ne peut acquérir du mouvement par l'action d'un autre corps sans l'en dépouiller, de même qu'un vase se remplit aux dépens d'un vase plein qui communique avec lui."[223]

Die Frage nach der Apriorität des Trägheitsgesetzes verdeutlicht die Kraft der historischen Vorgaben. Das Kausalitätsprinzip fordert für ein Nachlassen der Trägheitsbewegung einen Grund, wie Laplace dagegen argumentiert. Wenn die Unmöglichkeit, die Unveränderlichkeit einer Trägheitsbewegung unabhängig von der Erfahrung zu kennen, zugestanden ist, dann kann es nur historische Gründe haben, warum nur die Möglichkeit des Nachlassens und nicht auch die Möglichkeit der Zunahme der Trägheitsbewegung erwogen wird. Das sind die Stellen, an denen das historische Erbe offen zu Tage kommt.

Welche kausalen Erklärungen akzeptiert Laplace? 1. Erklärungen, die in materialistischen Weltbildern akzeptiert sind, das heißt solche, die auf Druck und Stoß und damit auf unmittelbarem Kontakt basieren. Konkrete Fälle sind die

---

219 SdM, S. 256.
220 Zum Trägheitsproblem siehe oben, S. 118–119.
221 SdM, S. 155.
222 SdM, S. 155.
223 SdM, S. 173.

Bewegungsvorgänge bei irdischen Körpern, aber auch Erklärungen der Planetenkonstellation. Die Erklärung der Sonnenrotation aufgrund eines Einschlags eines Körpers wurde zwar nie beobachtet, ist aber aufgrund ihrer mechanischen Plausibilität akzeptabel. 2. Fernwirkungen. Im Kapitel zu Laplace' Gravitationstheorie hatte ich dargelegt, daß die Frage, ob Laplace die Gravitationskraft als eine Fernwirkungskraft entwirft, nicht definitiv entschieden werden kann und Laplace – wie auch Newton – diesbezüglich unentschieden ist. Das heißt nicht, daß Erklärungen mittels der actio in distans nicht tatsächlich vorkommen. Im Grunde basiert die gesamte Himmelsmechanik darauf: Es besteht aufgrund des Vakuums im interplanetaren Raum weder ein unmittelbarer noch ein mittelbarer Kontakt, so daß in praxi stets Fernwirkungen vorausgesetzt sind. In diesem Sinne weist Jammers schon angeführtes Zitat: „Laplace, in his *Mécanique céleste*, stated that the objective of his study is a reduction of all mechanical phenomena to forces acting at a distance."[224] in die Richtung der himmelsmechanischen Praxis, auch wenn nicht einsichtig ist, auf welche Textstelle der Mécanique céleste Jammer sich bezieht. Zwischen philosophischer Akzeptanz einer wissenschaftlichen Erklärung und ihrer faktischen Verwendung besteht eine erhebliche Kluft, die im Zuge einer vorbildlich funktionierenden Wissenschaft in Kauf genommen wird.

In der praktischen Akzeptanz von Fernwirkungen besteht der Anlaß, einen anderen Determinismus zu entwerfen, als Descartes dies getan hat. Für Descartes sind die Erhaltung der Masse und des Bewegungsquantum und die Stoßgesetze die Prinzipien, aufgrund deren Naturprozesse kausal eindeutig determiniert sind.[225] Ein solcher Determinismus bietet sich als Interpretation der Newtonschen Mechanik und der Himmelsmechanik nicht mehr an. Laplace' Kurzform des Determinismus: „Tout leur [den Naturgesetzen] obéit dans la nature; tout en dérive aussi nécessairement que le retour des saisons"[226] bedeutet ontologisch, daß Naturgesetze und Initialbedingungen die Bewegung der Materie bestimmen. Epistemologisch besagt sie, daß die Berechnung eines dynamischen Systems mittels eines Systems von Differentialgleichungen inklusive der erforderlichen Anfangsbedingungen und einer leistungsfähigen Mathematik für jeden beliebigen Zeitpunkt möglich ist. Anfangsbedingungen sind dann bekannt, wenn alle mechanischen Zustandsgrößen, das heißt die Ortskoordinaten zu einem Zeitpunkt t_1 und der Impuls $p(t_1)$, von allen Teilchen gegeben sind. In Laplace' Verständnis ist nicht nur ein Zustand die Ursache des folgenden, sondern er ist auch die Wirkung des vorhergegangenen.

---

224 Max Jammer: „Concepts of Force", S. 145.

225 Siehe Wolfgang Röd: „Descartes' Auffassung der Natur zwischen Physik und Metaphysik", in: Lothar Schäfer, Elisabeth Ströker (Hrsg.): „Naturauffassungen in Philosophie, Wissenschaft, Technik", Bd. II: „Renaissance und frühe Neuzeit", Freiburg, München 1994, S. 194.

226 SdM, S. 151.

Eine Analyse des Laplaceschen Determinismus in modernen Kategorien macht historisch wenig Sinn.[227] Schon die Angabe der Momentangeschwindigkeit und des Impulses kann nur in einer Näherung erfolgen, die von den Instrumenten abhängt. Eine dem Laplaceschen Geist angemessene Darstellung des Determinismus gibt Ernst Mach. Mach bringt die naturphilosophische Bedeutung des Prinzips der kleinsten Wirkung, das schon Euler deterministisch interpretiert hatte, auf den Punkt:

> „Man sieht, daß das Prinzip der kleinsten Wirkung, und so auch alle anderen Minimumprinzipien der Mechanik, nichts anderes ausdrücken, als daß in den betreffenden Fällen gerade *so viel geschieht*, als unter den gegebenen Umständen *geschehen kann*, als durch dieselben *bestimmt* und zwar *eindeutig bestimmt* ist."[228]

Mach zitiert Petzoldt:

> „Bei allen Bewegungen lassen sich also die *wirklich* genommenen Wege immer als *ausgezeichnete* Fälle unter *unendlich vielen denkbaren* auffassen. Analytisch heißt das aber nichts anderes als: es müssen sich immer Ausdrücke finden lassen, welche dann, wenn ihre Variation der Null gleichgesetzt wird, die Differentialgleichungen der Bewegung liefern, denn die Variation verschwindet ja nur, wenn das Integral einen *einzigartigen* Wert annimmt."[229]

und kommentiert:

> „Ich stimme Petzoldt vollkommen bei, wenn er sagt: ‚Somit sind die Sätze von Euler und Hamilton nichts anderes als *analytische Ausdrücke für die Erfahrungstatsache, daß die Naturvorgänge eindeutig bestimmt sind.*' Die ‚*Einzigartigkeit*' des Minimums ist entscheidend."[230]

Das ist eine treffende Charakterisierung auch der Laplaceschen Haltung zum Determinismus. In heutiger Physik und Naturphilosophie wird man nicht vorbehaltlos zustimmen, daß der Determinismus eine empirische Tatsache ist. Bei Laplace ist das unausgesprochene Kriterium der Determiniertheit die prognostische Leistungsfähigkeit der Differentialgesetze.

Laplace' naturphilosophisches Korrelat des Gesetzesdeterminismus ist die Deutung des Sonnensystems als Mechanismus. Die Verwendung des Begriffs mécanisme ist zweiartig: 1. Mécanisme bezeichnet die Funktionsweise interagie-

---

227 Ohne jeden Anspruch auf historische Angemessenheit diskutiert z. B. Kanitscheider, ob nicht die logischen Probleme bezüglich Allmengen allein ausreichen, um den Laplaceschen Dämon als falsch auszuzeichnen (siehe Kanitscheider: „Von der mechanistischen Welt zum kreativen Universum – zu einem neuen philosophischen Verständnis der Natur", S. 170).

228 Ernst Mach: „Die Mechanik in ihrer Entwicklung", S. 404–405.

229 Petzold zit. nach: Ernst Mach: „Die Mechanik in ihrer Entwicklung", S. 405. Original: J. Petzoldt: „Maxima, Minima und Ökonomie", Altenburg 1891, S. 11.

230 Ernst Mach: „Die Mechanik in ihrer Entwicklung", S. 405.

render Körper: „le mécanisme de la nature"[231], dessen Gesetze sich in der Planetenbewegung ‚entwickeln' („observer le développement des ses lois"[232]). Oder: 2. die interagierenden Körper selbst: Natur als „un mécanisme aussi compliqué dans ses effets qu'il est simple dans sa cause."[233]

Die Bedeutung des ersten Aspekts ist leicht zu unterschätzen. Oberflächlich entspricht er dem knappen Artikel der Encyclopédie: „MECHANISME [...] (Phys.) se dit de la maniere dont quelque cause méchanique produit son effet; ainsi on dit le méchanisme d'une montre, le méchanisme du corps humain."[234] Analysiert man aber die Encyclopédie-Artikel mit dem Wortstamm méchani-, so stellt man die hohe Bedeutung des methodischen Aspekts fest. Ein méchanicien ist ein Arzt, der die Methode der Geometer in der Medizin anwendet.[235] Im Artikel Méchanique setzt sich die Betonung der Methode fort. Mechanik sei eine „partie des mathématiques mixtes, qui considere le mouvement & les forces motrices, leur nature, leurs loix & leurs effets dans les machines".[236] Es sieht danach aus, daß am Ende des 18. Jahrhunderts die oder doch wenigstens eine Motivation zur Interpretation des Sonnensystems als Mechanismus in der Fruchtbarkeit der geometrischen Methode in der Technik und der Mechanik besteht. Das ist keine Selbstverständlichkeit. Zumindest hinsichtlich des zweiten Aspekts hätte das Wort Maschine auch gepaßt, zumal es historische Vorläufer gab: Copernicus spricht von der machina mundi[237] und Hevelius' Kosmologie (2 Bände, 1673–79) trägt den Titel Machina Coelestis.

Philosophie der Mathematik

Laplace thematisiert die Mathematik nicht als philosophisches Problem, es gibt aber in den Œuvres einige Bemerkungen, die für eine Philosophie der Mathematik aufschlußreich sind. Die erste Mathematikvorlesung zeigt, daß seine Auffassung der Mathematik weder von deren Geschichte noch von der Mechanik und Himmelsmechanik zu trennen ist. Dort geht es um die Anwendungen der Mathematik bei Galilei, um Planetenbewegung und auch um die Wahrscheinlichkeit von Zeugenaussagen. Die Begründung der Mathematik geschieht nicht axiomatisch oder mit einer anderen Systematik, sondern historisch: „La considération des grandeurs a fait découvrir des théorèmes et des méthodes, dont l'ensemble

231 SdM, S. 6.
232 SdM, S. 6.
233 SdM, S. 468.
234 Encyclopédie, Bd. 10, S. 226.
235 Siehe Encyclopédie, Bd. 10, S. 220.
236 Siehe Encyclopédie, Bd. 10, S. 222.
237 Dritte Seite der unpaginierten Praefatio in „De Revolutionibus Orbium Coelestium", Nicolaus Copernicus Gesamtausgabe, Bd. II, Hildesheim 1984, S. 4.

forme les Mathématiques."[238] Die Ergebnisse seien verglichen worden und die Mathematik habe sich als Disziplin herausgebildet. Laplace setzt also den Beitrag der Erfahrung bei der Herausbildung mathematischen Wissens sehr hoch an. Andererseits betont er, daß ausschließlich die Verstandesleistung in der Arithmetik und der Algebra für das Wissen verantwortlich sei, wogegen aber die zwei Größen der Geometrie und der Mechanik, Ausdehnung und Zeit, der Realität entnommen seien:

> „Les grandeurs que l'Arithmétique et l'Algèbre considèrent sont des abstractions de l'entendement, et ces deux sciences sont entièrement son ouvrage. Nous ne connaissons que deux grandeurs réelles, l'étendue et la durée; elles sont l'objet de la Géométrie et de la Mécanique."[239]

Das Prinzip der Gewinnung arithmetischen und algebraischen Wissens ist die Abstraktion durch den Verstand.

Ein Grund für die nicht-platonistische Auffassung der Mathematik liegt vielleicht in den zahlreichen Optionen, die im Umgang mit der Mathematik offen und deren unterschiedliche Handhabungen historisch nachweisbar sind. Laplace vergleicht die Mathematik mit einer Sprache, deren Mécanisme darin bestehe, daß mit wenigen Wörtern unendlich viele Ideen ausgedrückt werden können. Die in philosophischer Perspektive perfekteste Sprache (sic: „la langue philosophiquement la plus parfaite"[240]) sei diese, in der man aus den wenigsten Grundelementen die meisten Kombinationen erstellen könne. Der Mensch entscheide beispielsweise über die Anzahl der Grundelemente. Man benötige mindestens zwei Elemente wie im Dualsystem, was aber zu sehr unökonomischen Notationen führe. Die Geschichte der Mathematik biete alternative funktionsfähige Notations- und Zahlensysteme, die sich nicht durchgesetzt haben.

Die Ausführungen aus den Leçons de Mathématiques stimmen mit denen der Exposition du système du monde überein. Auch in ihr wird die Mathematik als eine Konstruktion des menschlichen Geists dargestellt. Laplace kommentiert die Einführung der Logarithmus-Tafeln durch Neper mit der Betonung, daß die Mathematik das Werk des Menschen sei, wodurch sie sich von praktischen Wissenschaften unterscheide: „invention d'autant plus satisfaisante pour l'esprit humain, qu'il l'a tirée en entier de son propre fonds: dans les arts, l'homme se sert des matériaux et des forces de la nature pour accroître sa puissance; mais ici, tout est son ouvrage".[241]

Laplace' Auffassung der Philosophie der Mathematik hat Ähnlichkeit mit der Position des Konstruktivismus. Neben der anscheinenden Berücksichtigung des kulturellen Einflusses bei der Entwicklung der Mathematik sind die Abstraktion

---

238 Laplace: „Leçons de Mathématiques", OC, Bd. XIV, S. 10.
239 Laplace: „Leçons de Mathématiques", OC, Bd. XIV, S. 12.
240 Laplace: „Leçons de Mathématiques", OC, Bd. XIV, S. 15.
241 SdM, S. 447.

und die Begründung der Mathematik durch die Lebens- und ab einem bestimmten Niveau durch die Wissenschaftspraxis die bedeutsamen Übereinstimmungen.[242] – Solche Vergleiche sind freilich deshalb problematisch, weil nach der mathematischen Grundlagenkrise im 20. Jahrhundert das Problembewußtsein ein anderes ist. Laplace' Bemerkungen zur Philosophie der Mathematik geht an keiner Stelle eine konkrete Frage voraus. – Die sciences mathématiques wurden durch Abstraktionen „plus générales et plus simples“[243]. Die mathematische Deduktion ist anscheinend für Laplace sowohl historisch als auch systematisch der Induktion nachgeordnet.

Die Schwierigkeit einer Einordnung von Laplace' Auffassung der Philosophie der Mathematik besteht darin, daß die realistische Interpretation quantitativer determinierender Naturgesetze und eine konstruktivistische Auffassung der Mathematik nicht widerspruchsfrei zu vereinbaren sind. Betrachtet man, auf welche Weise in der Exposition die Mathematik als Akzeptanz- oder Gültigkeitskriterium von Theorien herangezogen wird, so stellen sich mehrere Probleme. Die Mathematik hat bei Laplace ontologische Bedeutung: Sie entscheidet darüber, ob ein Gesetz ein Fundamental- oder ein abgeleitetes Gesetz ist. Fundamentalgesetze basieren auf wenigen Termen, was bei der Diskussion um die Beibehaltung oder die Modifikation des Gravitationsgesetzes zwar ein metaphysisches, jedoch das entscheidende Kriterium gewesen ist. Das Geo- und Heliozentrikproblem wurde auf der kinematischen Ebene zu Ungunsten der Geozentrik entschieden: Die Heliozentrik ist geometrisch einfacher und daher richtig, obwohl für Laplace die Ellipse in geometrischer Einfachheit durch den Kreis noch überboten wird: „L'ellipse étant après le cercle, la plus simple des courbes rentrantes [...].“[244] Bei einer stringenten Anwendung des geometrischen Einfachheitskriteriums könnte für Laplace auch Ptolemaios recht haben, nicht Kepler.

Trotz der nicht-platonistischen Deutung der Mathematik ist sie in Laplace' Weltsystem dominant. Er sieht den Ausgangspunkt der Naturphilosophie in der mathematischen Analyse. Das Wesen der Geometrie liege darin, die analytischen Zusammenhänge zu veranschaulichen. Die Beobachtung ‚realisiere‘ die geometrischen Ergebnisse und ‚transformiere‘ sie in Naturgesetze. Diese Naturgesetze ‚umfassen‘ und determinieren schließlich das Universum („embrassant l'univers“).[245] Der Begriff, der zwischen dem Konstrukt der rationalen Mechanik und einer strukturanalogen und an sich bestehenden Gesetzeshierarchie vermittelt, ist Korrespondenz:

---

[242] Vgl. Paul Lorenzen: „Lehrbuch der konstruktiven Wissenschaftstheorie“, Mannheim, Wien, Zürich 1987, insbesondere die Einleitung und die Kapitel II.1: „Theorie des mathematischen Wissens“ und II.1.1: „Abstraktion“.

[243] Laplace: „Leçons de Mathématiques“, OC, Bd. XIV, S. 10.

[244] SdM, S. 67. Vgl.: „[...] la forme elliptique, la plus simple après les formes sphérique et circulaire, que l'antiquité jugea essentielles aux astres et à leurs mouvements.“ (SdM, S. 472.)

[245] SdM, S. 466.

> „Il est intéressant de suivre ainsi dans les phénomènes de la nature les vérités intellectuelles de l'analyse. Cette correspondance, dont le système du monde offrira de nombreux exemples, fait l'un des plus grands charmes attachés aux spéculations mathématiques."[246]

Man ist an die Korrespondenztheorie der Wahrheit erinnert, wogegen aber schon die Auffassung der analytischen Methode als spéculations mathématiques spricht. Existenzaussagen, wie sie über die Naturgesetze gemacht werden, fehlen bei der Mathematik. Die Äußerungen zur Mathematik beschränken sich letztlich auf deren Anwendbarkeit und Anwendung in der wissenschaftlichen Praxis. Dafür ist ein längerer Absatz der siebten Mathematikvorlesung charakteristisch:

> „Pour bien connaître les propriétés des corps on a d'abord fait abstraction de leurs propriétés particulières, et l'on n'a vu en eux qu'une étendue figurée, mobile et impénétrable. On a fait encore abstraction de ces deux dernières propriétés générales, en considérant l'étendue simplement comme figurée. Les nombreux rapports qu'elle présente sous ce point de vue sont l'objet de la Géométrie. Enfin, par une abstraction encore plus grande, on n'a envisagé dans l'étendue qu'une quantité susceptible d'accroissement et de diminution; c'est l'objet de la Science des grandeurs en général, ou de l'Arithmétique universelle [...]. Ensuite on a restitué successivement aux corps les propriétés dont on les avait dépouillés; l'observation et l'expérience en ont fait connaître de nouvelles; et l'on a déterminé les nouveaux rapports qui naissent de ces additions successives, en s'aidant toujours des rapports précédemment découverts; ainsi la Mécanique, l'Astronomie, l'Optique, et généralement toutes les sciences qui s'appuient à la fois sur l'observation et le calcul, ont été créées et perfectionnées. Vous voyez par là que ces sciences diverses s'enchaînent les unes aux autres, et qu'elles ont une source commune dans les Sciences des grandeurs, dont l'utile influence s'étend sur toute la Philosophie naturelle. Cette méthode de décomposer les objets, et de les recomposer pour en saisir parfaitement les rapports, se nomme *Analyse.* L'esprit humain lui est redevable de tout ce qu'il sait avec précision sur la nature des choses."[247]

Der Absatz macht die Widersprüchlichkeit nochmals klar: Einerseits ist die Mathematik das kohärenzstiftende und begründende Glied zwischen den quantitativen Wissenschaften, deren Gesetze die Natur determinieren, andererseits ist sie menschliche Kreation. Die Tendenz der Äußerungen zur Mathematik geht dahin, daß sie trotz ihrer Unerläßlichkeit bei quantitativen Prognosen eher heuristisch als ontologisch interpretiert wird. Laplace sagt z. B. über die Entdeckung der Keplergesetze, daß Kepler von den Kegelschnitten des Apollonios von Perge profitiert habe. In Laplace' Beurteilung bleibt es aber nur eine Anwendung der

---

246 SdM, S. 193.

247 Laplace: „Leçons de Mathématiques, septième séance", OC, Bd. XIV, S. 78.

Geometrie und nicht eine geometrische Begründung der Keplergesetze: „L'histoire des sciences nous offre beaucoup d'exemples de ces applications de la Géométrie pure.“[248]

Metaphysikkritik

In einer mechanistischen Wissenschaft ist für Metaphysik im Sinn des 18. Jahrhunderts, das heißt vor allem für Gott und Teleologie, kein Platz. Laplace war mit solchen Themen aus Schulzeiten vertraut, wie Léon Puiseux in seinen biographischen Notizen berichtet.[249] Daß Laplace in theologischen oder teleologischen Spekulationen keinen Beitrag zum wissenschaftlichen Fortschritt sieht, wurde schon in mehreren Kontexten deutlich; die Exposition du système du monde verfügt über Stellen, die die Strenge der Ablehnung der Metaphysik noch prägnanter zeigen. Die Philosophien der Antike, insofern sie nicht mathematisch oder wissenschaftlich sind, seien „des rêves philosophiques des Grecs“[250]; Teleologen erscheinen mit der Behauptung lächerlich, daß der Zweck des Monds in der nächtlichen Beleuchtung der Erde bestehe.[251] Doch gibt es im 17. und 18. Jahrhundert Teleologen, deren wissenschaftliche Kompetenz unbestreitbar war und die Laplace anerkennt und würdigt, z. B. Newton oder Euler. Insbesondere Newtons Werk bietet eine Teleologie, die für Laplace hinsichtlich der Metaphysik überhaupt kritikwürdig ist, dies aber wohl nur wegen der Autorität ihres Autors und nicht wegen deren Wissenschaftlichkeit. Die Motivation zur Metaphysikkritik ist zu verhindern, daß bei offenen Fragen metaphysische Scheinantworten gegeben werden, wie sogar Newton es gemacht habe:

> „il est plus sage d'avouer l'ignorance que d'y substituer des causes imaginées par le seul besoin de calmer notre inquiétude sur l'origine des choses qui nous intéressent.
>
> Je ne puis m'empêcher ici d'observer combien Newton s'est écarté, sur ce point [...]. ce grand géomètre rechercha par quels motifs l'auteur de la nature a donné au système solaire la constitution dont nous avons parlé.“[252]

---

[248] SdM, S. 443.

[249] Siehe Léon Puiseux: „Notices sur Laplace“, Caen 1847, S. 36. Siehe auch Roger Hahn: „Laplace as Newtonian Scientist“, S. 12.

[250] SdM, S. 405.

[251] „Quelques partisans des causes finales ont imaginé que la Lune avait été donnée à la Terre pour l'éclairer pendant les nuits. Dans ce cas, la nature n'aurait point atteint le but qu'elle se serait proposé, puisque souvent nous sommes privés à la fois de la lumière du Soleil et de celle de la Lune.“ (SdM, S. 253.)

[252] SdM, S. 478–479. Vgl. „D'où *vient que la nature fait rien en vain?* [...] A QUELLE *fin ont été faites les Cometes?*“ (Question XXVIII, Newton: „Optique“, übersetzt von Coste, Paris 1722, S. 445.)

Die Quellen dieses Verständnisses sind das scholium generale der Principia und die Queries der Optics; aus beiden wird zitiert. In Laplace' Verständnis ist die Einrichtung des Kosmos der Kern von Newtons Teleologie und beide Zitate referieren den selben Gedanken:

> Scholium: „Cet admirable arrangement du Soleil, des planètes et des comètes ne peut être que l'ouvrage d'un être intelligent et tout-puissant.“[253]
> Queries: „ ‚Un destin aveugle‘, dit-il, ‚ne pouvait jamais faire mouvoir ainsi toutes les planètes, à quelques inégalités près à peine remarquables, qui peuvent provenir de l'action mutuelle des planètes et des comètes, et qui probablement deviendront plus grandes par une longue suite de temps, jusqu'à ce qu'enfin ce système ait besoin d'être remis en ordre par son auteur.‘ “[254]

Laplace' Reaktion ist keine metaphysische Widerlegung, wie sie z. B. Leibniz im Briefwechsel mit Clarke vornimmt; die Teleologie wird nicht falsifiziert, sondern dreifach begründet abgelehnt:

1. Methodologisch problematisch: Newton habe mit fortschreitender Reife die mathematische Methode verlassen. „Ce scolie ne se trouve point dans la première édition de l'Ouvrage. Il paraît que Newton jusqu'alors s'était uniquement livré aux sciences mathématiques, qu'il a, malheureusement pour elles et pour sa gloire, trop tôt abandonnées.“[255]

2. Wissenschaftliche Alternativerklärungen: Die göttliche Schöpfung ist nicht die einzige Antwort auf die Frage nach der Einrichtung des Kosmos. Laplace' alternative Erklärung ist die Entstehungslehre des Sonnensystems: „Mais cet arrangement des planètes ne peut-il pas être lui-même un effet des lois du mouvement?“[256] Der Schöpfungsgedanke wird durch eine genetische Erklärung ersetzt, die auf den Prinzipien und Gesetzen der Himmelsmechanik basiert. Das ist auch der Geist der Zeit: Der Entwicklungsgedanke hatte zum 18. Jahrhundert hin an Bedeutung gewonnen, was auch am Fortschritt der vergleichenden Anatomie lag. Laplace nennt Cuvier: Die Artenvielfalt, die Cuvier vorgestellt habe, spreche dafür, daß sich alles Natürliche wandele; das Sonnensystem sei trotz seiner Größe keine Ausnahme.[257]

3. Wissenschaftshistorisch nicht überzeugend: Die Teleologie nimmt mit zunehmendem wissenschaftlichen Fortschritt ab. Teleologische Erklärungen bewähren sich offenbar nicht und erscheinen daher als Kompensation von Unkenntnis:

> „Parcourons l'histoire des progrès de l'esprit humain et de ses erreurs: nous y verrons les causes finales reculées constamment aux bornes de ses connais-

---

253 Newtons scholium generale, zit. nach Laplace, SdM, S. 479.
254 Newtons queries, zit. nach Laplace, SdM, S. 479.
255 SdM, S. 479, Fußnote.
256 SdM, S. 479.
257 Siehe SdM, S. 480.

sances. [...] elles ne sont donc aux yeux du philosophe que l'expression de l'ignorance où nous sommes des véritables causes."[258]

Die Kritik richtet sich nicht nur gegen Newton. Auch nach Newton gab es wissenschaftliche Entdeckungen, die theologisch verstanden wurden, z. B. das Prinzip der kleinsten Wirkung und die Interpretation von Euler.[259] Laplace' Kritik ist technisch: Das Prinzip der kleinsten Wirkung sagt zwar etwas über den Gesamtverlauf einer Bewegung aus, ist aber nicht mehr als die integrale Formulierung eines Differentialprinzips. Das integrale Prinzip der kleinsten Wirkung folgt aus den Differentialgleichungen. Die Ableitbarkeit des Prinzips der kleinsten Wirkung aus vorhergehenden Gleichgewichts- und Bewegungsgesetzen ist das Argument dafür, daß die Natur nicht teleologisch strukturiert ist:

> „Le principe de la moindre action ne doit donc point être érigé en cause finale, et loin d'avoir donné naissance aux lois du mouvement, il n'a pas même contribué à leur découverte, sans laquelle on disputerait encore sur ce qu'il faut entendre par la moindre action de la nature."[260]

Laplace' Metaphysikkritik ist nicht auf Teleologiekritik beschränkt. Neuzeitliche Teleologie ist, wie die von Newton deutlich gezeigt hat, von Theologie nicht zu trennen.[261] Die bekannteste und wohl wirkungsmächtigste theologische Interpretation der Philosophiae Naturalis Principia Mathematica befindet sich in den Principia selbst: das Vorwort von Roger Cotes. Cotes schreibt dort: „Ce grand Ouvrage de M. Newton sera donc un solide rempart que les impies & les athées ne pourront jamais renverser; c'est là qu'il faut chercher des armes si l'on veut les combattre avec succès."[262] Bedeutend ist auch der Clarke-Leibniz-Briefwechsel, der zu Laplace' Lebzeiten ediert vorlag. Hinzukommen Kommentare wie Voltaires Métaphysique de Neuton. Das Niveau der Physikotheologie sei an einer Stelle von Voltaires Métaphysique illustriert: „Si la Matière gravite, comme cela est démontré, elle ne gravite pas de sa nature; elle a donc reçu de Dieu la gravitation."[263] Wie schwer aber die physikalischen Probleme sind, verdeutlicht eine Stelle aus Buffons Kosmologie. Es geht um die Frage, wie es denn sein kann, daß ohne eine empirisch ersichtliche Interaktion die sehr weit entfernten äußeren Planeten sich um die Sonne bewegen können. Eine traditionelle Antwort ist: durch Gottes Hand, par la main de Dieu. Auch Buffon sagt, daß theologische Erklärungen weitestgehend zu unterlassen seien; vorzuziehen seien Erklärungen,

---

258 SdM, S. 480.

259 Siehe oben, S. 134–135.

260 SdM, S. 151.

261 Dies ändert sich erst durch die biologischen Evolutionstheorien.

262 Newton: „Principes Mathématiques", S. xxxviii.

263 Voltaire: „La Métaphysique de Neuton où Parallèle des Sentimens de Neuton et de Leibnitz", Amsterdam 1740, S. 2.

die in den Kategorien der Mechanik bleiben.[264] Angesichts der physikotheologischen Argumente und Diskussionen liegt es nahe, die Ablehnung der Teleologie und ihre Deutung als Kompensation von Wissensdefiziten auf die Religion in den Wissenschaften zu übertragen. Historische Anlässe zur Ausarbeitung eines Wissenschaftsatheismus sind zahlreich, Laplace erwähnt vier:

1. Maupertuis habe das Prinzip der kleinsten Wirkung als Ökonomieprinzip teleologisch gedeutet und versucht, aus ihm die Existenz Gottes zu beweisen.[265] Laplace sieht im Prinzip der kleinsten Wirkung nur den mathematischen Zusammenhang.

2. Newtons theologische Antwort auf die Störungen sei wissenschaftlich überholt. In Laplace' Verständnis der Principia führt die Gravitation zu einer Annäherung der Planeten untereinander und damit zur Instabilität des Sonnensystems: „L'attraction mutuelle des corps de ce système ne peut pas en altérer la stabilité, comme Newton le suppose".[266] Das ist ein zentrales Ergebnis der Laplaceschen Himmelsmechanik. Laplace setzt dem die Erhaltungssätze und die Theorie der Periodizität der säkularen Störungen entgegen; die Himmelsmechanik braucht keinen Gott mehr, um die Stabilität des Sonnensystems zu garantieren.

3. Die Begründung der Zweckmäßigkeit des Kosmos durch göttliche Schöpfung ist obsolet, wenn der Kosmos nicht als zweckmäßige Struktur anerkannt wird, Bewegungsgesetze die Regelmäßigkeit der Planetenbewegung und eine Entstehungslehre den Zustand des Sonnensystems erklären. Newtons Fazit aus dem Defizit der seinerzeitigen Himmelsmechanik: „Tout les mouvemens si reguliers [die Planetenbewegung] n'ont point de causes mechaniques"[267] hat sich zwar nicht als unhaltbar, aber als unnötig erwiesen.

4. Der Streit zwischen Leibniz und Newton über das Wirken Gottes in der Welt führte zu nichts. Weder die Leibnizsche Lehre der prästabilierten Harmonie noch die Newtonsche Lehre von Gottes gelegentlichem korrigierenden Eingriff waren fruchtbar. Laplace versucht erst gar nicht, zu der Diskussion Stellung zu

---

264 „Cette force d'impulsion a certainement été communiquée aux astres en général par la main de Dieu, lorsqu'elle donna le branle à l'univers; mais comme on doit, autant qu'on peut, en physique s'abstenir d'avoir recours aux causes qui sont hors de la nature, il me paraît que dans le système solaire on peut rendre raison de cette force d'impulsion d'une manière assez vraisemblable, et qu'on peut en trouver une cause dont l'effet s'accorde avec les règles de la mécanique, et qui d'ailleurs ne s'éloigne pas des idées qu'on doit avoir au sujet des changements et des révolutions qui peuvent et doivent arriver dans l'univers." (Georg Louis Leclerc Buffon: „Théorie de la Terre", in: „Œuvres complètes", Bd. I, Paris 1854, S. 68.)

265 Pierre Louis Moreau de Maupertuis: „Sur les loix de l'attraction", in: „Mémoires de l'Académie Royale", Paris 1732, S. 343–362. Siehe auch Max Jammer: „Concepts of Force", S. 156–157.

266 SdM, S. 480.

267 Newton: „Principes Mathématiques", Bd. II, S. 175.

beziehen, worin er sich im Zeitgeist sieht: „La postérité n'a point admis ces vaines hypothèses".[268]

Neben diesen methodologischen und naturphilosophischen Gründen für einen Wissenschaftsatheismus bietet die erste Mathematikvorlesung einen weiteren Aspekt: Leibnizens theologische Auslegung des Dualsystems. Leibniz habe im Dualsystem eine Analogie zum Schöpfungsprozeß gesehen. Die Einheit könne Gott repräsentieren, die Null das Nichts. Gott habe so aus dem Nichts sämtliche Entitäten gezogen (tiré), wie im Dualsystem mit zwei Zahlen unendlich viele Größen dargestellt werden können. Laplace' Kommentar zu Leibnizens Überlegungen zur Theologie des Dualsystems ist vernichtend:

> „Ce trait nous rappelle le commentaire de Newton sur l'*Apocalypse*.
> [...] vous voyez les écarts d'aussi grands hommes, écarts qui sont dus aux impressions reçues dans l'enfance [...]."[269]

Es lassen sich aus der Exposition du système du monde zahlreiche weitere Argumente herleiten, mit denen historische theologische Erklärungen außer Kraft gesetzt werden, zum Beispiel:

- Gott als Bewegungsprinzip bei Descartes. Gott besitzt als Bewegungsprinzip bei Descartes zwei Funktionen: Aufrechterhaltung 1. der gesamten quantitas motus[270] und 2. der einfachen, geradlinigen und unveränderten Trägheitsbewegung, die mit der Unveränderlichkeit Gottes begründet wird.[271] Der zweite Punkt dürfte vielen heute fremd erscheinen: Trägheitsbewegung braucht ein Prinzip. Wissenschaftshistorisch ist die Schwierigkeit, das Trägheitsprinzip gegen die aristotelische Lehre, daß jede physikalische Bewegung einen Bewegungsgrund braucht, kaum zu überschätzen. Das Problem bestand darin, die Bewegung als Zustand eines Körpers und nicht als Relation zu anderen Körpern des selben Inertialsystems zu sehen. Hinsichtlich des ersten Aspekts, Aufrechterhaltung der quantitas motus, ist bei Newton die Bezugnahme auf Gott dadurch obsolet, daß die Bewegung durch Anziehung zustande kommt; die Gravitation stellt als aktives Agens beständig die Bewegung der Materie wieder her: „il est nécessaire que le Mouvement soit conservé & renouvellé par des Principes actifs, tels que sont *la Cause de la gravité* [...]".[272]

---

268 SdM, S. 480.

269 Laplace: „Leçons de Mathématiques", OC, Bd. XIV, S. 21.

270 Descartes: „Principia Philosophiae", Pars secunda, § XXXVI; zu Laplace' Deutung von Descartes' Argument siehe unten, S. 205. Das Argument war verbreitet und nicht nur ein cartesischer Einzelfall. Montesquieu schreibt im ersten Teil des Geistes der Gesetze: „Dieu a du rapport avec l'univers, comme créateur et comme conservateur: les lois selon lesquelles il a créé sont celles selon lesquelles il conserve." (Charles Montesquieu: „De l'esprit des lois", in: „Œuvres complètes", Bd. II, Paris 1951, S. 232.)

271 Siehe Descartes: „Principia Philosophiae", Pars secunda, § XXXIX.

272 Newton: „Traité d'Optique", S. 485 (Querie XXXI).

- Gott als ontologische Begründung von Raum und Zeit bei Newton. Die Frage nach einer ontologischen Begründung von Raum und Zeit trägt nicht zum wissenschaftlichen Fortschritt bei und interessiert daher nicht.[273]
- Gott als Gestalter der Welt bei Newton. Die berühmteste Stelle ist wohl diejenige, an der Newton Gott als allmächtigen Herrscher über die Natur bezeichnet: „Cet Etre infini gouverne tout, non comme l'ame du monde, mais comme le Seigneur de toutes choses. Et à cause de cet empire, le Seigneur-Dieu s'appelle Παντοκράτωρ, c'est-à-dire, *le Seigneur universel.*"[274] Laplace' Alternative ist der Gesetzesdeterminismus, in dem alles den Naturgesetzen und Prinzipien folgt.

Betrachtet man Laplace' Haltung gegenüber Metaphysik, Teleologie und Theologie, so bekommt man den Eindruck, daß er philosophische Diskussionen als lange, nicht jedoch ewig währende Plage empfindet. Polemiken, die den Boden der Sachlichkeit verlassen haben, sind ein Indiz für seine persönliche Verstimmung über Diskussionen, die intensiv und fruchtlos geführt wurden. Der für die Wissenschaften relevante Hauptaspekt scheint die Einsicht in die Nutzlosigkeit solcher Debatten zu sein. Die Bezeichnung des Streits über die Wirkung Gottes zwischen Newton und Leibniz als vaines hypothèses bringt die Einschätzung auf den Punkt: Es hat außer wissenschaftlich unverantwortbaren Suspendierungen von Fragen überhaupt nichts gebracht, sich über Gott in der Mechanik Gedanken zu machen. Es dürfte Laplace noch angemessener sein, Gott aus den Wissenschaften insgesamt, d. h. auch aus der histoire naturelle, verbannen zu wollen. An die oben erörterte Stelle der Querie XXVIII, in der Newton die Zufälligkeit der Einrichtung des Kosmos durch die göttliche Schöpfung ersetzt, schließen sich einige Fragen zur Anatomie von Lebewesen an:

> „D'où *vient que les Corps des Animaux ont été composés avec tant d'art; & pour quelles fins ont été formées leurs differentes parties?* L'OEIL *a-t-il été fabriqué sans aucune connoissance d'Optique; et l'Oreille, sans aucune connoissance des Sons?*" [275]

Laplace bezieht sich nicht auf diese Fragen, schließt aber an seine Antwort auf die Einrichtung des Kosmos durch göttliche Schöpfung den Verweis auf die Artenvielfalt an; Cuvier habe die Mannigfaltigkeit der Lebensformen dargestellt. Offenbar kannte Laplace die Biotheologie von Newton und reagiert in der Exposition auf sie. Für ihn ist die Artenvielfalt ein Indikator der biologischen Entwicklung, womit auch hinsichtlich eines der schwierigsten naturgeschichtlichen Probleme: die Herkunft und Zweckmäßigkeit der tierischen Organisation, eine atheistische Tendenz angezeigt ist. Das ist nicht selbstverständlich, da auch

---

273 Siehe oben, S. 145 ff.

274 Newton: „Principes Mathématiques", Bd. II, S. 175.

275 Newton: „Optique", S. 445.

die Zeitgenossen bei der Frage nach der Naturtheologie nicht übereinstimmen.[276] Im 18. Jahrhundert erlangte die Naturgeschichte durch die Biogeographie den Einblick in die Harmonie einer Lebensform und ihrer Umgebung. Auch wenn dieser Zusammenhang zu erheblichen Problemen der Bibelkonformität führte, sahen Theologen darin einen Beweis des göttlichen Schöpfungsplans. Außerhalb der Naturtheologie bereitete der Anpassungsgedanke die gegenteiligen Evolutionstheorien vor.[277]

Es sei ergänzt, daß auch die Auffassung der induktiven Methode und des Kalküls religionskritisches Potential besitzt, das Laplace aber nicht ausformuliert. Heute liegt fern, daß in einer der Theologie diametral entgegengesetzt anmutenden Disziplin wie der Wissenschaftstheorie theologische Argumente vorkommen können. Der Verfasser des Artikels Induction der Encyclopédie begründet die Regelhaftigkeit der Welt durch den von Gott eingerichteten epistemischen Nutzen für den Menschen:

> „Mais ce n'est pas seulement pour nos plaisirs & pour satisfaire notre goût que Dieu a créé ce monde harmonique & reglé par les lois sages de l'analogie, c'est sur=tout pour notre utilité & notre conservation. [...] il [der Schöpfer] a donc voulu que l'analogie régnât dans ce monde & qu'elle nous servît de guide."[278]

Selbst eine theologisch neutrale Interpretation der Induktion ist historisch eine Religionskritik.

Laplace' Metaphysik- und Teleologiekritik ist oberflächlich, wenn man sie an Erörterungen bemißt, die seit der Antike in der Philosophiegeschichte vorkommen. Er führt kein einziges philosophisches Argument an, das der Teleologie immanente Schwierigkeiten thematisiert, z. B. die Interaktion der verschiedenen Ursachenarten (causa efficiens versus causa finalis). Vergleichbares gilt hinsichtlich Gott. Kanitscheider formuliert das prinzipielle und das ontologische Problem, die sich aus der Sicht der Physik bei theologischen Weltbildern ergeben:

> „Der zentrale Einwand [gegen spirituelle Entitäten, Götter, Engel, Dämonen] liegt darin, daß jeder Eingriff nichtmaterieller, transzendenter Wesen alle Erhaltungssätze innerhalb der Welt verletzt und daß darüber hinaus die konkreten Wechselwirkungen zwischen ontologisch völlig heterogenen Substanzen im dunkeln bleibt."[279]

---

[276] Zur Situation, Entwicklung, zur wissenschaftshistorischen und philosophischen Bedeutung der Naturgeschichte im 18. Jahrhundert siehe Thomas Junker und Uwe Hoßfeld: „Die Entdeckung der Evolution", Darmstadt 2001, Kapitel „Aufklärung", S. 30–48.

[277] Siehe Junker, Hoßfeld: „Die Entdeckung der Evolution", S. 33.

[278] Encyclopédie, Bd. VIII, S. 689. Vgl. den Artikel zur Logik, Bd. IX, S. 641: La Logique „est un instrument que Dieu a fait & qui est très bien fait".

[279] Bernulf Kanitscheider: „Die Feinabstimmung des Universums und die Existenz von Leben, ein Rätsel der Kosmologie?", S. 41.

Solche Argumente fehlen bei Laplace; sämtliche Kritiken ergeben sich ausschließlich aus dem Blickwinkel der Himmelsmechanik.

Laplace' private Religiosität

Ich habe im Vorausgegangenen von Wissenschaftsatheismus und nicht von Atheismus gesprochen. Junker und Hoßfeld bestimmen, was im 18. Jahrhundert als Atheismus zählt: „Nur die radikalsten Denker wurden zu offenen Atheisten und verneinten die Existenz von Endursachen und die Notwendigkeit eines Schöpfers."[280] Beides liegt bei Laplace in historisch erstmaliger Strenge vor.

Seine private Haltung zur Religion ist mir nicht klar. Die normalerweise verwendete Grundlage zur Beurteilung seiner Religiosität ist der oft erwähnte, jedoch in der Regel nicht einmal in seiner Herkunft bekannte geschweige denn gelesene Bericht über ein Gespräch zwischen Napoleon und Laplace. Der Bericht darüber befindet sich in den Choses Vues von Victor Hugo und geht auf eine Anekdote von Dominique François Jean Arago zurück:

> „M. Arago avait une anecdote favorite. Quand Laplace eut publié sa Mécanique céleste, disait-il, l'empereur le fit venir. L'empereur était furieux. ‚Comment', s'écria-t-il en apercevant Laplace, ‚vous faites tout le système du monde, vous donnez les lois de toute la création et dans tout votre livre vous ne parlez pas une seule fois de l'existence de Dieu!' ‚Sire', répondit Laplace, ‚je n'avais pas besoin de cette hypothèse.' "[281]

Die Interpretationen dieser Anekdote sind unterschiedlich und spalten sich in ihren Grundaussagen in zwei Richtungen auf: 1. Nach Streeter ziehe Laplace die Konsequenzen aus der Newtonschen Mechanik und streiche in der polemischen Manier von Voltaire Gott aus der Astronomie.[282] 2. Sarton hält Streeter entgegen, daß das vielleicht die Haltung von Napoleon, nicht aber die von Laplace sei. Es gehe nur um die wissenschaftliche Verwertbarkeit des Gottesbegriffs.[283] Er sieht sich durch einen Brief von Laplace an seinen Sohn Charles-Émile-Pierre-Joseph vom 17. Juni 1809 veranlaßt, die Nutzlosigkeit des Gottesglaubens auf die Wissenschaften zu beschränken. Der Brief stellt in der Tat eine Haltung vor, die mit allem bisher Gesagtem nicht leicht vereinbar ist. Der Brief ist in der Akademie-Ausgabe dem ersten Band der Mécanique céleste vorangestellt. Laplace schreibt an Charles, der für die militärische Laufbahn nach Metz gehen mußte: „Je prie Dieu qu'il veille sur tes jours. Aie-le toujours présent à ta pensée, ainsi que ton père et

280 Junker, Hoßfeld: „Die Entdeckung der Evolution", S. 37.

281 Victor Hugo: „Choses vues", in: ders., „Œuvres complètes", Paris 1987, S. 686.

282 Siehe Burnett Hillman Streeter: „Reality – a new correlation of science & religion", London 1927, S. 4; dazu Sartons Verständnis von Streeter: George Sarton: „Laplace's Religion", in: Isis 33 (1941), S. 310.

283 Siehe Sarton: „Laplace's Religion", S. 310.

ta mère."[284] Wenn Sarton recht hat, dann müßte Laplace zwischen wissenschaftlicher Weltauffassung und persönlichem Glauben trennen.

In ähnliche Richtung geht ein Aufsatz von Hahn von 1955. Hahn hat in den Archiven der Académie des sciences ein undatiertes Manuskript entdeckt, in dem Laplace bibelexegetische und theologische Fragen diskutiert, wenn auch nicht nur wohlwollend. Hahn gibt als Entstehungszeitraum zwischen 1815 und 1827 an. Biblische Wunderberichte und die Lehre der Transsubstantiation haben Laplace anscheinend nicht positiv beeindruckt, er habe den Themenkomplex Neues Testament und der historische Jesus, aber ernst genommen; Hahn resümiert:

> „In these writings, Laplace emerges as a severe critic of revealed religion. Suspicious of all phenomena termed miraculous or mysterious, he bases his faith not upon revelation of the Holy Book, but rather on his creed of the invariability of natural laws."[285]

Diese Deutung vertritt Hahn noch in der 50 Jahre später erschienenen Biographie, auch wenn er betont, daß sich Laplace mit Veröffentlichungen zur Religion zurückgehalten habe.[286] Ohne den Brief an Charles und das Manuskript vermitteln die 14 Bände der Œuvres den Atheismus, unter beider Berücksichtigung ist Laplace' Atheismus auf einen Wissenschaftsatheismus zu beschränken.

Beurteilung

Die Beurteilung der Laplaceschen Metaphysik soll in philosophischer Hinsicht vorgenommen werden. Während in der ersten Hälfte des 20. Jahrhunderts sowohl in der Wissenschaftsphilosophie als auch in den exakten Wissenschaften selbst die Auffassung dominierte, man arbeite metaphysikfrei, hat sich in der zweiten Hälfte das Bewußtsein durchgesetzt, daß einige Grundvoraussetzungen der Naturwissenschaften eingegangen werden müssen, ohne die die Disziplinen nicht funktionsfähig sind. Das Metaphysikkriterium bei beispielsweise Karl Popper war die Unmöglichkeit der Falsifizierbarkeit oder der empirischen Nachweisbarkeit. Daher schreibt Popper in der Logik der Forschung:

> „Von Thales bis Einstein, von den griechischen Atomisten bis zu Descartes' Spekulationen über die Materie, von Gilberts, Newtons und Leibniz' und Boscovics Spekulationen über Kräfte bis zu denen von Faraday und Einstein über Felder von Kräften waren metaphysische Ideen wegweisend."[287]

---

284 OC, Bd. I, S. vi.

285 Siehe Roger Hahn: „Laplace's religious views", in: Archives internationales d'histoire des sciences 8 (1955), S. 40.

286 Roger Hahn: „Laplace", S. 206.

287 Karl R. Popper: „Logik der Forschung", 10. Aufl., Tübingen 1994, S. XIX. Vgl.: „Gerade in ihrer Entstehungsphase werden um neue wissenschaftliche Theorien oft intensive naturphilosophische Auseinandersetzungen geführt." (Bartels: „Naturphilosophie", S. 13.)

Somit zählen aber in der Philosophie Sätze zur Metaphysik, deren Leugnung die naturwissenschaftliche Praxis ad absurdum führte – aus philosophischer Sicht nicht unbegründet. Zum Beispiel die Annahme einer real existierenden Außenwelt ist erkenntnistheoretisch begründungsbedürftig, ein Himmelsmechaniker denkt bei der Verbesserung der Mondtheorie aber nicht darüber nach, ob es den Mond gibt; Existenzannahmen der Außenwelt sind im Denken einer praktisch erfolgreichen induktiven Naturwissenschaft nicht metaphysisch. Wenn man einen angemessenen Eindruck von der Geisteshaltung von Laplace und seiner Wirkung bekommen möchte, müssen sich die gestellten Fragen doch in irgendeiner Form an die Œuvre anknüpfen lassen; die erkenntnistheoretische oder gar die transzendentalphilosophische Perspektive wird der immanenten Metaphysik nicht gerecht.[288]

Zunächst fällt auf, daß die Begriffsverwendung nicht immer streng ist. Noch im Zusammenhang der Beschreibung im Livre I gilt das zweite Keplergesetz als „une loi fondamentale de sa [der Sonne] théorie"[289]. Die Entdeckung der Ableitbarkeit des Fallgesetzes und der Keplergesetze aus dem Gravitationsgesetz ist aber gerade Newtons anerkannte Leistung. Doch das Gravitationsgesetz wird hinsichtlich seiner Ableitbarkeit aus primordialen Gesetzen hinterfragt. Offenbar geht Laplace von einer Dichotomie von fundamentalen und abgeleiteten Gesetzen aus. Laplace dürfte die Frage wohl verneinen, ob die als lois fondamentales bezeichneten Keplergesetze Grundgesetze der Bewegung sind. Die Unterstellung einer gewissen Laxheit im Umgang mit Begriffen ist Laplace meines Erachtens angemessener als die von systematischen Widersprüchen, die sich jedoch ableiten lassen.

Brisanter ist die Handhabung der Begriffe, der Bewegungsgesetze und der Mathematik und Laplace' Auffassung der Mechanik inklusive der Himmelsmechanik. In den philosophischen Reflexionen der Wissenschaften hat sich im 20. Jahrhundert die antiplatonische Auffassung verbreitet, daß die Naturwissenschaften nur Modellcharakter haben und Begriffe bloße Konstruktionen seien,[290] entgegengesetzte Bekenntnisse sind selten. Die Situation in der Neuzeit sieht anders aus: Koyré spricht von der platonischen und neuplatonischen Renaissance und von der Wiederbelebung des Neuplatonismus.[291] Insbesondere über

---

288 Vgl.: „For modern metaphysics, at least at the beginning with the work of Berkeley and Leibniz, has another and more significant connecting thread than that of its epistemological interest" (Edwin Arthur Burtt: „The metaphysical foundations of modern physical science", 8. Aufl., Atlantic Highlands 1996, S. 25).

289 SdM, S. 11.

290 Vgl. Albert Einstein und Leopold Infeld: Wissenschaftliche Begriffe „are free creations of the human mind and are not, however it may seem, uniquely determined by the external world" (Albert Einstein, Leopold Infeld: „The Evolution of Physics", New York 1938, S. 33).

291 Koyré: „Von der geschlossenen Welt zum unendlichen Universum", Frankfurt 1969, S. 12 und 32.

die Metaphysik des Newtonschen Systems ist viel und ausführlich geschrieben worden. Ein unverzichtbares Element ihrer Darstellung ist der Cambridger Neuplatonismus, der Newton durch Henry More (1614–1687) und Ralph Cudworth (1617–1688) vertraut war. Die naturphilosophischen Themen beschränken sich nicht nur darauf, ob z. B. der Raum an sich existiert, was in Ablehnung des Cartesianismus im Neuplatonismus angenommen wurde. Die Existenz von physikalischen Entitäten wird noch ins Verhältnis zu Gott gesetzt. Newton hält neuplatonisch die Ausdehnung für einen effectus emanativus Dei[292]; emanatio ist die lateinische Übersetzung von περίλαμψις, von dem Begriff also, den Plotin in den Enneaden für die Ausstrahlung aus Gott verwendet.[293] Eduard Zeller bietet eine noch immer beachtenswerte Charakterisierung der Wissenschaftshaltung des Neuplatonismus:

> „Der Neuplatonismus ist ein religiöses System, und er ist diess nicht blos in dem Sinn, in welchem auch der Platonismus und Stoicismus so genannt werden können: er begnügt sich nicht damit, eine an die Gottesidee geknüpfte, aber auf wissenschaftlichem Wege gewonnene Weltanschauung auf die sittlichen Aufgaben und das Gemüthsleben des Menschen zu beziehen; sondern seine wissenschaftliche Weltansicht selbst spiegelt von Anfang bis zu Ende den religiösen Gemüthszustand des Menschen in sich ab, sie ist durchaus von dem Interesse beherrscht, seinem religiösen Bedürfniss entgegenzukommen, ihn zur innigsten persönlichen Vereinigung mit der Gottheit zu führen."[294]

Man kann den geistigen Hintergrund von Laplace als das Resultat aus Galileis Pythagoreïsmus, Newtons Neuplatonismus, Descartes' Rationalismus, Leibniz' Ontologie und der Aufklärung verstehen. Streicht man Gott als Begründungsinstanz aus der neuplatonischen Wissenschaftsphilosophie, so bleiben Platonismus oder Skepsis übrig. Laplace ist dann zurückhaltend, wenn die Tradition metaphysische Fragen übermittelt, die sich physikalisch nicht handhaben lassen, wie z. B. im Fall der Ontologie des absoluten Raums.

Die Konstituenten des Laplaceschen Weltsystems sind Materie, Bewegung, Raum, Zeit, Kraft und die Erhaltungssätze und Gesetze der klassischen Mechanik; die Mathematik ist außen vor. Die Materie ist in der Realität durch Gravitationskraft und differentielle Bewegungsgesetze untereinander verbunden. Vor dem neuplatonischen Hintergrund und in dieser Konzeption des Weltsystems ist es weder philosophisch erforderlich noch macht es naturwissenschaftlich Sinn, Begriffe wie Kraft, Gesetz oder Molekül nicht realistisch zu interpretieren. Der Unterschied zwischen Laplace, Newton, Leibniz und Euler liegt darin, daß bei Laplace jede außerphysikalische Begründungsinstanz fehlt. Die Laplacesche Natur-

---

292 Isaac Newton: „Über die Gravitation ... Texte zu den philosophischen Grundlagen der klassischen Mechanik", übers. und erläutert von Gernot Böhme, Frankfurt 1988, S. 37.

293 Siehe Plotinus: „Ennead V", Cambridge 1994, (V,) 1, 6, 28.

294 Eduard Zeller: „Die Philosophie der Griechen in ihrer geschichtlichen Entwicklung", Nachdruck der 6. Aufl., Darmstadt 2006, Dritter Teil, Zweite Abteilung, 2, S. 482.

philosophie ist eine Interpretation der Himmelsmechanik unter der Voraussetzung, daß deren Resultate wahr sind, und zwar durchaus im Sinn der Korrespondenztheorie. Wenn sich das Bewegungsverhalten von Planeten durch die Wirkung von Kräften berechnen läßt, dann existieren die Kräfte; die Existenzbehauptung wird ja ausdrücklich gemacht. Damit ist Laplace dem Dynamismus von Leibniz nah. Durch Leibniz bekommt die Kraft einen unabhängigen ontologischen Status, in dem sie selber wirksam ist: „vis activa [...] per se ipsam in operationem fertur; nec auxiliis indiget, sed sola sublatione impedimenti."[295] Deshalb kann die Kraft als Ursache, cause, bezeichnet werden, die für Bewegungsänderungen verantwortlich ist: „Déjà l'on entrevoit dans cette gravitation universelle la cause perturbatrice des mouvements elliptiques".[296] Das genügt Laplace als Beleg von Existenz.

Die Wahrheitshaltung hinsichtlich der Naturgesetze ist gemäß dem mathematischen Vorbild statisch: Die mathematischen und physikalischen axiomatischen Theorien, die dem Strukturideal des mos geometricus folgen, sind zu einer Zeit entstanden, in der Entwicklung noch nicht als Denkkategorie etabliert war. Das Paradigma des deduktiven Vorgehens ist in den Zusammenhang der ewigen mathematischen Gültigkeiten eingebunden. Diese Wahrheitsaussage und das Sicherheitsgefühl zur Erkenntnis wird in die empirischen Wissenschaften übernommen. Bei Laplace führt das nicht nur zum Gesetzesobjektivismus, sondern auch zu einer Erkenntnistheorie, in der Naturgesetze in der Natur vorliegen und dort gefunden werden. Naturgesetze werden nicht konstruiert, sondern existieren an sich. Laplace ist freilich in der Position der Mathematik inkonsistent. Gerade die Möglichkeit von Erklärung und insbesondere von Prognose mittels der Mathematik wird von Platonikern als Begründung der Theorie einer objektiven Realität mathematischer Entitäten angeführt; die Überzeugungskraft der Prognose wirkt sich hier auf die Ontologie aus. Doch bei den Grundlagen der Naturwissenschaft zögert Laplace und vermeidet eine ihm mutmaßlich zu metaphysisch anmutende Aussage über die Existenz von z. B. Ellipsen. Daß Laplace in der Philosophie der Mathematik so zurückhaltend ist, ist schwer nachvollziehbar. Eine physikalische Theorie wird durch die Erfahrung bestätigt, womit prinzipiell auch eine Bestätigung der Mathematik vorliegt. Galileis berühmter Satz, daß das Buch der Natur in den Lettern der Mathematik geschrieben sei, besagt am klarsten, daß die frühe neuzeitliche Wissenschaft pythagoreïsch war.

---

295 Gottfried Wilhelm Leibniz: „De Primae Philosophiae Emendatione & de Notione Substantiae", in: „Gothofredi Guillelmi Leibnitii Opera omnia", hrsg. von Ludovicus Dutens, Genf 1768, Nachdruck Hildesheim 1989, Bd. II, S. 20. („Die aktive Kraft bringt sich durch sich selbst in Wirkung; sie bedarf keiner Hilfsmittel, sondern nur der Aufhebung des Hindernisses.")

296 SdM, S. 212.

Warum Laplace diesen Schritt nicht macht, kann nur vermutet werden.[297] Letztlich fallen damit einige metaphysische Einwände gegen ihn weg, bzw. sie werden gegen andere ausgetauscht. Das alte Problem des Platonismus, Seinsart und Zusammenhang von Allgemeinem und Konkretem, ist für einen Himmelsmechaniker lästig und wenig fruchtbar. Der Frage geht Laplace zumindest nicht aus dem Weg, wobei die Metaphern wie: den Gesetzen gehorchen, das Universum umfassende Gesetze etc. philosophisch nicht befriedigen und nur umschreiben, welche Voraussetzung in der Himmelsmechanik gemacht wird. Analoge Urteile zur Mathematik hätten vielleicht zu mystisch gewirkt.

Wie unterschiedlich philosophische und naturwissenschaftliche Zugänge zu ontologischen Fragen sind, zeigt sehr gut die Lehre der Undurchdringbarkeit der Materie.[298] Die Annahme der Undurchdringbarkeit, Impenetrabilität oder Solidität geht bis auf Aristoteles' Physik zurück. Er erläutert den Ort (τόπος), der Länge, Breite und Tiefe besitze, die einen Körper begrenzen. Daß der Ort selber Körper sei, wird mit dem Argument abgelehnt, daß dann zwei Körper am selben Ort (griechisch *im* selben, ἐν ταὐτῷ) wären: „ἀδύνατον δὲ σῶμα εἶναι τὸν τόπον· ἐν ταὐτῷ γὰρ ἂν εἴη δύο σώματα."[299] Aristoteles hält die Widersprüchlichkeit davon anscheinend für nicht weiter begründungsbedürftig. Das metaphysische Argument, daß die Undurchdringbarkeit eine Folge der Widerspruchsfreiheit sei, hat sich so lange durchgehalten,[300] daß noch Kant sich in den Metaphysischen Anfangsgründen der Naturwissenschaft dagegen wendet. Er stellt die zeitgenössischen Lehren so dar, daß die Solidität eines Körpers aus dem Begriff des Körpers und dem Satz des Widerspruchs folge:

> „Nach ihren Begriffen müßte die Anwesenheit von etwas Reellem, im Raume, diesen Widerstand schon durch seinen Begriff, mithin nach dem Satze des Widerspruchs bei sich führen, und es machen, daß nichts anderes in dem Raume der Anwesenheit eines solchen Dinges zugleich sein könne. Allein der Satz des Widerspruchs treibt keine Materie zurück [...]."[301]

297 Auch heute trifft man selten auf solche metaphysischen Bekenntnisse, die allesamt problematisch sind. Oskar Becker hat den Pythagoreïsmus der modernen Physik hervorgehoben (siehe Oskar Becker: „Größe und Grenze der mathematischen Denkweise", Freiburg, München o.J., S. 14). Walter G. Saltzer bezeichnet als stärkstes Regulativ der westlichen Wissenschaft die „pythagoreische Grundüberzeugung, daß die Welt und die in ihr ablaufenden Vorgänge im großen wie im kleinen vom Fundament her mathematisch geordnet und somit erkennbar sind" (Walter G. Saltzer: „Grundzustand und Erschaffung der Neuelemente in Platos Timaios-Kosmologie", in: Saltzer, Eisenhardt u. a. (Hrsg.): „Die Erfindung des Universums?", S. 245).

298 Hier bin ich Peter McLaughlin für Hinweise dankbar.

299 Aristoteles: „Physik", 209 a, 6–7.

300 Vgl. Peter McLaughlin: „Undurchdringbarkeit", in: Jürgen Mittelstraß (Hrsg.): „Enzyklopädie Philosophie und Wissenschaftstheorie", Bd. 4, S. 389.

301 Immanuel Kant: „Metaphysische Anfangsgründe der Naturwissenschaft", S. 49.

Die Lehre der Solidität der Materie ist bei Laplace umgekehrt strukturiert. Körper sind undurchdringbar und wegen dieser Eigenschaft können zwei Körper nicht denselben Platz einnehmen.[302] Laplace spekuliert nicht über Widerspruchsfreiheit und metaphysische Derivationen, sondern Phänomene wie Härte, Stoß und Druck bedingen für ihn offenbar die Evidenz der Undurchdringbarkeit. Der Satz vom Widerspruch bzw. die entsprechende ontologische Begründung davon, daß zwei Körper nicht denselben Platz einnehmen können, kommen nicht vor. Mit der Undurchdringbarkeit wird also erst eine ontologische These begründet; sie wird aus der Erfahrung induziert und nicht aus Prinzipien abgeleitet. Für Laplace' Ferne zur metaphysischen Reflexion spricht auch, daß derartige ontologische Sätze nicht als solche und nicht einmal als philosophische gekennzeichnet sind. Solche Sätze scheinen zu den Grundannahmen der Mechanik zu gehören, nicht aber zu denen der Metaphysik. Die Stoßgesetze basieren auf derartigen Annahmen und sie lassen sich aus der Beobachtung induktiv gewinnen. Daher dürfte Laplace auch die Grundannahmen der Mechanik als nicht-spekulativ, sondern als zur Mechanik selbst zugehörig betrachten.

Wie kann es zu dieser Verschiebung kommen? Newton äußert sich auf vergleichbare Art zu demselben Problem. Wir kennen durch die Sinne die Ausdehnung von Körpern. Auch wenn uns nicht jeder Körper zugänglich ist, halten wir Ausdehnung für eine Eigenschaft aller Körper. Das gleiche gilt für Härte und Undurchdringbarkeit: „Car tous ceux que nous touchons étant impénétrables, nous regardons l'impénétrabilité comme une propriété qui appartient à tous les corps."[303] Das wichtige an dieser Stelle ist, daß sie in der Erörterung der regulae philosophandi vorkommt: Das Vorbild Newton, der die Methodologie der Mechanik prägnant formuliert hat, führt als Beispiel einer induzierten Materietheorie genau das an, das zuvor Gegenstand einer metaphysischen Ableitung war, und er kommt zum selben Ergebnis. Er gibt vor, daß die Quelle der Evidenz einer Materietheorie in der Mechanik nicht die Metaphysik, sondern die Erfahrung ist. Das scheint für Laplace so selbstverständlich zu sein, daß er die metaphysische Diskussion nicht aufgreift. Sie ist aber auch nicht zentral. Laplace' siebte Mathematikvorlesung stellt die Undurchdringbarkeit als eine Eigenschaft von Körpern dar, von der in der Punktmassenmechanik abstrahiert wird.[304] In der analytischen Punktmassenmechanik ist der Begriff der Undurchdringbarkeit verzichtbar.

Gerade wegen der häufigen Suspendierung von philosophischen Ansätzen ist Laplace' Philosophie in vielen Bereichen defizitär. Der Preis für die fehlende philosophische Begründung ist die Kritikanfälligkeit. Eine Leitidee der Exposition ist der Prinzipienmonismus,[305] dessen Vorgeschichte bis zu Parmenides und

---

302 Siehe oben, S. 115.

303 Newton: „Principes Mathématiques", Bd. II, S. 3.

304 Laplace: „Leçons de Mathématiques, septième séance", OC, Bd. XIV, S. 78.

305 Siehe oben, S. 126.

Xenophanes zurück reicht, die axiologische Auffassung bis zu Platon und Aristoteles. Es ist begründungsbedürftig, warum sämtliche natürliche Prozesse sich auf ein Gesetz zurückführen lassen sollen und das Gravitationsgesetz gewissermaßen die πρώτη ἀρχή ist. Laplace selbst führt allenthalben, sowohl in der Exposition als auch in der Mécanique céleste, weitere Prinzipien, Bewegungsgesetze, Gleichgewichtssätze, Erhaltungssätze etc. ein, so daß seine monistische Interpretation der Himmelsmechanik Laplace-immanent schon nicht überzeugt. Er kritisiert Deduktivisten als Metaphysiker, da sie an der „source de tout“[306] ansetzen; dazu zählen pauschal die Philosophen der Antike, aber auch Leibniz. Laplace übersieht mit der Suche nach einem einzigen Prinzip sein deduktivistisches Erbe, zumal er es explizit betont und sogar den Wortlaut seiner Kritik zur Beschreibung der eignen Methode heranzieht: „L'objet de ma théorie a été de montrer dans la seule loi de la pesanteur universelle la source de toutes les inégalités [...].“[307] Daß alle Phänomene aus einem einzigen Prinzip ableitbar seien, stellt sich als Leitdogma heraus, wenn sogar die Repulsion als irgendwie geartete Modifikation der Gravitation angenommen wird.

Laplace' Beurteilung seiner Naturphilosophie überzeugt auch wissenschaftstheoretisch nicht: Die traditionellen Derivationsmodelle sind aufgrund eines Aspekts, den Ernest Nagel hervorgehoben hat, unhaltbar. Nach Nagel können speziellere Gesetze nicht aus allgemeineren Gesetzen allein abgeleitet sein, sondern es sind zusätzliche Informationen erforderlich.[308] Zur Berechnung einer Perturbation beispielsweise benötigt man empirische Daten, ohne die sich die Gleichungssysteme nicht auf die Natur übertragen lassen.

Die Begründung des Gesetzesmonismus bleibt zwar aus, es gibt aber Nebenbemerkungen, die die Metaphysik dieser Leitidee verdeutlichen. Die Nebenbemerkungen zeigen auch, daß die Grundlagen des Laplaceschen Weltsystems philosophisch unausgereift sind. Der Monismus entspreche einerseits der Einfachheit und Herrlichkeit der Natur: „La supposition d'un seul principe dont toutes ces lois dépendent est digne de la simplicité et de la majesté de la nature.“[309] Andererseits sei die komplizierte Natur das Ergebnis weniger Gesetze: „Les lois générales sont empreintes dans tous les cas particuliers; mais elles y sont compliquées de tant de circonstances étrangères, que la plus grande adresse est souvent nécessaire pour les découvrir.“[310] Man findet also widersprüchliche Aussagen darüber, ob die Natur einfach ist, wobei die Tendenz sicherlich der Bejahung entspricht. Unabhängig davon, welche Antwort Laplace geben würde, ist Ein-

---

306 SdM, S. 463.

307 SdM, S. 238.

308 Siehe Ernest Nagel: „The Structure of Science – Problems in the Logic of Scientific Explanation“, New York 1961, S. 58.

309 SdM, S. 150.

310 SdM, S. 462.

fachheit der Natur eine metaphysische Kategorie, die nicht auf eine methodische Orientierung beschränkt bleibt.[311]

Gleiches gilt für die Axiologie, die Formulierungen wie der obigen majesté de la nature immanent ist. Die idealistischen Derivationsstrukturen der Philosophiegeschichte waren nie wertfrei; man findet auch in der Exposition zahlreiche Aspekte, die nur erklärlich sind, wenn auf dem Weg von obersten Prinzipien bis zu den materiellen Dingen zahlreiche Störfaktoren eingeräumt werden. Laplace geht bei seinen Überlegungen von einer Perfektheit („une parfaite régularité") des Sonnensystems aus und erklärt die Abweichungen von dem perfekten Entwurf. Der Begriff Perfekt macht deutlich, daß die Laplacesche Kosmologie nicht wertneutral ist. Die Momente, die defizitär erscheinen, werden an der Geometrie bemessen, die den axiologischen Maßstab abgibt. Im Gegensatz zum Einfachheitskriterium tauchen axiologische Urteile nicht als Argumente bei der Bewertung von Theorien auf. Dennoch sollte ihre Bedeutung für die Wissenschaftspraxis nicht unterschätzt werden. Der Streit um die Mangelhaftigkeit des Kosmos wurde im Clarke-Leibniz-Briefwechsel ausgetragen. Schon für Leibniz bestand die einzige Möglichkeit, die Bezugnahme auf einen korrigierenden Gott zu vermeiden, in der Auffassung der Perfektion des ewigen Kosmos. Die kosmische Perfektion, die in der Stabilität besteht, ist die Leitidee, auf die die Exposition schließlich hinausläuft.[312] Wie wichtig der Nachweis der Stabilität ist, zeigt der „Éloge Historique de M. le Marquis de Laplace" von Fourier: „aucun objet n'est plus digne de la méditation des philosophes".[313] Gillispie bezeichnet die Bemühung um die Rechtfertigung der kosmischen Stabilität als „central feature of the Laplace stereotype through its celebration in the nineteenth century" und sagt, daß sie „finally appear to be the central motivation".[314] Man kann diesen Aspekt für das Laplacesche Denken nicht hoch genug einschätzen. Perfektheit taucht in Bewertungen von himmelsmechanischen Sachverhalten immer wieder auf, z. B.:

> „l'attraction de la Terre [zum Mond] a établi la parfaite égalité que l'on observe.

---

311 Vgl.: „Warum soll aber die physikalische Natur mathematisch einfach sein? Einen logischen Grund hierfür gibt es nicht, es ist eine metaphysische Überzeugung. Man könnte hinzufügen, daß wir überzeugt sind, daß der Schöpfer die Naturgesetze nur in einfacher und mathematisch eleganter Form geschaffen haben kann. – Nur sagen wir das (oder etwas ähnliches) nicht mehr laut – im Gegensatz zu Kepler. (Auch Newton und manche seiner Nachfolger haben es noch laut gesagt.) – Jedenfalls hat der Physiker mit dieser Leitidee Erfolg gehabt." (Heitler: „Der Mensch und die naturwissenschaftliche Erkenntnis", S. 8.)

312 Vgl.: „Tout est disposé pour l'ordre, la perpétuité et l'harmonie." (Jean-Baptiste Joseph Fourier: „Éloge Historique de M. le Marquis de Laplace", in: Laplace: „Exposition du système du monde", 6. Aufl., Paris 1835, S. VII.)

313 Fourier: „Éloge Historique de M. le Marquis de Laplace", S. VI.

314 Gillispie: „Laplace", S. 124.

> [...] Mais la cause qui a établi une parfaite égalité entre les moyens mouvements de rotation et de révolution de la Lune [...]."[315]

Die Axiologie zeigt, wie stark auch Laplace von metaphysischen Theorien beeinflußt ist. Der Kosmos bleibt trotz der Störungen in einer durchweg positiven Beurteilung: Das All läuft wie eine vollkommene Maschine. Ausdrückliche Kriterien der Vollkommenheit fehlen, doch die Exposition läuft darauf hinaus, daß die kosmische Perfektion in der Ausgewogenheit bzw. im Gleichgewicht der gegeneinander gravitierenden Planeten besteht. Im Gegensatz zur Antike geht es nicht um ideale Formen, die de facto im Sonnensystem nicht vorliegen: Die Erde ist nicht rund mit homogener Massenverteilung, die Planetenbahnen sind nicht rund und nicht einmal ideal ellipsenförmig. Ob aber Ordnungen, die der Erfahrungswelt zugrunde liegen, metaphysisch neutrale Ziele der Naturwissenschaften sind, dürfte nicht einheitlich beantwortet werden und ist wohl auch eine Ermessensfrage. – Schon das erste überlieferte Zeugnis der Philosophie thematisiert Ordnung: Anaximanders Satz über die τάξις des Werdens und Vergehens.[316] – Doch genauso wie Teleologen bezieht Laplace seine Naturphilosophie auf den Ordnungszustand des Kosmos, nicht auf die Störungen.[317] Anscheinend beschränkt er die Teleologie auf Zweckmäßigkeit, wenn er sich gegen causes finales oder motifs wendet und die Axiologie bei der Kritik außen vor läßt. Zunächst ist zuzugestehen, daß der Begriff Teleologie nicht fällt – er kommt von Christian Wolff –, doch sind Wertungen und Idealisierungen Elemente sowohl des teleologischen als auch des metaphysischen Denkens.[318] Mit einer unterschwelligen Beschränkung der Teleologie auf Zweckmäßigkeit geht der Blick für die weiteren Komponenten der Metaphysik verloren.

Der Verlust der metaphysischen Relevanz greift schon bei den immanenten Begriffen der Mechanik. Der Begriff der Kraft war lange der Begriff, an dem die Differenz von dynamistischen und von mechanistischen Weltbildern fest gemacht wurde. Die frühe Kritik an Newton nahm just darauf Bezug, doch auch im deutschen Idealismus setzt sich die Naturinterpretation mit dem Fokus auf

---

315 SdM, S. 335.

316 DK 12, B 1.

317 „ἀλλὰ μὴν οὐδέν γε ἄτακτον τῶν φύσει καὶ κατὰ φύσιν. ἡ γὰρ φύσις αἰτία πᾶσιν τάξεως." (Aristoteles: „Physik", 252 a, 11–12. „Aber nichts von den Dingen, die von Natur oder gemäß der Natur sind, ist doch ungeordnet. Denn die Natur ist für alles Ursache der Ordnung.") Vgl.: „Außerdem vergißt die teleologische Deutung, daß in der Natur auch ebensoviel Unordnung vorhanden ist, wenn man diese heranzöge, könnte man statt von einem Ordner genausogut auf einen Ordnungszerstörer und -vernichter schließen, was sicherlich nicht im Sinne des theologischen Hintergrundes dieses Arguments ist." (Bernulf Kanitscheider: „Die Feinabstimmung des Universums und die Existenz von Leben, ein Rätsel der Kosmologie?", in: Saltzer, Eisenhardt u. a. (Hrsg.): „Die Erfindung des Universums?", S. 30.)

318 Vgl. Dijksterhuis über Newton: „Man kann bezweifeln, ob die Differenzpunkte zur peripatetischen Naturwissenschaft, die er hier aufzählt, von so prinzipieller Art sind, wie er es darstellt [...]." (Dijksterhuis: „Die Mechanisierung des Weltbildes", S. 547.)

die Kraft fort, z. B. bei Schelling. Was Dijksterhuis sehr allgemein und treffend schreibt, gilt konkret bei Laplace:

> „Es ist merkwürdig, zu beobachten, wie schnell [...] Vorstellungen, die einst von den größten Physikern des siebzehnten Jahrhunderts als essentiell unmechanistisch verworfen worden waren, als zum Wesen der mechanistischen Naturwissenschaft gehörend betrachtet wurden. Die Losung, daß die Naturwissenschaft sich in Mechanik auflösen müsse, wurde und wird in historischen Erörterungen häufig in dem Sinne interpretiert, daß alle Naturerscheinungen mit Hilfe von Kräften, die von Massenpunkten aufeinander ausgeübt werden und deren Größe nur von der Entfernung dieser Punkte abhängt, erklärt werden müssen. Hätte Huygens solche Formulierungen lesen können, so wäre er unendlich verwundert gewesen, daß das nun mechanistisch heißen sollte."[319]

Dijksterhuis umschreibt genau das Laplacesche Programm. Obwohl der Kern von Laplace' Naturphilosophie die Gravitationskraft ist, spricht er von der Natur als mécanisme.[320]

In einem Weltsystem, dessen Merkmale Ewigkeit, Perfektion, Stabilität, Unabhängigkeit von Gott und Ablehnung natürlicher Zweckmäßigkeit sind, bleiben nicht mehr viele philosophische Wahlmöglichkeiten. Zum physikalischen Determinismus passen nur noch Teile von Leibnizens Ontologie wie der Satz vom Grund, den Laplace auch anführt. Die Strenge von Laplace' Ontologie gegenüber ontologischen Voraussetzungen bei Newton wird durch einen Blick auf die verschiedenen wissenschaftshistorischen Situationen verständlich: Die wissenschaftliche Situation von Newton ist: Wir besitzen eine Theorie, die nicht zur Erklärung aller Fragen ausreicht. Newtons Philosophie reagiert auf die Defizite. Laplace' Situation ist: Wir besitzen eine Theorie, die prinzipiell alles erklären kann. Laplace' Philosophie interpretiert die Leistungsfähigkeit der Theorie. Beide versuchen das Bild zu entwickeln, das sich unter der Voraussetzung der Wahrheit ihrer Theorien ergibt: Der Gesetzesdeterminismus ist die konsequenteste Umsetzung der Newtonschen Mechanik und des Satzes vom Grund.

Eine Differenz zur aristotelischen Ontologie besteht darin, daß die Aktualität/Potentialität-Debatte gänzlich außen vor bleibt, was auch für die Diskussion um Kontingenz und Notwendigkeit gilt. Der Grundzug von Laplace' Naturphilosophie ist die Naturnotwendigkeit, nicht aber eine philosophisch-theologische Notwendigkeit, wie Leibniz sie vertritt. Leibniz zieht den Status quo in die Notwendigkeitsüberlegungen ein. Bei der Entscheidung für die Ausgestaltung der Welt habe Gott nach Gründen entschieden.[321] D'Alembert hat in der zweiten

319 Dijksterhuis: „Die Mechanisierung des Weltbildes", S. 547–548.

320 Siehe oben, S. 156.

321 „Cette nécessité physique est ce qui fait l'ordre de la nature, et consiste dans les règles du mouvement et dans quelques autres loix générales; qu'il a plu à Dieu de donner

Auflage des Traité de Dynamique eine zurückhaltende Position vorbereitet: Wir können nicht entscheiden, ob Gott die Natur mit anderen Gesetzen hätte ausstatten können.[322] Ein vergleichbarer Ansatz fehlt bei Laplace: Die Initialbedingungen des Sonnensystems sind nicht notwendig, sind nicht einmal kontingent: Sie sind, wie sie sind. Die Entwicklung in ihrer Folge ist deterministisch, auch sie ist aber nicht im Sinne einer theologischen Ontologie notwendig. Laplace' Determinismus bleibt im Physikalischen, wodurch eine lange Tradition von Begründungsverfahren der Naturgesetze und des Naturzustands unterdrückt bleibt. Der mit einem Begründungspostulat prinzipiell einhergehende infinite Regreß stoppt bei den physikalischen Gesetzmäßigkeiten.

Der Preis, den die Stringenz des Wissenschaftsatheismus und des Gesetzesdeterminismus kostet, ist hoch. Die Entstehung der Ordnung unseres Sonnensystems und das Zustandekommen von dessen Stabilität atheistisch zu erklären, wird mit der Unterdrückung des ontologischen Arguments von Aristoteles gegen Platon bezahlt: Alles Entstandene vergehe.[323] Der historische Hintergrund ist die Einrichtung des Sonnensystems durch Gott, bzw. die göttliche Schöpfung. Laplace ersetzt den Schöpfungsgedanken durch eine Entstehungslehre des Sonnensystems, wobei der angenommene Anfang der kosmischen Evolution den wissenschaftsatheistischen Bedürfnissen entspricht: Die Entstehungslehre des Sonnensystems beginnt beim Sonnennebel, dessen Herkunft nicht hinterfragt wird; das Regreßproblem ist auch hier außen vor. Auch bleibt der Übergang von der kosmischen Evolution zur Stabilität offen. Das Problem muß Laplace bekannt gewesen sei; Fourier kommentiert es im Éloge historique sur Laplace unter Bezugnahme auf eine sagesse suprême:

> „Quelle que puisse être la cause physique de la formation des planètes, elle a imprimé à tous ces corps un mouvement de projection dans un même sense d'un globe immense: par là le système solaire est devenu stable. [...] Ce n'est donc point, comme Newton lui-même et Euler l'avaient soupçonné, une force adventice qui doit un jour réparer ou prévenir le trouble que le temps aurait causé. C'est la loi elle-même de la gravitation qui règle tout, qui suffit à tout, et maintient la variété et l'ordre. Émanée une seule fois de la sagesse

---

aux choses en leur donnant l'être." (Leibniz: „Essais de théodicée sur la bonté de Dieu, la liberté de l'homme et l'origine du mal", Amsterdam 1710, § 2 des „Discours de la conformité de la foi avec la raison", Neuedition in: G. W. Leibniz: „Die Theodizee", Bd. I, hrsg. von Herbert Herring, Frankfurt 1996, S. 70–73.)

322 Anmerkung 6 bei Hahn: „Laplace", S. 51.

323 Aristoteles: „Physik", Buch Θ, Kapitel 1. Vgl.: „Das ist ja das große und eigentliche Rätsel an Platons Welt nach Timaios: geschaffen und doch nicht vergehend!" (Walter G. Saltzer: „Grundzustand und Erschaffung der Neuelemente in Platos Timaios-Kosmologie", in: Saltzer, Eisenhardt u. a. [Hrsg.]: „Die Erfindung des Universums?", S. 228.)

suprême elle préside depuis l'origine des temps, et rend tout désordre impossible."[324]

Es kann nur mit dem Dogma der Stabilität erklärt werden, warum Laplace den Entwicklungsgedanken auf die Herkunft des gegenwärtigen Zustands des Sonnensystems beschränkt. Er selbst sagt in der Exposition, daß es Störungen gebe, die sich über Jahrmillionen hinziehen und die erst noch zu entdecken seien:

> „Les siècles à venir développeront ces grandes inégalités [...]. Ces inégalités ne sont pas toujours croissantes; elles sont périodiques, comme celles de l'excentricité de l'orbe terrestre, dont elles dépendent, et ne se rétablissent qu'après des millions d'années."[325]

Auf die Widersprüchlichkeit genetischer Erklärungen habe ich bereits hingewiesen.[326] Die genetischen Erklärungen sind häufig ad-hoc-Erklärungen, deren korrelierendes historisches Ereignis im Dunklen bleibt und mit der Entstehungslehre des Sonnensystems unvereinbar ist. Die Mechanik läßt ad-hoc-Argumente zu oder legt sie vielleicht sogar nahe, sonst hätte Laplace sie nicht vertreten, die Kosmologie jedoch nicht. Laplace argumentiert beispielsweise, daß der Stoß gegen eine Kugel zusätzlich zur geradlinigen Bewegung auch zu einer Rotationsbewegung führe, wenn der Mittelpunkt der Kugel nicht auf der Wirkungslinie des stoßenden Körpers liege. Er wendet den Zusammenhang auf die Erde, den Mond und die Planeten an. Weil die Planeten eine Rotationsbewegung haben, müssen sie einen Stoß empfangen haben:

> „pour expliquer le double mouvement de rotation et de translation de la Terre, il suffit de supposer qu'elle a reçu primitivement une impulsion dont la direction a passé à une petite distance de son centre de gravité [...]. Il est infiniment peu probable que la projection primitive des planètes, des satellites et des comètes ait passé exactement par leurs centres de gravité: tous ces corps doivent donc tourner sur eux-mêmes."[327]

Auch in der Mécanique céleste ist häufig von Ursprüngen (des origines) die Rede, bei denen nie klar ist, was mit ihnen gemeint sein soll, z. B.:

---

324 Fourier: „Éloge Historique de M. le Marquis de Laplace", S. VII. Auch Friedrich Albert Lange hat auf diese Schwäche von Kosmogonien hingewiesen: „Der Kant=Laplacesche Anfangszustand ist also nur relativ ein Anfangszustand. Er setzt den Zusammensturz früherer Welten voraus und wird sich unendlich oft wiederholen, da wir keinen Grund haben, die Unendlichkeit der Materie und des Raumes zu bezweifeln." (Friedrich Albert Lange: „Geschichte des Materialismus und Kritik seiner Bedeutung in der Gegenwart", Buch II, 2. Aufl., Leipzig 1875, S. 645.)

325 SdM, S. 246.

326 Siehe oben, S. 71–72.

327 SdM, S. 189.

„Il n'est pas nécessaire que cette égalité ait eu lieu exactement à l'origine, ce qui seroit infiniment peu vraisemblable;"[328]

„Il n'est pas nécessaire que ces rapports ait eu lieu exactement à l'origine".[329]

Die Nebularhypothese entwirft einen Ausgangszustand, auf den aber nicht Bezug genommen ist.

An Laplace' Entwicklungsdenken fällt die Selektion negativ auf. Der Fokus liegt auf dem Entstehen, das Vergehen ist sekundär. Freilich besteht kein Erklärungsanlaß für das Vergehen des Sonnensystems, wenn es ewig und stabil ist, andererseits gelten die étoiles changeantes als empirische Rechtfertigung für die kosmische Entwicklungsthese überhaupt. Die Frage, warum das Sonnensystem nicht ebenfalls erlöschen soll, wird aber nicht diskutiert.

Es ist kaum vorstellbar, daß Laplace die Probleme des Ursprungsdenkens nicht gesehen hat. Wenn ein Problem gegenwärtig nicht befriedigend gelöst ist, wie hier das der Initialemergenz und der Selbstorganisation, dann ist dies nahezu ein Garant dafür, daß die Wissenschafts- und Philosophiegeschichte unterschiedlichste Antworten bietet; die Ursprungsfrage ist schwer. Die Antworten auf die Ursprungs- und die Organisationsfrage sind bis zur Aufklärung geprägt durch die traditionsbildende Entstehungslehre aus Hesiods Theogonie und die mesopotamische Schöpfungslehre der Bibel. Hesiods Chaos, die vorolympischen Gottheiten und die Götter legten den Grund, daß aktive Prinzipien neben der Materie als Organisationsprinzipien akzeptiert wurden; Platons Demiurg des Timaios setzt die Problemstellung fort, Aristoteles diskutiert sie ausführlich in Λ 8 der Metaphysik. Allen Materialisten war dies so suspekt, daß sie das Erklärungsdefizit hinsichtlich der Regelmäßigkeit von natürlichen Prozessen in Kauf genommen haben. Nach einem Bericht von Aristoteles kommt schon von Thales der Gedanke, daß die Grundlage des Wandels in der Natur selbst beständig sei,[330] was auch die Haltung von Laplace ist. Wenn man die Beständigkeit der Materie nicht anerkannt und auch ihre Herkunft hinterfragt, ist die creatio ex nihilo als Ende einer Regreßstruktur fast unausweichlich. Der Laplacesche Kosmos ist immer prozeßhaft. Nichts und Sein sind keine Kategorien, in die der Kosmos eingefügt wird.[331] Daher ist die Annahme der Ewigkeit des Kosmos, treffender gesagt: der Ursprungslosigkeit, für Laplace eher akzeptabel als ein Entstehungs- oder Schöpfungsmythos. Die Entstehungslehre des Sonnensystems hat vor dem kosmologiehistorischen Hintergrund die Stellung, daß sie ausschließlich auf physikalischen (Selbst-)Organisationsprinzipien aufbaut und die Herkunftsfrage auf Erklärungsmodelle bezieht, die physikalisch anschlußfähig sind; die Verbindung des rotierenden Sonnennebels mit dem Sonnensystem ist durch die Zeitinvarianz der me-

---

328 Mécanique céleste, Bd. I, S. 342.

329 Mécanique céleste, Bd. I, S. 342.

330 Thales, DK 11 A 12 (Aristoteles: „Metaphysik", A 3, 983 b, 6 ff.).

331 Vgl. Kaisar Petanides: „Rätselhafte Naturkonstanten", in: Saltzer, Eisenhardt u. a. (Hrsg.): „Die Erfindung des Universums?", S. 116.

chanischen Gesetze gegeben. Laplace bietet eine Entstehungslehre ohne philosophische Emergenz; die Emergenzprinzipien sind die Gesetzmäßigkeiten der Mechanik. Daher kann es nicht ausbleiben, daß philosophische Ursprungsfragen, z. B. die nach dem metaphysischen Grund des Kosmos, nicht gestellt werden.

Die hermeneutische Annäherung an die Metaphysikkritik führt sehr deutlich zum Reduktionismus, den Laplace in für ihn typischer Manier in einer Nebenbemerkung formuliert: „la nature, en allant du simple au composé [...]“.[332] Der Reduktionismus zeigt sich an der Struktur der metaphysikkritischen Argumente: Diese, insofern sie nicht auf die Nutzlosigkeit der Metaphysik abzielen, haben die Struktur, daß Komplexe auf ihre Elemente zurückgeführt werden und den Elementen außer Bewegungsgesetzen und Initialbedingungen nichts hinzugefügt wird. Das gilt bei der Kritik an der teleologischen Interpretation des Prinzips der kleinsten Wirkung von Euler: Ein komplexer kontinuierlicher Prozeß ist das Resultat aus differentiellen, den komplexen Prozeß konstituierenden Wechselwirkungen. Es gilt in der Chemie: Komplexe Moleküle bestehen nur aus ihren Elementen und deren inneren Gesetzen; Laplace spricht in den entsprechenden Kontexten von principes.[333] Physikalische Körper sind systèmes de points matériels. Letztlich setzen die Exposition du système du monde und die fünf Bänder der Mécanique céleste den epistemologischen Aspekt des Reduktionismus konsequent um: Die Erklärung der Welt geschieht ausschließlich unter Rückgriff auf physikalische Entitäten und Gesetze.

Es gibt keine Laplacesche Philosophie der Biologie, doch auch hier einige aussagekräftige Hinweise. Die quantitative Analyse der Lebensphänomene ist eine bedeutende Strömung der Naturgeschichte im 18. Jahrhundert. Bei den schon erwähnten Experimenten zur tierischen Verbrennung, die Laplace mit Lavoisier unternommen hatte, fungierte die Menge des geschmolzenen Eises in einem Eiskalorimeter als Maß der stattgefundenen Verbrennung. Laplace schließt sich zwar nicht dem anthropologischen Materialismus à la Lamettrie an, spricht sich aber auch nicht dagegen aus. Zumindest untersteht für ihn der Mensch physikalischen Kausalitätsannahmen, womit die Willensfreiheit als Illusion abgelehnt ist: „La volonté la plus libre ne peut sans un motif déterminant leur donner naissance [...].“[334] Zugrunde liegt ausdrücklich das Leibnizsche Argument, bei dem Laplace von der völligen Gleichheit von zwei Positionen spricht und eine Entscheidung für eine Position nicht möglich wäre. Die Alternative wäre „le hasard des épicuriens“, der abgelehnt wird:

> „L'opinion contraire est une illusion de l'esprit, qui, perdant de vue les raisons fugitives du choix de la volonté dans les choses indifférentes, se persuade qu'elle s'est déterminée d'elle-même et sans motifs.“[335]

---

332 SdM, S. 358.
333 Siehe z. B. SdM, S. 391.
334 OC, Bd. VII, S. vi.
335 OC, Bd. VII, S. vi.

Diese Bemerkungen stehen im Essai philosophique sur les probabilités im Zusammenhang des Satzes vom Grund. Philosophisch sind derartige Argumente allzu oberflächlich: Die Willensfreiheit dadurch zu leugnen, daß der Wille Motiven folge, ohne aber die Herkunft der Motive auch nur anzusprechen, läßt zu viele Fragen offen, die sowohl in den psychologischen Teilen der Ethiken von Aristoteles und von Thomas von Aquin als auch in den Affektelehren von Descartes oder Spinoza ausführlich erörtert vorlagen.

Vergleichbares gilt auch für die Exposition du système du monde. Sie vermittelt den Eindruck, daß mit Ablehnung der Metaphysik als naturwissenschaftlich relevanter und seriöser Disziplin nahezu die gesamte Philosophie verlorengeht: Metaphysik als pars pro toto der Philosophie. Dabei spricht Laplace mit großer Selbstverständlichkeit von cause, von Ursachen oder Kausalität, und zwar in Bezug auf Wirkursachen oder Naturgesetze und Kräfte. Von Humes Kritik an der Tradition des Kausalitätsdenkens oder Kants Transzendentalphilosophie gibt es keine Spur. Wie bereits erwähnt, kommen weder Hume noch Kant in der gesamten Œuvre vor, John Locke an einer Stelle.[336] Laplace dürfte dies zwar nicht sehr bedauert haben, doch die Kosten für die Metaphysikablehnung sind Fehler bei der philosophischen Selbsteinschätzung und bei der Beurteilung der Philosophie der Himmelsmechanik. Mit dem philosophischen Anspruch der Exposition du système du monde müßte der Themenbereich erheblich weiter ausfallen und auch ernsthafter angegangen werden.

Laplace nimmt letztlich keine überzeugende Positionierung vor, weder in der Metaphysik noch in der Methodologie. Damit meine ich nicht, daß er der philosophischen Gewohnheit einer strengen Einordnung in dualistische Schemata nicht entspricht: metaphysische Begründung der Physik oder physikalische Begründung der Metaphysik?[337] Deduktivismus oder Induktivismus? Empirismus oder Rationalismus? Eine nachträgliche Einordnung wäre unangemessen: Die wissenschaftliche Arbeit von Laplace folgt orientierenden Leitideen, diese Leitideen sind aber auch das Ergebnis der Erfolge der Mechanik. Teilweise werden methodische Ungereimtheiten in Kauf genommen, um die Tradition der theologischen Argumentation zu brechen; der Wissenschaftsatheismus scheint der Himmelsmechanik vorauszugehen. Andererseits wird der Wissenschaftsatheismus durch das Kausalitätsverständnis der klassischen Mechanik erst möglich.

Seit dem historic turn in der Wissenschaftsphilosophie hat sich das Bewußtsein verbreitet, daß die Wissenschaften keinesfalls so streng und deutlich vorgehen, wie es die traditionelle Wissenschaftstheorie nahegelegt hat. Die auffallendste Bestätigung, die Laplace' Œuvre dafür bietet, ist die strukturelle Verschiedenheit der Exposition du système du monde und der Mécanique céleste.

---

336 Siehe oben, S. 107.

337 Vgl.: „There are not only metaphysical foundations of physics, but also physical foundations of metaphysics." (Max Jammer: „Concepts of Force", S. 149.)

Die Exposition beginnt mit Beschreibungen, denen Prinzipien und dann konkrete Anwendungen folgen. Die Mécanique céleste entwirft das Bild einer völlig anderen Wissenschaftspraxis. Sie öffnet mit allgemeinen Gleichgewichts- und Bewegungsgesetzen (Livre I) und geht zum Gravitationsgesetz und den Bewegungsgesetzen von Gravitationsschwerpunkten, Differentialgleichungen etc. über (Livre II). Erst im vierten Band geht es um Konkretes: Théories particulières des mouvements célestes. Zusammenhängende Beschreibungen, die immerhin die Hälfte des himmelsmechanischen Teils der Exposition du système du monde ausmachen, fehlen zur Gänze. Die Préface zum dritten Band verdeutlicht den Unterschied:

> „Nous avons donné, dans la première Partie de cet Ouvrage [Bd. I & II der Mécanique céleste], les principes généraux de l'équilibre et du mouvement de la matière. Leur application aux mouvements célestes nous a conduit, sans hypothèses et par une série de raisonnements géométriques, à la loi de la gravitation universelle [...].“[338]

Die Ausgestaltung der Exposition verzerrt die Systematik der Himmelsmechanik, die letztlich eine Teildisziplin der rationalen Mechanik ist. An einer Stelle sagt Laplace sinngemäß, daß die Astronomie ein Problem der theoretischen Mechanik sei, für dessen Lösung aus der Erfahrung lediglich Werte benötigt werden, um Differentialgleichungen lösen zu können: „L'Astronomie est ainsi devenue la solution d'un grand problème de Mécanique, dont les éléments des mouvements célestes sont les constantes arbitraires.“[339] Eine vergleichbare Bemerkung gibt es auch zum Verhältnis von Geometrie und Mechanik. Die Geometrie geht epistemisch der Mechanik voraus und die Mechanik ist dann gefordert, wenn es um Fragen geht, die geometrisch nicht zu beantworten sind, z. B. Bestimmungen von Massen: „La Géométrie devient alors insuffisante pour déterminer le rapport de ces masses, et il est indispensable de recourir à la Mécanique.“[340] Auch wenn der physikalische Axiombegriff nicht zu sehr aus der Mathematikgeschichte her verstanden werden darf,[341] so ist mechanischen Theorien wie Newtons Principia doch aufgrund der Mathematik und ihres axiomatischen Aufbaus der Rationalismus immanent. Gerade dieser für die analytische Mechanik wesentliche Ratio-

---

338 Mécanique céleste, OC, Bd. III, S. ix.

339 SdM, S. 474. Lagrange ist noch deutlicher: „Les méthodes que j'y expose ne demandent ni constructions, ni raisonnemens géométriques ou mécaniques, mais seulement des opérations algébriques, assujetties à une marche réguliere & uniforme.“ (Lagrange: „Mécanique Analitique“, S. vi.)

340 SdM, S. 174.

341 Cohen sieht den Unterschied zwischen den Axiomatiken der antiken Geometer und der Newtons darin, daß bei Newton die Evidenz der Propositionen durch Experimente und kritische Beobachtungen hergestellt wird (Cohen: „Newton's concepts of force and mass“, S. 57).

nalismus wird nicht als philosophisch kategorisierendes Kriterium wahrgenommen, er wird noch nicht einmal angesprochen.

Bei Laplace zeigt sich ein Umstand, der einer der Hauptprinzipien philosophischer Differenzen ist: die Konzentration auf einen engen Phänomenbereich und die geringe Berücksichtigung anderer Bereiche. Die teleologischen Deutungen mechanischer Theoreme sind wissenschaftlich unfruchtbar, womit die Teleologie insgesamt ausgeschlossen ist. Die Fragen sind aber damit nicht aus der Welt: Bei der Darstellung des Ursprungs des Sonnensystems verweist Laplace zwar auf die Unsicherheit von Spekulationen, die nicht auf Beobachtung und Kalkül beruhen. Dennoch äußert er sich hier zur Frage des Fortbestehens des Lebens, die zuvor theologisch-teleologisch beantwortet wurde.[342] Wie kommt es dazu, daß die Kinematik und in deren Folge das thermische Verhalten der Erde so ist, daß es das Fortbestehen der Arten ermöglicht? Das ist keine himmelsmechanische Frage. Gerade weil sie das nicht ist, ist die Verabsolutierung himmelsmechanischer Grundsätze und der Ablehnung der Teleologie rechtfertigungsbedürftig. Laplace sagt nicht explizit: Die Lebenswissenschaften dürfen nicht teleologisch argumentieren, die Exposition läuft aber darauf hinaus.[343] Seine Erklärung genossen unter Physikern sicherlich eine höhere Akzeptanz als zahlreiche Erklärungen seiner Vorgänger, letztlich erklärt er aber auch weniger und das wenigere auch in den Vorgaben seiner Naturphilosophie. Diese Vorgaben werden unterschwellig zur Interpretationsgrundlage der Himmelsmechanik. In der analytischen Himmelsmechanik braucht man die Begriffe Ursache, Kraft oder Existenz nicht, die offenbar für Laplace selbstverständliche Kategorien des Naturverständnisses ausmachen.[344] Die analytische Methode sagt aber weder aus, wie Gesetze als Ursachen zu verstehen und ob mit Anziehung, Stoß und Repulsion die Ursachenarten vollständig erschöpft sind, noch verbietet sie teleologische Deutungen mechanischer Prinzipien,[345] es sei an Eulers teleologische Deutung des Prinzips der kleinsten Wirkung erinnert. Man kann beispielsweise Erhaltungssätze oder das Trägheitsgesetz auf Gott zurückführen, wie Descartes und Newton es gemacht haben. Laplace' Selektion philosophischer Kategorien geschieht auf einer Basis, aus der sich für die Metaphysik keine verbindlichen Aussagen ergeben. Das gilt jedoch für die mechanistische Kausalitätsauffassung genauso wie für die Teleologie. In der analytischen Mechanik wird „die Kausalität von Ursache und Wirkung durch ein funktionales Gleichungssystem von mechanischen Zustandsgrößen ersetzt."[346] Die Himmelsmechanik ist eine

342 Siehe das Zitat „Il semble que la nature [...]" oben, S. 143.

343 Damit ist Laplace nicht alleine. Buffon lehnte die Zweckmäßigkeit als biologisches Prinzip ab und lehrte, das Auge sei nicht zum Sehen da, sondern es sei da und wir sehen damit (den Verweis auf Buffon verdanke ich Peter McLaughlin).

344 Zu Laplace' Kausalitätsverständnis siehe oben, S. 152.

345 Vgl. oben, S. 134.

346 Klaus Mainzer: „Mechanik", in: HWPh, Bd. 5, Sp. 956.

mathematische Weltbeschreibung, eine naturphilosophische kausal-deterministische Weltdeutung geht wie die Teleologie interpretierend darüber hinaus.[347]

Wie kann es dazu kommen, daß der führende Wissenschaftler seiner Zeit zu einer dermaßen vagen Ontologie kommt? Anscheinend ist das Kausalitätsdenken so mächtig, daß es die Trennung von Epistemologie und Ontologie verdeckt. Die Aristotelische Aitiologie ist in der klassischen Mechanik zwar zu einer 3-Ursachen-Lehre verkürzt (causa efficiens, causa materialis, Naturgesetze), doch tauchen die gleichen philosophischen Probleme auf. Eine physikalische Erklärung, die im deduktiv-nomologischen Modell durch Antecedens-Bedingungen und Gesetze schematisiert ist, wird von Laplace offenbar so interpretiert, daß sowohl die Antecedens-Bedingungen als auch die Gesetze als Gründe ohne ontologisch ausreichende Ausdifferenzierung verstanden werden. Antecedensbedingungen sind zwar die konkreten Initialbedingungen der Materie, doch auch die Gesetze sind gleichsam Gründe unter der Vorbedingung ihrer Hypostasierung. Hinsichtlich eines Verständnisses der Naturwissenschaften und ihrer Geschichte ist die wissenschaftsphilosophische Forschung sicherlich lange noch nicht abgeschlossen; erste Arbeiten zu mentalen Modellen und zur historischen Epistemologie lassen interessante Beiträge für die Zukunft erwarten.

Es seien zwei allgemeinere Punkte zur naturwissenschaftlichen und zur philosophischen Naturphilosophie[348] angesprochen, für die Laplace beispielhaft ist:

1. Die Aufgabenstellung moderner Naturphilosophie ist der Entwurf eines Weltbilds, das sich unter der Annahme der Wahrheit naturwissenschaftlicher Theorien ergibt[349]; das ist auch die Zielsetzung von Laplace. In Philosophiegeschichten ist aber selten von der Zweitrangigkeit philosophischer Strömungen für philosophische Veränderungen zu lesen. Man sollte jedoch sehr klar sehen, daß philosophische Resultate der Wissenschaften nicht unbedingt die Folge einer Korrektur, sondern auch die von der Unzeitgemäßheit von Positionen sind. Laplace' Abgrenzung von Newtons Philosophie erfordert keine philosophische Debatte, sondern sie resultiert aus der Interpretation einer leistungsfähigeren

---

[347] Vgl. das Vorwort der Herausgeber in: Saltzer, Eisenhardt u. a. (Hrsg.): „Die Erfindung des Universums?", S. 18.

[348] Ich war erstaunt, daß eine vergleichbare Einteilung auch heute noch vorgenommen wird: „Im Gegensatz zur »Physikalischen Kosmologie«, in der das Universum als rein physikalisches Objekt betrachtet werden kann [...], versucht die »Philosophische Kosmologie« die bloß physikalischen Inhalte der empirischen Erforschung des Kosmos und der mathematischen Modellierung ihrer Ergebnisse zu überschreiten, indem sie danach fragt, was das Universum zu bedeuten und welcher Sinngehalt daraus erschlossen werden könne." (Vorwort der Herausgeber in: Saltzer, Eisenhardt u. a. (Hrsg.): „Die Erfindung des Universums?", S. 8.)

[349] Vgl. „Moderne Naturphilosophie versucht das Bild der Natur zu entwerfen, das sich ergibt, wenn unsere gegenwärtigen Theorien wahr sind. [...]
Moderne Naturphilosophie hat die Aufgabe, bewußt zu machen, an welchen Stellen unsere allgemeinen Vorstellungen über die Natur durch naturwissenschaftliches Wissen *korrigiert* werden müssen." (Bartels: „Naturphilosophie", S. 16 ff.)

Himmelsmechanik, die nicht mehr zu Newtons Annahmen führt. Man muß beispielsweise die Teleologie nicht korrigieren, es ist aber auf der Basis der analytischen Himmelsmechanik auch nicht sinnvoll und in Anbetracht der Astronomiegeschichte sogar kontraproduktiv, sie beizubehalten. Genauso ist die Himmelsmechanik auch theologisch relevant, ohne Theologie zu sein. Philosophische Entwicklungen in der Wissenschaftsgeschichte müssen sich also nicht immer durch verbesserte Philosophien oder philosophische Widerlegungen verstehen und begründen lassen, sondern oftmals eher durch verbesserte Wissenschaften, die die Philosophie begleiten, von ihr abhängen und sie hervorbringen. Es sei an die Napoleon-Anekdote erinnert: Descartes', Newtons oder Eulers Gottesauffassungen sind nicht falsch, sie sind überflüssig; Laplace *brauchte* Gott nicht mehr.[350] Man neigt dazu, diese Anekdote als Kuriosität der Wissenschaftsgeschichte zu belächeln, aber ihre wissenschaftstheoretische Aussage ist die des Ökonomieprinzips.

2. Philosophie- und Wissenschaftshistoriker sind sophisticated und beschränken in ihrer Seriosität die Charaktere auf Neugier, Genialität, Wahrheitsinteresse und ähnliches; Lustlosigkeit, Gleichgültigkeit oder Schludrigkeit kommen praktisch nicht vor.[351] Es scheint, die Menschlichkeit der Akteure ist der Eitelkeit der Historiker zum Opfer gefallen. Laplace' Œuvre vermittelt den Eindruck, daß er beispielsweise sich deshalb nicht mit der theologischen Begründung der Regelhaftigkeit der Natur auseinandersetzt, weil es sich nicht lohnt und er dazu schlicht und einfach keine Lust mehr hat.[352] Hahn bindet Laplace' Haltung zur Metaphysik an die Erfahrung mit dessen Lehrer Jean Adam zurück. Aktuelle Autoren waren Newton und Descartes, Adam zog jedoch den Aristotelismus vor:

> „His printed lectures could have been written centuries earlier. They display the worst features of scholasticism, filled with hair-splitting verbal distinctions, elaborate and useless Latin terminology and useless principles."[353]

Die Aussage: „Mais cela est indifférent à la Mécanique"[354] ist in Laplace' Œuvre kein Einzelfall und charaktersiert am besten sein Haltung zur Metaphysik. Das

---

350 Siehe dazu oben, S. 168.

351 Es gibt in der Digitalen Bibliothek eine 22263 Seiten umfassende CD-ROM zur Philosophiegeschichte inklusive Lexika. Läßt man das Programm nach „keine Lust" oder „lustlo*" suchen, gibt es keinen einzigen Treffer, bei „schludr*" einen (Hegel über Ciceros Gottesbegriff), „interessiert UND nicht" beim Wortabstand 2 einen (Vorländer über Aristoteles' Haltung zur Mathematik und Mechanik); „egal" führt zu einem Zitat von Werner Siemens; „genial*" jedoch bringt unter der Berücksichtigung der Kleinschreibung 125 Treffer.

352 Vgl. Fouriers Kommentar zu Laplace' historischen Arbeiten: „Tout ce qu'il appelle grand est grand en effet; tout ce qu'il omet ne méritait point d'être cité." (Fourier: „Éloge Historique", S. XI.)

353 Roger Hahn: „The Laplacean View of Calculation", S. 366.

354 SdM, S. 175.

Kriterium, an dem die Philosophie gemessen wird, ist deren Beitrag zur himmelsmechanischen Praxis.

Die Textausgaben der Philosophie- und der Wissenschaftsgeschichte dokumentieren nur selten das Schwanken zwischen wissenschaftlichen Hypothesen oder Interpretationen der Naturwissenschaften. Liegt wie bei Laplace eine unio in persona von Wissenschaftler und Philosoph vor, so ist die Bewegung von Wissenschaft zur Philosophie, von der Philosophie zur Wissenschaft, von Beobachtung zur Theorie und von Theorie zur Beobachtung keineswegs geradlinig. Es gibt orientierende Annahmen, Vorbilder, wissenschaftskulturelle Einflüsse, Interessen etc., von denen sich nicht sagen läßt, ob sie Voraussetzungen oder Resultate der Himmelsmechanik sind. Denkt man z. B. an die Debatte um context of discovery – context of justification, so ist man geneigt, schon die Frage nach einer systematischen Folge beider für falsch gestellt zu halten.[355] Die Gewöhnung an philosophisch-systematische Ordnung oder der Wunsch nach ihr führt oftmals in der Philosophiegeschichtsschreibung zu Unrecht auch zu ihrer Erwartung. Laplace entspricht dieser Erwartung nicht – und er muß dies auch nicht: Der Erfolg der Himmelsmechanik hängt nicht von ihrer philosophischen Stringenz ab.[356]

---

355 Zum Thema Entdeckung und Begründung hat im Februar/März 2002 eine Tagung am Max-Planck-Institut für Wissenschaftsgeschichte (Berlin) stattgefunden. Siehe den Sammelband „Revisiting Discovery and Justification, historical and philosophical perspectives of the context distinction", hrsg. von Jutta Schickore und Friedrich Steinle, Dordrecht 2006, darin z. B. den Beitrag von Paul Hoyningen-Huene.

356 Ich möchte hier nicht in die Debatte einsteigen, ob Naturwissenschaftler die Philosophie brauchen. Doch man möge zur Kenntnis und ernst nehmen, daß auch oder sogar philosophisch interessierte Naturwissenschaftler dies verneinen. Vgl. Ernst Machs Beurteilung des Bedürfnisses der Philosophie für Physiker: „Erkenntniskritische Erwägungen können zwar keinem Menschen schaden, allein der Specialforscher, z. B. der Physiker, hat keinen Grund sich allzusehr durch solche Betrachtungen beunruhigen zu lassen. Scharfe Beobachtung und ein glücklicher Instinkt sind für ihn sehr sichere Führer. [...] Nicht jeder Physiker ist ein Erkenntniskritiker, nicht jeder muss oder kann es auch nur sein." (Ernst Mach: „Die Analyse der Empfindungen und das Verhältniss des Physischen zum Psychischen", 3. Aufl., Jena 1902, S. 237.)

IV. Der Précis de l'Histoire de l'Astronomie und Laplace' Wissenschaftsphilosophie

Die Exposition du système du monde schließt mit einem Abriß der Geschichte der Astronomie, dem Précis de l'Histoire de l'Astronomie. Der Précis ist sowohl wissenschaftshistorisch als auch philosophisch interessant, weil er das Wissenschaftsverständnis des ausgehenden 18. Jahrhunderts vermittelt, das sich bis heute auswirkt.

Laplace nennt nur wenige Quellen: Aristoteles, Ptolemaios, Simplikios und als einzigen modernen Text Baillys „Traité de l'Astronomie indienne". Fontenelle war Laplace mindestens durch Erzählungen bekannt, wie aus der Erwähnung der Anekdote des göttlichen Ratschlags von Alphons X hervorgeht.[1] Jean-Étienne Montuclas zweibändige „Histoire des mathématiques" dürfte ebenfalls bekannt gewesen sein. Eine Identifikation der Quellen ist schwerlich durchführbar, weil in neuzeitlichen naturwissenschaftlichen Schriften Theorien oft in Auseinandersetzung mit Theoremen der Vorgänger entwickelt werden. So beinhaltet beispielsweise auch Lagranges Mécanique Analitique zahlreiche historische Ausführungen,[2] du Chastellet leitet in den zwei Bänden ihrer Newton-Übersetzung ihren Kommentar historisch ein. Ferner gibt es die Tradition, in Vorworten Bemerkungen zur Disziplingeschichte zu machen.[3] Delambres sechsbändige „Histoire de l'Astronomie" ist zwar erst 1817–1823, also nach der Exposition du système du monde, erschienen, Laplace und Delambre kannten sich und standen mutmaßlich in engem Austausch; in den Œuvres wird Delambre häufig erwähnt.

Wodurch überhaupt der Gegenstand der Astronomiegeschichte gebildet wird, hängt von der Theorie ab: Die Aspekte, die für die Astronomie als relevant erachtet werden, werden dadurch zum Gegenstand ihrer Geschichte. Dazu gehört die Mathematik gleichermaßen wie die Entwicklung technischer Instrumente wie Fernrohre oder Meßinstrumente. Daher finden auch die Kegelschnitte von Apollonios von Perge Eingang in den Précis. Laplace' Geschichte der Astronomie ist primär eine Disziplingeschichte und nicht eine von Personen, wobei aber auch

---

1 Siehe weiter unten, S. 198.

2 Dies beginnt bereits am Anfang des Teils zur Statik (siehe Lagrange: „Mécanique Analitique", S. 2).

3 Zur Geschichte der Wissenschaftsgeschichtsschreibung siehe Rachel Laudan: „Histories of the Sciences and their Uses: A Review to 1913", in: History of Science 31 (1993), S. 1–34, hier S. 7–8.

öfter Biographisches, insbesondere von Newton, referiert wird. Laplace teilt die Astronomiegeschichte in sechs Kapitel ein:

Chapitre I:	DE L'ASTRONOMIE ANCIENNE, JUSQU'A LA FONDATION DE L'ECOLE D'ALEXANDRIE
Chapitre II:	DE L'ASTRONOMIE DEPUIS LA FONDATION DE L'ECOLE D'ALEXANDRIE JUSQU'AUX ARABES
Chapitre III:	DE L'ASTRONOMIE DEPUIS PTOLEMEE JUSQU'A SON RENOUVELLEMENT EN EUROPE
Chapitre IV:	DE L'ASTRONOMIE DANS L'EUROPE MODERNE
Chapitre V:	DE LA DECOUVERTE DE LA PESANTEUR UNIVERSELLE
Chapitre VI:	CONSIDERATIONS SUR LE SYSTEME DU MONDE ET SUR LES PROGRES FUTURS DE L'ASTRONOMIE

Er unterläßt es, diese Gliederung zu rechtfertigen und die Epochengrenzen explizit darzulegen. Die Kriterien einer Epochengrenze sind nicht stringent; sie sind zum Teil durch den Wissensstand bedingt, zum Teil aber auch methodologisch begründet. So liege z. B. der Ursprung des astronomischen Interesses in landwirtschaftlichen Bedürfnissen, die wissenschaftliche Astronomie beginne aber erst mit Aufzeichnungen und Bemühungen um die Erkenntnis von Gesetzmäßigkeiten:

> „quelques remarques grossières sur le lever et sur le coucher des étoiles ne formaient point une science, et l'Astronomie n'a commencé qu'à l'époque où, les observations antérieures ayant été recueillies et comparées entre elles, et les mouvements célestes ayant été suivis avec plus de soin qu'on ne l'avait fait encore, on essaya de déterminer les lois de ces mouvements."[4]

Vergleichbares gilt bezüglich der Alexandriner. Deren Würdigung basiert auf methodischen Fortschritten, die zu einer leistungsfähigeren Astronomie geführt haben: „Nous voyons pour la première fois dans l'école d'Alexandrie un système combiné d'observations faites avec des instruments propres à mesurer des angles, et calculées par les méthodes trigonométriques."[5] Offenbar wirkt sich Laplace' physikalische Systematik auf die Ausgestaltung des Précis aus: Die Basisdisziplinen der Astronomie sind Mathematik, Kinematik, Mechanik und Technik.

---

4 SdM, S. 395.

5 SdM, S. 409.

1. Laplace' Auffassung der Astronomiegeschichte

In einem Vorwort zum Précis de l'Histoire de l'Astronomie gibt Laplace eine kurze Inhaltsangabe der Exposition, die den „ordre analytique"[6] der Astronomie nachzeichne: 1. Beschreibung der Phänomene, 2. korrekte kinematische Beschreibung, 3. Induktion der Bewegungsgesetze, 4. Induktion des Gravitationsgesetzes. Die historische Entwicklung der Astronomie sei andersartig verlaufen. Die analytische Ordnung sei nur dadurch möglich, daß die Beobachtungen, die über den Zeitraum der gesamten Astronomiegeschichte in Katalogen überliefert sind, überblickt werden können. Ferner seien die beiden für die Astronomie relevanten Disziplinen Mechanik und Analysis (ces deux branches de nos connaissances) Resultate ihrer eigenen historischen Entwicklung und standen erst den modernen Astronomen zur Verfügung. Demgemäß sieht Laplace die Entwicklung der Astronomie als eine Geschichte des Fortschritts. Es lassen sich im Précis drei Fortschrittsprinzipien aufdecken: 1. astronomischer Fortschritt durch technischen Fortschritt; 2. astronomischer Fortschritt durch Fortschritt in Mathematik und Mechanik; 3. Fortschritt durch fruchtbare Intuition von Wissenschaftlern.

Zu 1) Astronomischer Fortschritt durch technischen Fortschritt

Der für die Astronomie gewinnbringende technische Fortschritt spielt sich in den Künsten ab, die ihr empirisches Fundament betreffen, das heißt Herstellung von Linsen für Fernrohre und von Meßinstrumenten, vor allem von Uhren. Es geht beim Einsatz von optischen Instrumenten nicht nur um eine bessere Zugänglichkeit von Bekanntem oder Neuentdeckungen wie die Jupitersatelliten, sondern auch um die Bestätigung von Hypothesen wie dem Nachweis der Sterne am Tageshimmel. Die Verbesserung von Uhren bzw. die Erfindung der Pendeluhr durch Huygens – „un des plus beaux présents"[7] – führte zu einer erheblich besseren Bestimmung des Zeitunterschieds z. B. der Meridiandurchgänge der Sonne und eines Planeten oder eines Sterns.[8]

Zu 2) Astronomischer Fortschritt durch Fortschritt in Mathematik und Mechanik

Die zwei für die Astronomie wichtigsten Disziplinen sind Mathematik und Mechanik. Die Geometrie ist eine Voraussetzung für die Beschreibung des Himmels, der Planeten und ihrer Bahnen. Es ist historisch für Laplace bemerkenswert, daß mathematische Erkenntnisse bereits vorliegen, aber erst sehr viel später z. B. astronomisch verwertet werden. Die Kegelschnitte von Apollonios waren 1800 Jahre alt, als Kepler die Identifizierung der Planetenbahnen mit der Ellipse gelang. Die zweite große mathematische Errungenschaft ist der Infinitesimal-

---

6 SdM, S. 393.
7 SdM, S. 447.
8 Vgl. SdM, S. 61.

kalkül, mit dem sich die Elemente von Kurven bestimmen oder bei bekannten Kurvenelementen und zusätzlichen Werten die Kurven konstruieren ließen: „C'est précisément l'objet du Calcul infinitesimal, dont l'heureuse découverte a procuré tant d'avantages à la Mécanique […].“[9]

Gleichsam bedeutend für die Entwicklung der Astronomie sind die Errungenschaften der Mechanik, als deren Begründer Galilei betrachtet wird.[10] Der Wert für die Astronomie liegt insbesondere in der Kenntnis der mechanischen Prinzipien, die in den Newtonschen Axiomen gipfeln. Manchmal ist es aber auch die Kombination von vorhandenem oder dessen Anwendung in anderen Bereichen, wie beispielsweise Lagranges Übertragung der Gleichgewichtsprinzipien der Statik auf die Dynamik.

Laplace legt sich in der Frage der Priorität von Astronomie, Mechanik und Mathematik nicht fest. Die meisten Stellen weisen darauf hin, daß er in der Astronomie ein Wissen verwertet sieht, das nicht für die Astronomie spezifisch ist. Andererseits betont er aber auch, daß die Entwicklung der Mechanik und der Analyse in der Folge von astronomischen Bedürfnissen fortgeschritten sei, so daß beide Bereiche „s'étant perfectionnées successivement avec l'Astronomie, leur état à ces diverses époques a nécessairement influé sur les théories astronomiques“.[11]

Zu 3) Fortschritt durch fruchtbare Intuition von Wissenschaftlern

Der Fortschritt basiert auf den Einfällen der Forscher selbst. Daß Laplace dies ausschließlich so sieht, ist für seine Zeit nicht selbstverständlich, da zum Ende des 18. Jahrhunderts bedeutende französische Methodologien vorlagen, deren Autoren mit dem Anspruch auftraten, leistungsfähige Heuristiken vorzulegen. Neben der von Laplace erwähnten Instauratio magna (1620) von Francis Bacon – Bacon gilt aufgrund der Vorgabe der Induktion als „promoteur si éloquent de la vraie méthode philosophique“[12] – sind dies beispielsweise Descartes' Discours de la Méthode (1637) oder der vierte Teil der Logik von Port Royal (1687). Malebranches De la recherche de la vérité (1675) war bekannt, er zählte aber zu den Metaphysikern und war allein dadurch disqualifiziert.[13] Beispielhaft für wissenschaftliche Ideen sind Galileis Fallgesetze, „le plus beau monument de son génie“[14], oder Keplers Identifikation der Planetenbahnen mit Kegelschnitten: „l'heureuse idée“[15]. Im Précis kommentiert Laplace Keplers Entdeckungen als Zufall, „un heureux hasard“[16]. Die Wissenschaftsentwicklung ist für Laplace

9 SdM, S. 160.
10 Siehe dazu das Zitat oben, S. 18.
11 SdM, S. 393.
12 Laplace: „Essai philosophique sur les probabilités“, OC, Bd. VII, S. CXL.
13 Siehe SdM, S. 463.
14 SdM, S. 435.
15 SdM, S. 129.
16 SdM, S. 415.

offenbar nicht vorauszusehen und nicht linear; die Astronomiegeschichte veranlasse eher zur Verwunderung darüber, daß einige Entdeckungen so lange haben auf sich warten lassen:

> „Il nous semble aujourd'hui qu'il était facile d'y [Galileis Fallgesetze] parvenir; mais, puisqu'elles avaient échappé aux recherches des philosophes, malgré les phénomènes qui les reproduisaient sans cesse, il fallait un rare génie pour les démêler dans ces phénomènes."[17]

Die Beurteilung von Wissenschaftlern als Genies fällt häufiger. Die Natur habe z. B. Newton mit einem „profond génie"[18] ausgestattet. Das Bild der Wissenschaftler steht noch im Zusammenhang des Geniekults, der im voraufklärerischen Frankreich bei Perrault gründet, was sich auch in dem Encyclopédie-Artikel von Saint-Lambert manifestiert.[19]

Fehler in der Astronomiegeschichte

Auch wenn die Astronomiegeschichte prinzipiell eine Fortschrittsgeschichte ist, beinhaltet sie auch Fehler. Das Vorkommen von Fehlern wird auf drei Arten begründet: 1. Fehler durch falsche Beobachtungen, 2. Fehler durch Unkenntnis oder Fehlannahme bezüglich übergeordneter Prinzipien und 3. metaphysische Fehler.

Zu 1) Fehler durch falsche Beobachtungen: Ein solcher Fehler kommt beim erwähnten Turmexperiment zum freien Fall vor: „une expérience fautive"[20].

Zu 2) Unkenntnis oder Fehlannahme bezüglich übergeordneter Prinzipien: Die Unkenntnis übergeordneter Prinzipien („que l'on ne connaissait pas encore"[21]) ist ein wissenschaftlicher Standardfehler. Zahlreiche astronomische Probleme sind darauf zurückzuführen, daß Annahmen oder Theorien akzeptiert wurden, die mit Fundamentalgesetzen der Mechanik unvereinbar seien. Beispielhaft für diese Fehlerkategorie ist die aristotelische Bewegungslehre, in der der natürliche Zustand eines Körpers nicht die Bewegung, sondern die Ruhe ist. Dementsprechend war es aus physikalischen Gründen nicht akzeptabel, der Erde Bewegung zuzuschreiben. Das geozentrische Weltbild wurde innerhalb der Vorgaben der aristotelischen Physik weiterentwickelt, weshalb es über Fehler verfügt, die sich aus den Prinzipien in konkretere Theoreme deduktiv vermitteln. Gemäß Laplace arbeitete insbesondere Descartes der Ablösung der aristotelischen Kosmologie

---

17 SdM, S. 162.

18 SdM, S. 455.

19 Siehe Perraults Brief: „Le génie – épistre à M. de Fontenelle" (1688) und Saint-Lambert: „Génie", in: Encyclopédie, Bd. 7, S. 581–584.

20 SdM, S. 439; zum Turmexperiment siehe oben, S. 83.

21 SdM, S. 394.

zu, indem er mittels materieller Wirbel die Planetenbewegung mechanisch erklärte. Die Cartesische Erklärung sei zwar falsch, sie sei aber dennoch für die weitere Entwicklung der Astronomie fruchtbar gewesen: „Ainsi Descartes ne fut pas plus heureux dans la mécanique céleste, que Ptolémée, dans l'Astronomie; mais leurs travaux sur ces objets, n'ont point été inutiles aux sciences."[22]

Ein Beispiel aus der analytischen Mechanik und Himmelsmechanik betrifft den Zusammenhang von Gleichgewichtsprinzipien und Dynamik. Die Dynamik wurde ohne das Element der Gleichgewichtstheorie grundgelegt und in den Grundzügen entwickelt. Bei der Jupiter-Saturn-Ungleichheit führte das zu Eulers und Lagranges Bestimmung der Ungleichheit durch Konstanten und nicht durch den Erhalt der kinetischen Energie. Erst Laplace erfaßt die gegenseitige gravitative Abhängigkeit von Jupiter und Saturn und die Gesetzmäßigkeit des Erhalts der vis viva: Die Veränderungen heben sich gegenseitig auf.[23] Nun ist es müßig, darüber zu spekulieren, warum bei Kenntnis der Bedeutung des Gleichgewichtsprinzips für die Himmelsmechanik Euler und Lagrange nicht auf Laplace' Lösung gekommen sind. Mit dem Wissen um den Energieerhalt sind Konstanten als Koeffizienten der Beschleunigung nur eines Planeten in den entsprechenden Bewegungsgleichungen ausgeschlossen.

Damit ist nicht gesagt, daß alles, das innerhalb eines fehlerhaften Paradigmas entwickelt wird, falsch sein muß. Zum Beispiel verlangsamte die Unkenntnis des Problems der Relativbewegungen die Entwicklung der Heliozentrik („la connaissance du vrai système du monde"[24]). Innerhalb dieses heliozentrischen Systems wurde aber eine sehr leistungsfähige kinematische Beschreibung des Kosmos entwickelt, die in Ptolemaios' Almagest ihr wirkungsmächtigstes Dokument besitzt. Laplace hält sich allerdings zurück, die wissenschaftlichen Leistungen der Geozentrik zu loben, obwohl er sie innerhalb seiner ersten Beschreibung der scheinbaren Himmels- und Planetenbewegung rekonstruiert und dort sogar an dem vermeintlichen Lauf der Sonne die ersten beiden Keplergesetze darlegt.[25] Die Gültigkeit der Keplergesetze bezüglich des Sonne-Erde-Systems ist unabhängig davon, welcher von beiden Körpern als Brennpunkt der Ellipse betrachtet wird, da sie nur etwas über die Planetenbahnen oder nur etwas über die vom Radius überstrichene Fläche relativ zur Zeit aussagen; das Gesetz ist innerhalb der Geozentrik bezüglich des Systems Sonne-Erde nicht falsch.

Zu 3) Metaphysische Fehler: Bei metaphysischen Fehlern geht es um die Probleme, die in den Kapiteln zur Teleologie- und Religionskritik erörtert wurden. Metaphysische Fehler wirken sich insbesondere in der Naturwissenschaft dadurch negativ aus, daß sie 1. Forscher in eine falsche Richtung lenken und 2. zu wenig fruchtbaren philosophischen Interpretationen von Naturprozessen führen.

---

22 SdM, S. 454.

23 Siehe SdM, S. 216.

24 SdM, S. 158.

25 Siehe SdM, S. 11.

Der erste Fall liegt z. B. bei der Frage nach der Konstellation des Sonnensystems vor. Teleologische oder anthropozentrische Argumente wie die Beigabe des Monds zur Erde, damit die Menschen auch nachts Licht haben, erschweren die Frage nach einer genetischen Erklärung der Planetenkonstellation. Solche Argumente sind aber dauerhaft und nur schwer aus der Naturphilosophie auszusondern. Die Fortschrittsentwicklung der Naturwissenschaften führt schließlich zum Akzeptanzverlust derartiger Fragestellungen.[26] Der zweite Punkt der wenig fruchtbaren Erörterungen des teleologischen Weltbilds betrifft die Diskussion um das Prinzip der kleinsten Wirkung: In der Folge der Antike wurde das Prinzip der kleinsten Wirkung als ein in der Natur vorliegendes Ökonomieprinzip teleologisch gedeutet. Erst die Einsicht, daß es sich aus den Bewegungsgesetzen ableiten läßt, führte zu dessen Säkularisierung und zu einem Ende der teleologischen Debatte.[27]

Zur Beständigkeit von Fehlern

Wie kommt es zur Beständigkeit von Fehlern? Laplace gibt eine ausführliche Darstellung der Geschichte der Epizykeltheorie des Ptolemaios. Ptolemaios habe die Evektion durch das Hinzufügen eines Epizykels auf dem Deferenten erklärt. Das Ergebnis sei zwar präzise, Ptolemaios setze aber die beiden Dogmen der antiken Astronomie voraus: die Kreisförmigkeit und die Konstanz der Planetenbewegung, die sich in der Astronomiegeschichte als falsch herausgestellt haben, aber: „Cette erreur s'est maintenue jusqu'à Kepler qu'elle arrêta pendant longtemps dans ses recherches."[28] Für die Epizykeltheorie spricht ihre außerordentliche Leistungsfähigkeit; sie beschreibt den scheinbaren Stillstand und die Rückläufigkeit der Planeten. Durch ihre kinematische Leistungsfähigkeit konnte die Epizykeltheorie derart überzeugen, daß das Fehlen einer Dynamik in Kauf genommen wurde. Die Epizykeltheorie bewährte sich insbesondere bei Planeten, die auf der Erde nur als leuchtende Punkte wahrnehmbar sind. Ein offenkundiges Problem bestand aber in der Berechnung der Distanz des Monds. Die Epizykeltheorie war hinsichtlich der anscheinenden Größe des Monds defizitär. Nach der Ptolemäischen Theorie hätte der Mond im Perigäum mit einem etwa doppelt so großen Durchmesser wie im Apogäum erscheinen müssen, was aber den Beobachtungen nicht entspricht. Dennoch wurde das System nicht aufgegeben, sondern weiterhin präzisiert. Laplace kommentiert die Bemühungen der Astronomen um die Ausarbeitung der Epizykeltheorie: „Telle est la faiblesse de l'esprit humain, qu'il a souvent besoin de s'aider d'hypothèses, pour lier entre eux les phénomènes, et pour en déterminer les lois:"[29] Es gelingt also nicht nur, in fehlerhaften astronomischen Systemen zumindest einige Phänomene mit Geset-

---

26 Siehe dazu das Zitat „Parcourons l'histoire des progrès …" oben, S. 162–163.
27 Siehe SdM, S. 151 oder Mécanique céleste, Bd. I, Kapitel V, § 23, S. 72–73.
28 SdM, S. 417.
29 SdM, S. 420.

zen zu erklären, sondern fehlerhafte Theorien können kohärent sein. Das ist der Grund für die Akzeptanz der durch die Darstellung von Perturbationen immer komplizierter werdenden Epizykeltheorie. Die beiden Dogmen der antiken Astronomie, die Kreisförmigkeit und die Konstanz der Bewegung, werden bei der Epizykeltheorie berücksichtigt. Trotz aller Vorbehalte zählt der Almagest zu den „plus précieux monuments de l'antiquité."[30] Wenn auch nicht alle, so können doch zumindest einige Akzeptanzkriterien von Theorien bei falschen Theorien erfüllt sein, was ihre Stabilität bedingt.

Beim Vertrauen in eine Theorie aufgrund ihrer Kohärenz handelt es sich zumindest um ein wissenschaftliches Kriterium. In der Astronomiegeschichte spielen jedoch auch Hemmnisse eine Rolle, deren Seriosität schwerlich nachzuvollziehen ist. Als Gründe für Aberglauben und Astrologie, die beide die Fortschrittsentwicklung der Astronomie beeinträchtigen, benennt Laplace menschliche Unzulänglichkeiten, die an der Wissenschaftlichkeit der Astronomen vorbeigeht. Solche Unzulänglichkeiten sind z. B. menschliche Schwäche,[31] leichtgläubige Unkenntnis (la crédule ignorance), Illusionen oder menschliche Selbstverliebtheit.[32] Liegen diese Schwächen nicht vor, hat das den Vorteil, daß Unkenntnis gegenüber Fehlern vorgezogen wird. Das historische Vorbild dafür ist Hipparch, der nach Laplacescher Darlegung die ihm vorliegenden Daten als für eine Theoriebildung noch nicht ausreichend beurteilt hat.[33]

2. Beurteilung des Précis

Nach der von Kuhn angestoßenen Diskussion um die diachrone Wissenschaftstheorie ist es leicht, ihr vorausgegangene Konzeptionen der Wissenschaftsentwicklung zu kritisieren. Die Gefahr einer unangemessenen Beurteilung ist daher besonders gegeben. Der Précis de l'Histoire de l'Astronomie ist reich an Darstellungen von wissenschaftlichen Erfolgen und deren systematischer Einordnung. Die Zusammenhänge zwischen der Mathematik- und Technikentwicklung und der Astronomie sind gut präsentiert und in ihrer Bedeutung für den astronomischen Fortschritt aus der Sicht eines wissenschaftlichen Protagonisten lehrreich gewürdigt. Negativ fällt am Précis auf, daß die Astronomie weitgehend durch ihre Ergebnisse charakterisiert wird; ihre Dynamik bleibt außen vor. Es entsteht der Eindruck, daß eine astronomische Innovation unmittelbar von jedem akzeptiert worden wäre. Ein gutes Gegenbeispiel ist die Diskussion um die Geozentrik nach Copernicus. Laplace unterläßt es, die Geozentrik wissenschaftlich zu begründen, obwohl sie ca. 2000 Jahre die vorherrschende Kosmologie ausmachte.

30 SdM, S. 422.
31 SdM, S. 394.
32 Siehe SdM, S. 402–403.
33 SdM, S. 415.

Seine Astronomiegeschichte erscheint darin inkonsequent. Er sagt wohlwollend, daß viele Fehler durch die Unkenntnis der mechanischen Prinzipien bedingt seien, dieses Argument taucht im Précis jedoch nie auf. Die Fehler werden insbesondere im Zusammenhang mit der Geozentrik stets auf Nachlässigkeit in der Beobachtung, Unterlassung von Vergleichen und vor allem menschliche Schwäche, Aberglaube und religiösen Fanatismus zurückgeführt. Es scheint so, daß der Glaube an die anthropologische Motivation zur Geozentrik durch die Interpretation der Zeitalter als vor und nach der wissenschaftlichen Renaissance aufgekommen ist. Offenbar hat Laplace Vorheriges tendenziell als nicht wissenschaftlich abgelehnt und daher die Geozentrik physikalisch nicht ernst genommen. Daß es aber gute und vor allem bei Unkenntnis mechanischer Prinzipien wissenschaftliche, bzw. mechanische Gründe für eine Geozentrik gibt, wurde auch in wissenschaftlicher Literatur dargelegt.[34] Neben Aristoteles sind hier von hoher Bedeutung für die neuzeitliche Wissenschaftsgeschichte:

- Ptolemaios' Almagest, I, 5–7.
- Das siebte Kapitel aus Copernicus' „De revolutionibus orbium coelestium": „Caput VII – Cur antiqui arbitrati sunt terram in medio mundi quiescere tamquam centrum", „Warum die Alten meinten, daß die Erde in der Weltmitte ruhe wie ein Mittelpunkt".
- Galileis Dialogo.
- Descartes' Principia Philosophiae, dritter Teil, §§ 16–27. Descartes beansprucht dort für sich, wahrhafter und sorgfältiger als Tycho Brahe die Bewegung der Erde abzusprechen, dies aber nicht durch eine Geozentrik, sondern durch das mitgezogen Werden vom Himmelsfluidum.

Gerade Galileis Schriften sind Vorbilder der wissenschaftlichen Erörterung. Laplace erwähnt zwar die Discorsi und auch die Diskussion zwischen Salviati, Sagredo und Simplicio, verwertet sie aber nicht für eine angemessene Beurteilung des Wissenschaftsprozesses, wie aus seiner Bemerkung zum Inquisitionsprozeß hervorgeht: „Le succès de ces dialogues, et la manière triomphante avec laquelle toutes les difficultés contre le mouvement de la Terre, y étaient résolues, réveillèrent l'inquisition."[35]

---

[34] „Qu'elles raisons avait-il [Tycho Brahe] de rétrograder ainsi par rapport à Copernic? [...] l'impossibilité d'admettre le mouvement de la Terre du point de vue physique. Aussi insiste-t-il sur les objections physiques contre ce mouvement, en quoi d'ailleurs il a parfaitement raison: les objections physiques contre le mouvement de la Terre étaient irréfutables avant la révolution scientifique du xviie siècle." (Koyré: „Les étapes de la cosmologie scientifique", S. 95–96.)
Andererseits vermittelt auch jüngere wissenschaftliche Literatur die Annahme, daß die Geozentrik hauptsächlich anthropozentrisch und physikalisch begründet war. Vgl.: „For the Middle Ages man was in every sense the centre of the universe. The whole world of nature was believed to be teleologically subordinate to him and his eternal destiny." (Burtt: „The metaphysical foundations of modern physical science", S. 18.)

[35] SdM, S. 435.

Wozu die zu oberflächliche Betrachtung von historischen Zusammenhängen führt, zeigt der Bericht über Copernicus. Laplace referiert zuvor Alphons von Kastilien, der „un esprit juste“[36] bewiesen, weil er das ptolemäische System für zu kompliziert gehalten habe. Alphons' durch Fontenelle überlieferten Ausspruch, demzufolge er sein Bedauern darüber ausdrückt, daß Gott ihn bei der Schöpfung nicht zu Rate gezogen habe, wird zitiert: „«Si Dieu», disait-il, «m'avait appelé à son conseil, les choses eussent été dans un meilleur ordre.»“[37] An Copernicus wird daraufhin zweierlei gerühmt:

1. Er habe mit Gewinn bei den antiken Philosophen nach einfacheren Systemen geforscht. Einige ließen die inneren Planeten Merkur und Venus um die Sonne (und nicht um die Erde) kreisen; Nicetas habe zufolge eines Berichts von Cicero die Erde um ihre Achse rotieren und die Pythagoreer sie um die Sonne laufen lassen.[38]
2. Copernicus sei wie Alphons von der Kompliziertheit der Ptolemäischen Epizyklentheorie schockiert gewesen: „Choqué, comme Alphonse, de l'extrême complication du système de Ptolémée, il [Copernic] chercha dans les anciens philosophes une disposition plus simple de l'univers [...].“[39]

Laplace sieht den wissenschaftlichen Erfolg nur in der Einfachheit der kinematischen Beschreibung des Himmels. Die Präzession der Tag- und Nachtgleiche beispielsweise werde von einer Bewegung der gesamten Himmelskugel zu einer Bewegung der Rotationsachse der Erde. Ausschließlich aufgrund der höheren geometrischen Einfachheit des Copernicanischen Weltbilds ist dessen Beurteilung enthusiastisch: „Enfin, tout annonçait dans ce système, cette belle simplicité qui nous charme dans les moyens de la nature, quand nous sommes assez heureux pour les connaître.“[40] Das Copernicanische System sei so spät aufgetreten, weil zuvor die Gesetze der Mechanik unbekannt gewesen seien:

---

36 SdM, S. 431.

37 SdM, S. 431. Das Zitat kommt so nicht bei Fontenelle vor (siehe B. L. Fontenelle: „Entretiens sur la pluralité des mondes“, nouvelle edition, Paris 1724, S. 32). Die Stelle ist auch in Clarkes Vorwort zu den Principia mathematica erwähnt (siehe Newton: „Principes Mathématiques“, Bd. I, S. xxxviii).

38 Der gemeinte Pythagoreer wird nicht immer unter demselben Namen geführt. Aëtios überliefert ihn als Ἱκέτης (siehe DK 50). Der Bericht darüber kommt in der Praefatio an Papst Paul III. von Copernicus selbst vor (siehe die vierte Seite der unpaginierten Praefatio in „De Revolutionibus Orbium Coelestium“, Nürnberg 1543, oder: Nicolaus Copernicus: „De Revolutionibus Libri Sex“, hrsg. von Heribert M. Nobis, Bd. II der Nicolaus Copernicus Gesamtausgabe, Hildesheim 1984, S. 4).

39 SdM, S. 432.

40 SdM, S. 432.

„sa mémoire subsistera aussi longtemps que les grandes vérités qu'il a reproduites avec une évidence qui, enfin, a dissipé les illusions des sens et surmonté les difficultés que leur opposait l'ignorance des lois de la Mécanique."[41]

Zu Laplace' Darstellung der Grundgedanken des Copernicus ist zu bemerken, daß sie den Kern von Copernicus' Anliegen verfehlt.[42] Er sagt in der Praefatio an Papst Paul III., daß nichts anderes ihn zur Aufgabe der kinematischen Beschreibung der Planetenbewegung bewegt habe als die Unzulänglichkeit der früheren mathematischen Entwürfe:

„[...] me nihil aliud movisse, ad cogitandum de alia ratione subducendorum motuum sphaerum mundi, quam quod intellexi, mathematicos sibi ipsis non constare in illis perquirendis."[43]

„[...] mich hat nichts anderes bewegt, über eine andere Art der Berechnungen der Bewegungen der Weltkugeln nachzudenken, als das ich gesehen habe, daß die Mathematiker selbst sich nicht in diesen Fragen klar werden."

Auf das Zitat folgt die Kritik an vorausgegangen Kosmologen, die sich nicht einmal darüber einig seien, ob konzentrische oder exzentrische Kreise erforderlich seien, die das Prinzip der Gleichförmigkeit der Bewegung nicht konsequent durchhalten und schließlich erfolglos blieben. Osiander betont in seiner Praefatio, daß die bisherigen Berechnungen nicht mit den Beobachtungen übereinstimmen.[44] Zwar ist auch eine Reduktion der erforderlichen Kreise für Copernicus wünschenswert, sie ist jedoch nicht die Hauptmotivation zu einer heliozentrischen Kinematik.[45] – Wie kommt es also zu Laplace' Vereinnahmung von Copernicus für den Einfachheitsgedanken im Sinne von Alphons von Kastilien? Laplace zitiert Copernicus' Praefatio an Papst Paul III.:

„ ‚Les astronomes,' dit-il [Copernicus], dans sa dédicace au pape Paul III, ‚s'étant permis d'imaginer des cercles pour expliquer les mouvements des astres, j'ai cru pouvoir également examiner si la supposition du mouvement de la Terre rend plus exacte et plus simple la théorie de ces mouvements.' "[46]

Es ist nicht leicht, diese Stelle in der Praefatio an Paul III. zu identifizieren. Vermutlich hat Laplace folgende Stelle übersetzt, exzerpiert oder wiedergegeben:

„tamen quia sciebam aliis ante me hanc concessam libertatem, ut quoslibet fingerent circulos ad demonstrandum phaenomena astrorum. Existimavi mihi

41 SdM, S. 433.
42 Hier bin ich Eberhard Knobloch für wertvolle Hinweise dankbar.
43 Copernicus: „De Revolutionibus Libri Sex", S. 4.
44 Siehe Appendix IV in: Copernicus: „De Revolutionibus Libri Sex", S. 537.
45 Siehe Nicolaus Copernicus: „Das neue Weltbild", darin: „De Hypothesibus motuum coelestium a se constitutis Commentariolus", S. 4 und 5 (der Commentariolus liegt in der Gesamtausgabe noch nicht vor).
46 SdM, S. 432–433.

quoque facile permitti, ut experirer, an posito terrae aliquo motu, firmiores demonstrationes, quam illorum essent, inveniri in revolutione orbium caelestium possent."[47]

„Denn ich wußte doch, daß vor mir anderen diese Freiheit überlassen war, beliebige Kreise zur Darlegung der Erscheinungen der Sterne vorzustellen. Ich entschied, daß auch mir es leicht gestattet sei, auszuprobieren, ob bei Ansetzung einer Bewegung der Erde sich sicherere Darstellungen in der Umdrehung der Himmelsbahnen finden ließen, als die von jenen es waren."

Copernicus spricht dort nicht von einer einfacheren Theorie der Planetenbewegung, sondern von einem überzeugenderen Modell. Im Anschluß an die Stelle ist das, was die verbesserte Theorie auszeichnet, daß sie die Größenverhältnisse und Anordnung der Planetenbewegung in höherer Übereinstimmung mit den Beobachtungen darlegt. Es geht also nicht um die Einfachheit, wie Laplace' Darstellung und sein Zitat es vermuten lassen. Copernicus' Hauptkritikpunkt ist der Ausgleichskreis (circulus aequans), der die Planeten weder um seinen Mittelpunkt noch um einen Punkt des Deferenten mitführt.[48] In den technischen Büchern von De revolutionibus orbium cœlestium verwendet auch Copernicus Epizykel und Exzenter, was Laplace nicht bekannt gewesen zu sein scheint und auf mangelnde Lektüre hinweist.[49] Es wirkt so, daß Laplace den systematischen Vorzug der Einfachheit für alle beansprucht, die nicht dem Ptolemäischen Weltbild anhingen.[50]

Laplace übergeht, daß die Geozentrik viele Probleme nicht hat, die die Heliozentrik besitzt und die keineswegs abwegig sind: Warum herrscht bei der Ostdrehung der Erde mit 480 m/s am Äquator nicht stets ein starker Ostwind? Warum fallen senkrecht in die Höhe katapultierte Gegenstände wieder nahezu zu ihrem Ausgangspunkt und kommen nach zwei Sekunden Fallzeit nicht ca. 800 Meter weiter westlich auf?[51] Warum fliegen die Erdkörper durch die Zentrifugalkraft nicht von der Erdoberfläche? Das sind Fragen, die sich in Anbetracht physikalischer Alltagsprozesse aufdrängen. Daß Laplace die Vorgänger aber hauptsächlich mit dem Auge des Astronomen betrachtet, zeigt seine Kritik am Tychonischen Weltbild: „Mais n'est-il pas physiquement absurde de supposer la Terre sans mouvement dans l'espace, tandis le Soleil entraîne les planètes au milieu desquelles elle est comprise?"[52] In Zeiten, in denen das Trägheitsprinzip noch nicht ausgearbeitet war, erschien aufgrund der angeführten Fragen die Heliozentrik gleich-

47 Copernicus: „De Revolutionibus Libri Sex", S. 4–5.

48 Siehe Copernicus: „De Hypothesibus motuum coelestium a se constitutis Commentariolus", in: „Das neue Weltbild", S. 2 und 3.

49 Vgl.: „Die tatsächliche Berechnung der Planetenpositionen folgt dem traditionellen Muster und ist nicht weniger verwickelt als das Ptolemäische Vorbild [...]." (Carrier: „Kopernikus", S. 102.)

50 Zum Einfachheitskriterium bei der Geozentrik siehe oben, S. 57.

51 Siehe oben, S. 26.

52 SdM, S. 438.

sam physiquement absurde, wobei bei der Entscheidung für die Geozentrik die irdischen und nicht die himmelsmechanischen Prozesse maßgeblich gewesen sind. Das beste Zeugnis dafür gibt die Praefatio von Copernicus, in der er schreibt, daß die Annahme der Erdbewegung „contra communem sensum“[53] sei. Somit wirkt auch Laplace' Interpretation der Astronomiegeschichte in Bezug auf Tycho Brahe wissenschaftshistorisch wenig seriös und astronomisch viel zu voraussetzungsreich: Er mutmaßt, daß Tycho beim Entwurf seines Weltbild „peut-être entraîné par la vanité de donner son nom à un système astronomique“[54] gewesen war. Zum einen war Tychos Kritik am Copernicanischen System durch die mangelnde Übereinstimmung von geometrischem Entwurf und Daten und durch die Unvereinbarkeit kristalliner Sphären mit den Kometenbahnen motiviert, zum anderen physikalisch. Sein Argument gegen Copernicus ist das alte: Die schwere Erde könne sich unmöglich bewegen: „Terrae grossum, pigrum, inhabileque ad movendum corpus [...].“[55] Laplace' Eitelkeitsannahme bezüglich Tycho Brahe wird angesichts eines Umstands noch unverständlicher: Das erste Buch der Exposition: „DES MOUVEMENTS APPARENTS DES CORPS CÉLESTES“ bietet auf der Basis der Planetenbewegung zunächst das Ptolemäische System, das aber aufgrund einiger kinematischer Schwierigkeiten nicht überzeuge, und dann alternativ und als Verbesserung das Tychonische System. Die Rekonstruktion erfolgt nicht historisch, sondern systematisch, so daß er am Anfang des zweiten Buchs zur Beschreibung der tatsächlichen Planetenbewegung resümiert:

> „Nous venons d'exposer les principales apparences des mouvements célestes, et leur comparaison nous a conduits à mettre les planètes en mouvement autour du Soleil, qui, dans sa révolution autour de la Terre, emporte avec lui les foyers de leurs orbites.“[56]

Die wissenschaftshistorische Beurteilung von Tycho Brahe ist auch dann weder historisch noch systematisch angemessen, wenn die Systematik der Exposition selbst zugrunde gelegt wird. Dabei gibt es Laplace zugängliche seriöse Beurteilungen von Tycho, z. B. bei Descartes:

> „La seconde [astronomische Hypothese] est de Copernic, & la troisiéme de Tycho Brahe; lesquelles deux en tant qu'on les prend seulement pour des suppositions, expliquent également bien les Phainomenes, & il n'y a pas beaucoup de différence entr'elles, neanmoins celle de Copernic me semble quelque peu plus simple & plus claire; de sorte que Tycho n'a pas eû sujet de

53 Copernicus: „De Revolutionibus Libri Sex“, S. 4.

54 SdM, S. 438.

55 Siehe Tycho Brahe: „Opera omnia“, Frankfurt 1648 (Nachdruck Hildesheim 2001), Liber II, S. 95. Vgl. dazu J. L. E. Dreyer: „Tycho Brahe – Ein Bild wissenschaftlichen Lebens und Arbeitens im sechzehnten Jahrhundert“, Karlsruhe 1894 (unveränderter Nachdruck Wiesbaden 1972), S. 175.

56 SdM, S. 111.

la changer, sinon pource qu'il essayoit d'expliquer comment la chose étoit en effet, & non pas seulement par hypothese."[57]

Daß Laplace meistens die im Wissenschaftsprozeß ausgesonderten Positionen aus Sicht heutiger Wissenschaftsgeschichte eher unzutreffend beurteilt, ist auch biographisch befremdend: Am Ende des 18. und Anfang des 19. Jahrhunderts war die Diskussion um die Theorie des Lichts – Korpuskular- versus Wellentheorie – in vollem Gang und Laplace selbst war an ihr beteiligt. Die Zurückhaltung, mit der er die Korpuskulartheorie vertritt, ergibt sich aus den Schwierigkeiten der eigenen Theorie und den Argumenten für die Wellenauffassung. Der Verlauf dieses Problems wird aber nicht zum Anlaß genommen, auch in der Geschichte der Astronomie Zeiten wissenschaftlicher Erörterungen zu markieren und vor allem mit ausreichendem Ernst zu betrachten. Das wird auch nicht dadurch abgeschwächt, daß er die angemessene Würdigung wissenschaftlicher Leistungen anstrebt und an einer Stelle sogar die Folgekritik als einseitig empfindet. Ptolemaios sei die gleiche Ungerechtigkeit widerfahren wie Aristoteles und Descartes, über deren nachträgliche Kritik er sagt:

„leurs [Aristoteles' und Descartes'] erreurs n'ont pas été plus tôt reconnues, que l'on a passé d'une admiration aveugle à un injuste mépris; car dans les sciences mêmes les révolutions les plus utiles n'ont point été exemptes [frei] de passion et d'injustice".[58]

Ebenfalls unzutreffend sind die Rekonstruktionen und Beurteilungen von theologischen Erklärungen. Daß theologische Erklärungen in der analytischen Mechanik und Himmelsmechanik wenig fruchten, ist wohl nicht zu leugnen. Doch sahen sich die Naturwissenschaftler vor Probleme gestellt, die mit ihren Mitteln nicht zu beantworten sind. Die Legitimität, daraus Gottesbeweise herzuleiten, ist schwerlich anzuerkennen, aber eine historische Tatsache, die durch die besten Köpfe oder die wissenschaftliche Avantgarde etabliert wurde. Hier besteht auch ein erheblicher Unterschied zwischen Religiosität und Metaphysik, der Laplace nicht bekannt ist. Philosophen wie Descartes führen den Gottesbeweis nicht aus theologischen, sondern aus metaphysischen Gründen.[59] Wenn es in der Welt Reibung gibt, warum bewegt sich der Kosmos dann ewig weiter? Ohne eine Kosmogonie ist in Anbetracht der gegenseitigen Anziehung von Massen die Einrichtung der Welt unerklärlich. Über Newtons theologische Spekulationen drückt Laplace sein tiefes Unverständnis aus:

„Je ne puis m'empêcher ici d'observer combien Newton s'est écarté sur ce point, de la méthode dont il a fait d'ailleurs, de si heureuses applications. Depuis la publication de ses découvertes sur le système du monde et sur la

---

57 Descartes, „Les Principes de la Philosophie", Troisième Partie, § 17, S. 153.

58 SdM, S. 423.

59 Die Klarheit über diesen Punkt verdanke ich meinem hochverehrten Lehrer Norbert Henrichs.

> lumière, ce grand géomètre livré à des spéculations d'un autre genre, recherche par quels motifs l'auteur de la nature a donné au système solaire, la constitution dont nous avons parlé."[60]

Unerfreulich sind auch die zahlreichen ungerechtfertigten Verallgemeinerungen, an denen sich gut beobachten läßt, wie selektiv Laplace seine Vorgänger interpretiert, und zwar in zweierlei Hinsicht:

1. Personale und zeitliche Pauschalisierung

Über die ‚Philosophen der Antike' zu sprechen, die allesamt Deduktivisten seien, ist angesichts deren sehr disparaten Erscheinungsbilds mindestens wenig sinnvoll: „Les philosophes de l'antiquité, suivant une route contraire [der Induktion entgegengesetzt] et se plaçant à la source de tout, imaginèrent des causes générales pour tout expliquer."[61] Damit harmoniert die Auffassung der voralexandrinischen Astronomie:

> „ils [die Griechen] y traitèrent l'Astronomie comme une science purement spéculative, et en se livrant à de frivoles conjectures. Il est singulier qu'à la vue de cette foule de systèmes qui se combattaient sans rien apprendre, la réflexion très simple, que le seul moyen de connaître la nature est de l'interroger par l'expérience, ait échappé à tant de philosophes, dont plusieurs étaient doués d'un rare génie."[62]

Wenig später charakterisiert Laplace die griechische Naturphilosophie als „rêves philosophiques"[63]. Es ist für Laplace' Auffassung von Philosophie und den Umgang mit ihr aussagekräftig, daß bei der obigen Charakterisierung kein einziger Name fällt. Die philosophiehistorisch sehr oberflächliche und fehlerhafte Pauschalität, mit der gegen die antiken Philosophen polemisiert wird, rührt vielleicht daher, daß antike wissenschaftliche Naturbetrachtungen nicht zur Philosophie gezählt werden. Es gibt im ersten Kapitel des Précis würdigende Berichte über die antike Astronomie, über Thales, Anaxagoras, Eudoxos und Platon, die aber nicht die antike Philosophie qualitativ auszeichnen; die antiken Astronomen scheinen außerhalb der Philosophie zu stehen. Es sei auch an Demokrits naturphilosophisches Diktum erinnert; er wolle lieber einen Kausalzusammenhang erkennen als den Perserthron innehaben.[64] Demokrits Kosmogonie wird aber nicht erwähnt, obwohl sie der Laplaceschen Entstehungslehre des Sonnensystems aus einem Wirbel, δῖνον, ähnelt und einer vergleichbaren wissenschaftlichen Men-

---

60 SdM, S. 479.
61 SdM, S. 463.
62 SdM, S. 405.
63 SdM, S. 405.
64 „Δημόκριτος γοῦν αὐτός, ὥς φασιν, ἔλεγε βούλεσθαι μᾶλλον μίαν εὑρεῖν αἰτιολογίαν ἢ τὴν Περσῶν οἱ βασιλείαν γενέσθαι." (Demokrit, DK B 118.)

talität entspringt, die nur ca. zwei Jahrtausende älter ist.[65] Der Name Aristoteles fällt mit einer Ausnahme nur in Überlieferungszusammenhängen: Im fünften Kapitel zur Entdeckung der universellen Schwere schreibt Laplace, daß Descartes' himmelsmechanisches Äthersystem das System von Aristoteles gestürzt habe.[66] Aristoteles könnte also ein Anwärter von Laplace' Polemik gegen die antike Philosophie sein. Daß Aristoteles ihr nicht entsprechen würde, wäre leicht zu zeigen. Von ihm werden die Sphärentheorien genau daran gemessen, ob sie mit den Phänomenen übereinstimmen (τὰ φαινόμενα ἀποδώσειν).[67] Daher kann seine Astronomie überhaupt nicht rein spekulativ gewesen sein. Auch die teleologische Kosmologie hat die Aufgabe, die Zweckmäßigkeit irdischer Prozesse zu erklären. Zur methodologischen Widerlegung würde ein Verweis auf Aristoteles' Lehre der Induktion in der Ersten Analytik, Buch II, Kapitel 23 und in der Topik, Buch I, Kapitel 12 genügen.[68] Aber auch außerhalb des Organon hat das wissenschaftliche Vorgehen in den Einzelwissenschaften bei Aristoteles „jeweils einen zweigeteilten Aufbau, einen ‚aufsteigenden' und einen ‚absteigenden' Teil"[69] (ἐπαγωγή und ἀπόδειξις).[70]

Vielleicht ist die Erwähnung antiker Philosophen auch kein Indikator für profunde philosophiehistorische Kenntnis. Dem Précis zufolge löste Descartes nach zwei Jahrtausenden die aristotelische Lehre der zwei Physiken auf, wie es soeben erwähnt wurde: „Descartes essaya, le premier, de ramener la cause de ces mouvements à la Mécanique. Il imagina des tourbillons de matière subtile [...]."[71] Historisch ist auch das eine Ignoranz gegenüber der griechischen Philosophie. Sowohl vor- als auch nachsokratische materialistische Philosophen, z. B. Demokrit oder Lukrez, bemühten sich, den Lauf der Gestirne mechanisch zu erklären. Nach Lukrez werden die Gestirne von der Luft mitgetragen, was prinzipiell die Position von Descartes ist, der im Gegensatz zu Lukrez für die Vereinheitlichung der Physik gelobt wird.[72]

Eine ebenfalls problematische und für den Précis folgenreiche Pauschalisierung nimmt Laplace hinsichtlich des Mittelalters vor: Er übergeht es gänzlich.

65 Demokrit, DK B 167: „Δῖνον ἀπὸ τοῦ παντὸς ἀποκριθῆναι παντοίων ἰδεῶν." („Ein Wirbel sei von dem All abgesondert worden aus mannigfaltigen Formen." Übersetzung Diels.)

66 Siehe SdM, S. 454.

67 Siehe Aristoteles: „Metaphysik", Λ 8, insbesondere 1073 b, 32 ff.

68 Siehe Aristoteles: „Analytica priora et posteriora", hrsg. von W. D. Ross, Oxford 1964, 68 b 15–29, und „Topica", hrsg. von W. D. Ross, Oxford 1958, 105 a 10–19.

69 Wolfgang Kullmann: „Zur wissenschaftlichen Methode des Aristoteles", in: G. A. Seeck (Hrsg.): „Die Naturphilosophie des Aristoteles", Darmstadt 1975, S. 303.

70 Losee bezeichnet die aristotelische Methode als induktiv-deduktiv (siehe John Losee: „Wissenschaftstheorie", München 1977, S. 15 ff.).

71 SdM, S. 454.

72 Lukrez: „De rerum natura", insbesondere Buch V; zur neuzeitlichen Debatte um die Himmelsmaterie siehe Eberhard Knobloch: „Materie des Himmels", in: „Acta historica Leopoldina", Bd. 31, Leipzig 2000, S. 89–107.

Heute ist nicht nur die mittelalterliche Kosmologiegeschichte gut aufbereitet,[73] sondern man hat die philosophie- und wissenschaftshistorische Bedeutung des Nominalismus und der Impetustheorien in ihrem Beitrag zur Entwicklung der neuzeitlichen Physik angemessen gewürdigt.[74]

2. *Inhaltliche Pauschalisierung*

Der Aspekt der inhaltlichen Pauschalisierung ergibt sich fast aus der Charakterisierung der personalen Pauschalisierung. Wenn Laplace von deduktiven Systemen spricht, dann geht dies stets mit einer Kritik einher, die diese Systeme als weltfremde Spekulationen auszeichnet. Daß aber deduktive Systeme mit der Absicht der Erklärung konkreter Phänomene verbunden sind und Laplace' eigenes System in vielen Bereichen deduktivistisch aufgebaut ist, wird übersehen. Das wirkt sich auf den Précis in der Form negativ aus, daß deduktive Theorien nur beiläufig vorkommen und nicht angemessen gewürdigt werden.

Auch Descartes gilt als Deduktivist, was offenbar dazu führt, daß Laplace die Texte, über die er schreibt, höchstens oberflächlich liest. Nach Laplace habe Descartes die Aufrechterhaltung der Bewegungsmenge aus fehlerhaften Stoßgesetzen hergeleitet und in die Kosmologie übernommen:

> „Descartes, persuadé que la quantité de mouvement devait se conserver toujours la même dans l'univers, sans égard à sa direction, a deduit cette fausse hypothèse de fausses lois de la communication du mouvement, qui sont un exemple remarquable des erreurs auxquelles on s'expose en cherchant à deviner les lois de la nature par les vues qu'on lui suppose.“[75]

Laplace bezieht sich nicht auf konkrete Stellen der Principia Philosophiae; Descartes erörtert das Problem im Teil II, §§ 36–42. Descartes' Argument ist jedoch genau umgekehrt: Zunächst ist behauptet, daß Gott die quantitas motus aufrechterhalte (§ 36), woraus Descartes in § 40 das dritte Naturgesetz, das Gesetz zum Stoßverhalten von Körpern herleitet. In § 42 schließt er auf die Aufrechterhaltung der quantitas motus beim Stoß zweier Körper. Die Erhaltungssätze gehen in der Argumentation der Principia Philosophiae den Stoßgesetzen voraus und folgen nicht aus ihnen, wie Laplace behauptet.[76]

---

73 Zum Beispiel Pierre Duhem: „Medieval Cosmology – Theories of Infinity, Place, Time, Void, and the Plurality of Worlds“, Chicago 1985.

74 Siehe Wolfgang Krohn: „Die ‚Neue Wissenschaft‘ der Renaissance“, in: Gernot Böhme et al.: „Experimentelle Philosophie – Ursprünge autonomer Wissenschaftsentwicklung“, Frankfurt 1977, S. 16.

75 SdM, S. 188–189.

76 Hier bin ich Peter McLaughlin für wichtige Hinweise dankbar; siehe auch seinen Aufsatz: „Contraries and Counterweights: Descartes's Statical Theory of Impact“, in: Barry Smith (Hrsg.): „The Monist“, Vol. 84, Nr. 4: „Physics Before Newton“, Illinois 2001, S. 569: „In the second book of the Principia philosophiae, after stipulating conservation laws for the system of matter, Descartes introduces three 'laws of nature.'“

Leibniz fällt der Würdigung als Mechaniker gänzlich zum Opfer: Die deduktive Methode der Antike habe nur „vains systèmes" hervorgebracht und in der Zeit von Newton, „Leibnitz, Malebranche et d'autres philosophes l'employèrent avec aussi peu d'avantages."[77] Dabei ist Leibnizens Konzept der force vive auch ein Bestandteil von Laplace' Mechanik und der Satz von Grund für seinen Determinismus zentral.

Es läßt sich im Précis beobachten, daß viele Vorgänger selektiv gelesen werden, so daß sie Laplace' Vorbehalten genau entsprechen. Die Vorbehalte selbst ergeben sich aus dem Stand der Himmelsmechanik: Die Leistungen der Geschichte der Astronomie werden in ihrem Beitrag zum Stadium des ausgehenden 18. Jahrhunderts gedeutet. Das wird vielleicht dadurch verständlich, daß die Astronomiegeschichte methodologisch normatives Potential besitzt, und zwar nicht nur für die Astronomie. Laplace drückt das nicht in dieser Weise aus, es geht aber aus dem Précis hervor. Die Analyse und die Mechanik tragen zur Vervollkommnung unserer astronomischen Kenntnisse bei; der menschliche Geist habe sich dadurch von der Schande der Astrologie rehabilitiert, daß er die Fortschrittsgeschichte der Astronomie hervorgebracht habe.[78] Laplace' Précis de l'Histoire de l'Astronomie ist nicht wertneutral und soll dies auch gar nicht sein.

Der Précis erfüllt nicht die Kriterien der modernen Wissenschaftsgeschichtsschreibung. Jedoch sollte zugestanden werden, daß deren Methode und Zielsetzung erst im 20. Jahrhundert einen Wandel nach einer langen Vorgeschichte erlebt hat, der durch Koyré initiiert wurde und dessen Folgen nicht mehr als solche wahrgenommen werden. Der Wandel ging von einer positivistischen Bestandsaufnahme und einer anachronen Wissenschaftsgeschichtsschreibung dahin, daß „man versuchte, die wissenschaftlichen Ideen im Kontext ihrer eigenen Geschichte und der realen historischen Umgebung zu analysieren, in welcher sie erarbeitet worden waren",[79] das heißt hin zu einer diachronen Wissenschaftsgeschichtsschreibung.[80] Methode und Zielsetzung der Wissenschaftsgeschichtsschreibung à la Koyré sind von einer vorhandenen Hermeneutik und einem Gespür für deren Relevanz abhängig; die Hermeneutik hat ihre modernen Beiträge erst seit dem Beginn des 19. Jahrhunderts erbracht. Gleiches gilt für die gegenwärtige Tendenz einer Wissenschaftsgeschichtsschreibung, die die Interaktion von Wissenschaft und Gesellschaft oder die Dynamik von Wissenschaftlergruppen thematisiert; ohne Anstöße seitens der Soziologen gäbe es diesen Themen-

---

77 SdM, S. 463.

78 „Laplace wants to present the evolution of astronomy as a model for the finest features of modern science and the current state of celestial science as a reflection of the most elevated characteristics of liberated humanity." (Roger Hahn: „The Laplacean View of Calculation", S. 375.)

79 Rolf Dragastra, Vorwort in: Koyré: „Leonardo, Galilei, Pascal", S. 9.

80 Vgl. Carrier: „Kopernikus", S. 174 ff. Carrier illustriert die Dichotomie von anachroner und diachroner Wissenschaftsgeschichtsschreibung am Beispiel der copernicanischen Wende.

komplex nicht. Es gibt für die Wissenschaftsgeschichtsschreibung Anregungen von vielen weiteren und zum Teil sehr jungen Disziplinen, z. B. Wissenschaftstheorie, Psychologie und Psychoanalyse, Kulturwissenschaften, Genderstudies, Bildwissenschaften etc., denen Laplace selbstverständlich nicht nachgekommen sein kann. Man besitzt heute ein differenzierteres Bild der Wissenschaften und ihrer Geschichte, von dem her gesehen der Précis in vielerlei Hinsicht defizitär ist, was bei einer sich entwickelnden Disziplin wie der Wissenschaftsgeschichtsschreibung auch nicht verwunderlich ist.

3. Laplace' Wissenschaftsphilosophie

Neben einigen Bemerkungen im systematischen Teil der Exposition ist der Ort für wissenschaftsphilosophische Kommentare der Précis de l'Histoire de l'Astronomie. Laplace bleibt die Antwort schuldig, warum eine Geschichte der Astronomie überhaupt Bestandteil eines naturphilosophischen Werks ist. Rachel Laudan hat in einem Aufsatz die Geschichte der Wissenschaftsgeschichtsschreibung und ihre Funktionen thematisiert.[81] Sie legt dar, daß in der ersten Hälfte des 18. Jahrhunderts ein Bewußtsein für die Fortschrittlichkeit der Wissenschaften entstanden sei, das den Glauben an deren sozialen und kulturellen Wert verstärkte und für die politische Bedeutung der Wissenschaften sensibilisierte. Für die Darlegung des Fortschrittscharakters eigne sich die historische Aufbereitung der jeweiligen Disziplin sehr gut. Laudan betont darüber hinaus, daß viele Wissenschaftler ihre Interessen gegen die intellektuelle Autorität seitens einer humanistischen Tradition, z. B. bei der Ausprägung eines Bildungskanons, durchzusetzen hatten und das Verfassen einer Geschichte der Popularisierung der Wissenschaften diente.[82] Ihre Auffassung trifft auch den Zeitgeist der Aufklärung und den kulturellen Wandel der französischen Gesellschaft. Es gab im Frankreich des 17. Jahrhunderts zahlreiche an den Wissenschaften interessierte Laien, die sich in privaten Akademien organisierten. Diese Entwicklung war unter anderem durch den florierenden Buchdruck, die Ausdehnung des Schulunterrichts auf neue soziale Schichten und den Umstand bedingt, daß französische Wissenschaftsautoren sich mehr und mehr der Muttersprache bedienten (z. B. Descartes im Discours de la Méthode).

René Taton weist darauf hin, daß dieses neue Interesse an wissenschaftlicher Bildung sich mit „einem tiefen Bedürfnis nach Mitteilung, nach Kontakten und

81 Rachel Laudan: „Histories of the Sciences and their Uses: A Review to 1913“, in: History of Science 31 (1993), S. 1–34.

82 Siehe Laudan: „Histories of the Sciences and their Uses“, S. 1–2.

Diskussionen" verband.[83] Mit dem Aufkommen des naturwissenschaftlichen Denkens wurde das Wissen fortschreitend säkularisiert und auch stark an praktischen und politischen Bedürfnissen entwickelt. Im Vergleich zur antiken Philosophie und ihrer Geringschätzung der τέχναι wendet man sich in der Neuzeit verstärkt dem handwerklichen Wissen zu. Die Praxisnähe spielte bei der Gründung der Académie Royale des sciences (1663–1666) eine erhebliche Rolle: Die Akademie stand unter dem königlichen Patronat und hatte ihre Aufgaben daher auch an der Verwertung für die staatlichen Geldgeber auszurichten:

> „Politische oder religiöse Diskussionen sollten nicht zugelassen sein, metaphysische, moralische, historische oder grammatikalische Fragen sollten nur beiläufig behandelt werden dürfen, sofern die Ziele der ‚Compagnie' es erforderten."[84]

Der Einfluß der Akademie auf die geistige Kultur Frankreichs wurde durch den Journal des Scavans und Veröffentlichungen vermittelt.

Die von Taton dargestellte Situation des 17. Jahrhunderts setzte sich im 18. Jahrhundert fort und es verwundert nicht, daß bei einer Abwendung von Religion und Metaphysik, bzw. einer Hinwendung zur naturwissenschaftlichen Rationalität keine königliche Autorität auf Dauer ernst genommen werden konnte. Das war seitens der Naturwissenschaften ein enormer Beitrag zum Zustandekommen der französischen Aufklärung und der Revolution. Auch die Gesellschaft brauchte auf Dauer die Gotteshypothese nicht mehr.

Die Geschichte der Astronomie galt im 18. Jahrhundert als Fortschrittsgeschichte par excellence. Der französische Astronom und Politiker Jean Sylvain Bailly (*1736, 1793 guillotiniert), der ab 1763 Mitglied der Académie des sciences und ab 1783 Mitglied der Académie française gewesen war, hatte schon vor Laplace Arbeiten zur Geschichte der Astronomie verfaßt. Auch Lagranges Einleitung in den zweiten Teil der Mécanique Analitique gibt Aufschluß über die Wissenschaftsauffassung des ausgehenden 18. Jahrhunderts. In der Erfindung der Dynamik allein sieht er bereits einen Fortschrittsaspekt gegenüber der vorgalileischen Mechanik. Lagrange präsentiert die Geschichte der Mechanik nicht als Geschichte von Falsifikationen, sondern als Geschichte mechanischer Entdeckungen, z. B. die von Huygens, Wallis, Newton, und als Geschichte neuer Methoden wie der Infinitesimalrechnung.[85]

Die Wissenschaftsphilosophie der Exposition und der Mécanique céleste ist das Resultat der Erfolgsgeschichte der Astronomie und einer unausgesprochenen Setzung der Himmelsmechanik als Leitdisziplin der Wissenschaften. Laplace

---

83 Siehe dazu René Taton: „Der Aufbruch der Wissenschaft in Frankreich", in: Friedrich Ueberweg: „Grundriss der Geschichte der Philosophie. Die Philosophie des 17. Jahrhunderts", Bd. 2, hrsg. von Jean-Pierre Schobinger, Basel 1993, S. 597.

84 Taton: „Der Aufbruch der Wissenschaft in Frankreich", S. 613.

85 Siehe Lagrange: „Mécanique Analitique", S. 158 ff.

nennt keinen methodologischen Unterschied zwischen Mechanik und Himmelsmechanik, worin die Wissenschaftsgeschichte ihn bestätigt. Erstens ging die Entwicklung der Astronomie immer Hand in Hand mit der Entwicklung der Mechanik[86] und zweitens haben die bedeutendsten neuzeitlichen Mechaniker auch an himmelsmechanischen Fragen gearbeitet: Newton, Euler, d'Alembert und Lagrange. Für Laplace scheint die Vorherrschaft der Himmelsmechanik durch die Geschichte zu kommen, die die Astronomie als älteste und erfolgreiche Naturwissenschaft ausweist; mit diesem Befund leitet Laplace die Exposition ein: „De toutes les sciences naturelles, l'Astronomie est celle qui présente le plus long enchaînement de découvertes."[87] Das ist angemessen: Die Astronomie ist die erste Disziplin, an der die Mathematisierung der Natur mit Erfolg betrieben wurde, wenn auch die frühen Erfolge in der Einsicht in Periodizitäten bestanden, die durch Kataloge ersichtlich wurden. Die neuzeitliche Vorbildlichkeit besitzt die Himmelsmechanik aufgrund ihrer Ergebnisse und Methoden. Die quantitative Analyse hat das methodische Monopol.[88]

Daß deshalb für Laplace das wissenschaftliche Erklärungsmonopol der Physik zukäme, wäre wohl überzogen. Mutmaßlich wäre ihm eine Auseinandersetzung mit Biologen über ihre Methoden zu wenig aussichtsreich. Es findet sich aber keine Stelle, die mit Kants teleologischer Passage über einen Newton vergleichbar wäre, „der auch nur die Erzeugung eines Grashalms nach Naturgesetzen, die keine Absicht geordnet hat, begreiflich machen werde"[89]. Letztlich läuft Laplace' System auf einen epistemischen Reduktionismus mit der Physik als Basis hinaus, auf der die Chemie und dann die Biologie aufbaut (chemische Bindung als Wirkung der universellen Anziehung, Atmung als Verbrennung, Leugnung der Willensfreiheit aufgrund des Satzes vom Grund etc.). Etwas anderes wäre mit dem Laplaceschen Geist und der absoluten Prognosefähigkeit durch quantitative Gesetze unvereinbar.

---

86 „Car c'est un fait que les grandes découvertes – ou les grandes révolutions dans les théories astronomiques – ont toujours été en liaison avec des découvertes ou des modifications dans les théories physiques." (Koyré: „Les étapes de la cosmologie scientifique", S. 89.)

87 SdM, S. 1.

88 Vgl.: „Laplace is perhaps the most consistent consumer (and certainly the most influential one) of a philosophical attitude that considers mathematization as the key feature of modern science's success and the guarantor of its continued prosperity in all its branches." (Roger Hahn: „The Laplacean View of Calculation", S. 363.)

89 „Es ist nämlich ganz gewiß, daß wir die organisierten Wesen und deren innere Möglichkeit nach bloß mechanischen Prinzipien der Natur nicht einmal zureichend kennen lernen, viel weniger uns erklären können; und zwar so gewiß, daß man dreist sagen kann, es ist für Menschen ungereimt, auch nur einen solchen Anschlag zu fassen, oder zu hoffen, daß noch etwa dereinst ein Newton aufstehen könne, der auch nur die Erzeugung eines Grashalms nach Naturgesetzen, die keine Absicht geordnet hat, begreiflich machen werde: sondern man muß diese Einsicht den Menschen schlechterdings absprechen." (Kant: „Kritik der Urteilskraft", S. 516.)

Die Annahme der quantitativ analytischen Methode und ihrer Strenge ist auch eine Frage des Geschmacks, den nicht alle Zeitgenossen und Nachfolger aus unterschiedlichsten Disziplinen geteilt haben. Diese Methode führte in der Mechanik zu einem Verzicht und sogar zur Ablehnung von Visualisierungen. Galilei und Kepler identifizierten die Bahnen fallender Körper und Planeten mit Kegelschnitten und Galilei legte zusätzlich mit den Discorsi den Grundstein für die neuzeitliche Axiomatisierung der Mechanik. Mit Euler, d'Alembert und Lagrange setzte die Analyse in der Mechanik ein. Euler beansprucht, die Mechanik „methodo analytica et commodo ordine"[90] darzustellen, wobei das Ziel die Problemlösung auf mathematischem Weg ist; Eulers Mechanik ist ein Werk der angewandten Mathematik. Die Mechanik, die Galilei für Naturphilosophie hielt, ist schon bei ihm eine mathematische Disziplin. D'Alembert behandelt in der Einleitung des Traité die Preisfrage der Preußischen Akademie, ob die Gesetze der Statik und der Mechanik notwendig oder kontingent sind. Diese Frage allein zeigt, daß die Methodenentwicklung der neuzeitlichen Mechanik von Aristoteles' Ontologie und Begriffslogik[91] abhängt, die von Bildverfahren prinzipiell unabhängig sind, auch wenn sie sich durch Diagramme darstellen lassen. Lagrange erarbeitet in der Mécanique Analitique eine anschauungsunabhängige Mechanik, die er ausschließlich in algebraischer Form ausgestaltet: réduire la théorie de la Mécanique à des formules générales. Die Zielsetzung, eine Mechanik zu entwickeln, die frei von mechanischen Überlegungen ist, erscheint widerspruchsvoll:

> „On ne trouvera point de Figures dans cet Ouvrage. Les méthodes que j'y expose ne demandent ni constructions, ni raisonnemens géométriques ou mécaniques, mais seulement des opérations algébriques [...]."[92]

Lagrange sagt deutlich, daß diejenigen ihm danken werden, die seinen Geschmack teilen: „Ceux qui aiment l'Analyse, verront avec plaisir la Méchanique en devenir une nouvelle branche, & me sauront gré d'en avoir étendu ainsi le domaine."[93] Spätestens bei Lagrange ist die Anschauung lästiges Beiwerk des menschlichen Denkens. Laplace setzt schließlich das Theorienideal der Analyse um: In den sieben von Laplace veröffentlichen Bänden (Exposition, fünf Bände Mécanique céleste, Théorie analytique des probabilités) kommt keine einzige Gra-

---

90 Leonhard Euler: „Mechanica sive motus scientia analytice exposita", St. Petersburg 1736, fünfte Seite der nicht paginierten Praefatio.

91 Solche Überlegungen tauchen auch heute noch auf: „Jedoch ist es möglich, [...] zu versuchen, die Kontingenz des Universums restlos zu Verschwinden zu bringen. [...] Positiv gesagt, würde diese Auffassung das Universum und Gott identisch setzen [...]." (Vorwort der Herausgeber in: Saltzer, Eisenhardt u. a. (Hrsg.): „Die Erfindung des Universums?", S. 10.) Wenig später bezeichnen die Herausgeber die Kontingenzvernichtung als ihr Ziel (a.a.O., S. 13).

92 Lagrange: „Mécanique Analitique", S. vi.

93 Lagrange: „Mécanique Analitique", S. vi.

phik vor. Die analytische Methode harmoniert mit Laplace' Metaphysik und Naturphilosophie: Das Weltsystem ist ein Geflecht funktionaler Abhängigkeiten und die quantitative Methode bildet es in der Theorie nach.

Die systematischen Aspekte von Laplace' Wissenschaftsbild werden dadurch bestärkt, daß die Astronomiegeschichte Fehlerquellen historisch festmachen kann und die systematische Nichtigkeit von Fehlern vorführt. Die Fortschrittsprinzipien der Astronomiegeschichte, Korrektur von älteren Theorien, technischer und mathematischer Fortschritt und eine längere Dokumentation der Planetenbewegung, sind nicht philosophisch begründet, sondern sie sind astronomie-, technik- oder mathematikhistorisch kontingent. Es gibt keinen historischen Anlaß, astronomische und allgemeiner: wissenschaftliche Probleme prinzipiell als unlösbar zu betrachten. Das heißt nicht, daß Laplace von der faktischen Erkennbarkeit aller Phänomene ausgeht,[94] doch vieles lange Zeit nur durch Hilfshypothesen wie Zufall oder Gott Erklärliche wurde in der Geschichte der Astronomie doch wissenschaftlich gelöst. Insofern Laplace sich selbst als Teil der Geschichte der Astronomie betrachtet, was er macht, markiert seine Mécanique céleste den Höhepunkt der Himmelsmechanik. Das mag vermessen klingen, ist historisch aber angemessen. Die wissenschaftsphilosophische Verwertung der Mécanique céleste charakterisiert die Geschichte der Astronomie als einen Prozeß der Theorienkonkurrenz, der schließlich zugunsten der wahren Theorie verläuft. Lagrange hat prinzipiell die Mechanik vollendet, Laplace die Himmelsmechanik.[95] Laplace sieht allerdings klar, daß die Mécanique céleste späteren besseren Werken unterlegen sein wird:

> „Les sciences [...] sans bornes comme la nature, s'accroissent à l'infini par les travaux des générations successives; le plus parfait ouvrage donne naissance à de nouvelles découvertes et prépare ainsi des ouvrages qui doivent l'effacer."[96]

Was also spätere Himmelsmechaniken gegenüber der Mécanique céleste auszeichnet, ist, daß die späteren keine alternativen, sondern neue und bessere Theorien präsentieren. Die Himmelsmechanik wird nicht anders, sie wird in dem Sinn erfolgreicher, in dem Laplace' Mécanique céleste dies bereits gegenüber ihren neuzeitlichen Vorgängern ist.

Die französischen materialistischen Theorien der Aufklärungszeit sind durchweg Säkularisierungen und Befreiungen von überkommenen und meist religiösen Illusionen und Ängsten, die eine Orientierung an der Wahrheit verhindert haben.[97] Laplace sieht dieselbe Tendenz in der Astronomiegeschichte. Das Auf-

---

94 Zur Unerkennbarkeit des Gravitationsgesetzes siehe oben, S. 125–126 und zur empirischen Unzugänglichkeit des Molekularen siehe oben, S. 129.

95 Siehe das Fourier-Zitat des Éloge historique unten, S. 217.

96 SdM, S. 462.

97 Vgl. Hans Meyer: „Abendländische Weltanschauung", Bd. IV, Paderborn, Würzburg 1950, Kapitel 3.3: „Die Aufklärung – Natur und Geschichte", S. 267–273.

kommen der optisch-geometrischen Erklärung der Mondfinsternis kommentiert er, daß Mondfinsternisse „objet de la frayeur des hommes dans les temps d'ignorance"[98] gewesen seien. Die Befreiung von solchen Ängsten und die Popularisierung einer nicht-anthropozentrischen Weltauffassung ist der kulturelle Wert eines wissenschaftlichen Humanismus, der mit Bemühungen einer Verwissenschaftlichung der Gesellschaft, besser: der Menschheit einhergeht. Nicht nur der historische Befund der wissenschaftsfeindlichen Institution Kirche spielt hier eine Rolle, sondern es ist eine lange Tradition des Wissenschaftsvorbehalts, gegen den in der Aufklärung opponiert wird.[99] Der Leitgedanke, unter dem Laplace das christliche Mittelalter beurteilt, ist der religiöse Despotismus: „le despotisme, étendant sa barbarie sur les belles contrées qui furent le berceau des sciences et des arts [...]."[100] Die Kirche wird im 16. Jahrhundert zu einem Hindernis, gegen das wissenschaftliche Wahrheiten anzukämpfen hatten („Les vérités eurent encore a vaincre des obstacles [...]."[101]). Die Erinnerung an Galileis Verurteilung ist noch wach. Konkretisierungen der Bemühungen, die Gesellschaft zu verwissenschaftlichen, sind zahlreich und nicht immer leicht zu erkennen. Der wissenschaftliche Kosmopolitismus zeigt sich z. B. am metrischen System, dessen Vorzug die weltweite Rekonstruierbarkeit ist: „Ce système fondé sur la mesure des méridiens terrestres, convient également à tous les peuples."[102] Die kulturelle Bedeutung eines globalen metrischen Systems liegt in Abwendung vom politischen willkürlichen Diktat. Maßsysteme unterstanden häufig der Autorität von Herrschern, die sie verbindlich anordnen konnten.[103] Champagne führt die Bemühungen um ein einheitliches metrisches System auf drei Gründe zurück:

> „the diversity in the number of existing units of measure, the abuses and frauds that were engendered by this diversity, and the complex calculations that resulted in commercial transactions where there was a need to compare quantities bought or sold using different standards".[104]

---

98 SdM, S. 27.

99 Vgl.: „Von der Antike bis zur Moderne zieht sich der Gedanke durch, daß Wissen eine Glücksbedrohung darstellt [...]." (Bernulf Kanitscheider: „Die Feinabstimmung des Universums und die Existenz von Leben, ein Rätsel der Kosmologie?", S. 33.)

100 SdM, S. 431.

101 SdM, S. 433.

102 SdM, S. 85.

103 Vgl. Witold Kula: „Measures and Men", Kapitel 4: „Measures as an Attribute of Authority" und Kapitel 22: „One King, One Law, One Weight, One Measure". Jean und Nicole Dhombres nennen ihr Buch zurecht: „Naissance d'un nouveau pouvoir: sciences et savants en France 1793–1824".

104 Ruth Ines Champagne: „The role of five eighteenth-century French mathematicians in the development of the metric system", Reproduktion von University Microfilms International, London 1979, S. 123–124.

Der Essai philosophique sur les probabilités erläutert weitere Bereiche der Mathematisierung der Gesellschaft. Anwendungsgebiete der Wahrscheinlichkeitsrechnung sind die moralischen Wissenschaften (hierunter wird die Frage verstanden, wie sich z. B. der gesellschaftliche Nutzen der Aufklärung beurteilen läßt), Zeugenaussagen in Gerichtsprozessen, Wahlen, soziale Sicherungssysteme, Psychologie, Medizin, bessere Methoden eigener Urteilsbildungen oder so aktuelle Themen wie staatliche Lotterien zum Abbau der Staatsverschuldung.[105] Die Verwertung der Statistik für die Staatsorganisation bekam den Namen Arithmétique Politique; darunter fallen z. B. Landwirtschaft, Lebensmittelversorgung, Arbeit etc.[106]

Die Einsicht in den kulturellen Wert der Wissenschaften wird nicht erst von Laplace entdeckt; sie reicht bis in die Antike zurück, für die Neuzeit ist Bacons Wissenschaftsutilitarismus aber wohl bedeutender, für Laplace wohl auch Voltaires Geschichtsphilosophie, dergemäß die Geschichte eine Fortschrittsentwicklung von der Barbarei zur Zivilisation ist. Die gesamt-gesellschaftliche Entwicklung am Ende des 18. Jahrhunderts geht in die Richtung einer Aufwertung von Bildung und Kultur, worein die aufklärerische Wissenschaftsphilosophie eingebettet ist oder sie auch bedingt. Die Polemik des Christentums gegen die wissenschaftliche Curiositas wird durch eine positive Besetzung des Forscherdrangs ersetzt. Es entstehen zahlreiche moralische Wochen- und, wie wir heute

105 Die Verwissenschaftlichung der Moral fordert schon 1758 Helvetius in De l'Esprit: „J'ai cru qu'on devoit traiter la Morale comme toutes les autres sciences, et faire une Morale comme une Physique expèrimentale." (Claude Adrien Helvetius: „De l'esprit", Paris 1758, S. 4.)

106 Vgl. Diderots Artikel in der Encyclopédie: „ARITHMÉTIQUE POLITIQUE, c'est celle dont les opérations ont pour but des recherches utiles à l'art de gouverner les peuples, telles que celles du nombre des hommes qui habitent un pays; de la quantité de nourriture qu'ils doivent consommer; du travail qu'ils peuvent faire; du temps qu'ils ont à vivre; de la fertilité des terres; de la fréquence des naufrages, etc. On conçoit aisément que ces découvertes et beaucoup d'autres de la même nature, étant acquises par des calculs fondés sur quelques expériences bien constatées, un ministre habile en tirerait une foule de conséquences pour la perfection de l'agriculture, pour le commerce tant intérieur qu'extérieur, pour les colonies, pour le cours et l'emploi de l'argent, etc. Mais souvent les ministres (je n'ai garde de parler sans exception) croient n'avoir pas besoin de passer par des combinaisons et des suites d'opérations arithmétiques: plusieurs s'imaginent être doués d'un grand génie naturel, qui les dispense d'une marche si lente et si pénible, sans compter que la nature des affaires ne permet ni ne demande presque jamais la précision géométrique. Cependant si la nature des affaires la demandait et la permettait, je ne doute point qu'on ne parvînt à se convaincre que le monde politique, aussi bien que le monde physique, peut se régler à beaucoup d'égards par poids, nombre et mesure." (Diderot: „Arithmétique politique", in: Encyclopédie, Bd. I, S. 678–680.) – Auch Lagrange hat eine Abhandlung zur arithmetischen Politik verfaßt (Joseph Louis Lagrange: „Essai d'arithmétique politique sur les besoins de l'intérieur de la République", Paris 1791).

sagen, Lifestyle-Journale, die auf die Verfeinerung des Geistes abzielten.[107] Auguste Comte wird im Anschluß an Laplace lehren, daß die Geschichte der Humanität durch die Entwicklung der Wissenschaften bedingt sei.[108] Letztlich geht es um die Rationalisierung in Form der Mathematisierung, Objektivierung und Offenheit zum Konsens jeder Art von gesellschaftlich relevanten Urteilen, worin die Analogie zur quantitativen Wissenschaft besteht. Die Mathematisierung der Gesellschaft setzt mit Ethiken und Staatsphilosophien ein; letztere kommen am Ende des 17. Jahrhunderts in Form politischer Arithmetiken auf (im Entwurf schon bei Hobbes, ausgearbeitet durch Hobbes' Sekretär William Petty, ihm folgend Charles Davenant und später Adam Smith) und sind Gründungsurkunden neuzeitlicher Ökonomik. Diderot schreibt den entsprechenden Artikel in der Encyclopédie und Lavoisier verfaßt eine Arithmétique Politique, in der er das Gemeinwesen unter der Orientierung an der Chemie entwirft. Mit Comte und Adolphe Quételet vollzieht sich der Wandel zur Physikorientierung der Gesellschaftsorganisation, zur Physique sociale. Gesellschaftliche Prozesse und Gerechtigkeitsprinzipien sind danach quantifizierbar und Gesellschaft läßt sich statistisch prognostizieren, und zwar im Dienst der Humanität. Dies ist die staatsphilosophische Motivation der aufklärerischen Wissenschaftler. Sowohl systematisch als auch historisch fehlt dafür der Blick, weil die Verzahnung von Ethik und Naturwissenschaften auf deren Ethik weitgehend beschränkt ist; wir haben heute mit Ausnahme der Lebenswissenschaften wenige Beiträge zur Mathematik oder Naturwissenschaft der Ethik. Es ist schwer, einem himmelsmechanischen Gleichungssystem oder der Wahrscheinlichkeitstheorie anzusehen, daß das dahinterstehende Ziel das Gute und das Auffinden dieser Gleichungssysteme humanistisch motiviert ist.[109] Laplace' Rationalitätsoptimismus findet

---

107 Siehe Anna Zika: „Ist alles eitel? – Zur Kulturgeschichte deutschsprachiger Modejournale zwischen Aufklärung und Zerstreuung 1750–1950", Weimar 2006, S. 25–32.

108 Siehe Auguste Comte: „Cours de philosophie positive", Paris 1830, Bd. I, S. 81–82.

109 Die Analogie zum logischen Positivismus liegt auf der Hand. Carnap bettet den Ruf nach Klarheit und die Ablehnung von Religion und Metaphysik in den Zeitgeist ein, der durch Kunst, Architektur und Bemühungen um die sinnvolle Gestaltung des Lebens bestimmt ist. „Es ist die Gesinnung, die überall auf Klarheit geht und doch dabei die nie ganz durschaubare Verflechtung des Lebens anerkennt, die auf Sorgfalt in der Einzelgestaltung geht und zugleich auf Großlinigkeit im Ganzen, auf Verbundenheit der Menschen und zugleich auf freie Entfaltung des Einzelnen. Der Glaube, daß dieser Gesinnung die Zukunft gehört, trägt unsere Arbeit." (Carnaps Einleitung in „Der logische Aufbau der Welt", S. XV–XVI.) Vgl.: „Das Programm der logischen Weltauffassung, wie es unter anderem von Frege und Russell inauguriert und von ihren Schülern – zum Beispiel Carnap und Quine – fortgeführt worden ist, mag sehr trocken, technisch und gleichsam objektivistisch unmenschlich erscheinen, aber die dahinter stehende Intention war durch und durch in einem humanen und aufklärerischen Fortschrittsglauben verankert. […] Die Forderung nach einer strikt logisch-wissenschaftlichen Arbeitsweise sollte einem dumpfen Irrationalismus und Traditionalismus entgegenwirken." (Michael Otte in: Russell: „Einführung in die mathematische Philosophie", S. VII–VIII.)

seinen prägnantesten Ausdruck in der Kampfansage an Ungerechtigkeit am Ende der ersten Auflage der Exposition. Sie schließt in kultureller Euphorie mit einem Wahrheits- und Gerechtigkeitsappell, worin vielleicht die wichtigste Aussage der Exposition du système du monde besteht: „Vérité, justice: voilà ses loix immuables."[110]

---

[110] Laplace: „Exposition du système du monde", 1. Aufl., S. 351. Mancher mag sich an Boëthius erinnern: „Vera [...] o virtutum omnium nutrix." (Boëthius: „Trost der Philosophie", hrsg. von Olof Gigon, München 1990, S. 56). Siehe zur Orientierungsfunktion der Naturwissenschaften auch Kanitscheiders Einleitung in: „Von der mechanistischen Welt zum kreativen Universum", S. 1–12.

V. Ausblick auf die Wirkungsgeschichte

Das abschließende Kapitel bietet einen Ausblick auf die frühe Wirkung des Laplaceschen Werks. Ihre vollständige Beschreibung hieße nicht nur, eine Physikgeschichte seit dem 19. Jahrhundert zu schreiben, sondern auch eine Geschichte der Wissenschaftstheorie und der akademischen Kultur, da die Trennung von Philosophie, Natur- und Geisteswissenschaften durch die analytische Mentalität bedingt ist.[1] Die analytische Methode ist in der Laplace-Rezeption vielleicht sogar wichtiger als die Naturphilosophie, da sie die wissenschaftliche Identität der Mechaniker in ihrem Selbstverständnis bestimmt und da sie nicht nur auf eine physikalische Teildisziplin beschränkt ist. Dennoch: Das Vorbild dieser Methode war die Astronomie, ihr philosophischer Ausdruck die Exposition du système du monde. Die Bedeutung der Himmelsmechanik ergibt sich aus der traditionellen weltanschaulichen Bedeutung der Astronomie: Sie galt seit den Anfängen der Philosophie als Königswissenschaft und die Beschäftigung mit ihr ist zu keiner Zeit abgebrochen.[2] Herder zählt sie zu den edelsten Wissenschaften.[3] Nach Laplace wurde die Astronomie zu der Theorie erkoren, die einem philosophisch noch nicht ausgearbeiteten Wissenschaftsideal am meisten entsprach. Aussagekräftig für die Wahrnehmung der Mécanique céleste ist Fouriers Éloge historique.[4] Mehrere Eigenschaften zeichnen demzufolge Laplace oder seine Œuvre aus und sind für den wissenschaftlichen Respekt seiner Zeitgenossen aussagekräftig, auch wenn Fourier freilich die für einen Nekrolog üblichen Übertreibungen übertreibt:

- Mathematische Souveränität: „Il touchait […] aux limites connues de l'analyse mathématique […].“ (S. II.)
- Historisch einmalig: „son ouvrage immortel l'emporte sur celui de Ptolémée autant que la science analytique des modernes surpasse les élémens d'Euclide.“ (S. III.) Die Mécanique céleste sei der „*Almageste du* 18e *siècle*“ (S. IV).

---

1 Zur Geschichte der Geisteswissenschaften siehe Søren Kjørup: „Humanities, Geisteswissenschaften, Sciences humaines“, Stuttgart, Weimar 2001, S. 18–48.

2 Die Kosmologie ist nach Kanitscheider „nicht einfach irgendeine Anwendung lokaler Naturgesetze, sondern sie ist nach wie vor neben der Welt des ganz Kleinen derjenige Teilbereich der Physik der die größte Tragweite und das bedeutendste Gewicht für jene philosophischen Fragestellungen besitzt, welche die Menschen seit der Zeit der Vorsokratik bewegt haben.“ (Bernulf Kanitscheider: „Kosmologie“, 2. Aufl., Stuttgart 1991, S. 7.)

3 Johann Gottfried Herder: „Ideen zur Philosophie der Geschichte der Menschheit“, 2 Bde., hrsg. von Heinz Stolpe, Berlin, Weimar 1965, Bd. II, S. 205.

4 Siehe Fourier: „Éloge Historique de M. le Marquis de Laplace“, S. II ff.

- Vorbildliche Problemlösungs- und Entdeckungskompetenz: „la puissance créatrice“ (S. V). „Laplace était né pour tout perfectionner pour tout approfondir, pour reculer toutes les limites, pour résoudre ce que l'on aurait pu croire insoluble.“[5]
- Fruchtbarkeit: Das Gravitationsgesetz „explique aujourd'hui tous les phénomènes connus.“ (S. VII.)
- Geschlossenheit: „Laplace est de tous les géomètres celui qui a le plus approfondi ces grandes questions [die Fragen der Himmelsmechanik]; il les a, pour ainsi dire, terminées.“ (S. VII–VIII.)

Die philosophischen Wirkungsaspekte von Laplace' Werk waren Reduktionismus, Determinismus, Atheismus, methodisches Vorbild durch Induktion und Gesetzeserklärung und die Metaphysikfreiheit der Wissenschaften. Dan Kurth bewertet das reduktionistische Programm als „fraglos die größte und erfolgreichste geistige Leistung in der Menschheitsgeschichte – nämlich die zentrale Leitidee der Wissenschaftsgeschichte“ und führt aus, daß sie „jeden anderen vergleichbaren kulturellen Anspruch, sei er religiöser, mystischer, ideologischer oder sonstiger Art, längst schlicht und ergreifend deklassiert“[6] habe. Die zweischneidige Wirkungsgeschichte von Laplace' Methode und Weltbild läßt sich grob darauf zurückführen, ob man den vielgestaltigen und aufklärerischen Wert dieser Deklassierung einsieht und sie anerkennt oder sich dagegen auflehnt, bzw.: Hält man – mutatis mutandis wie Epikur – den Reduktionismus für einen Humanismus?

Bevor ich die Tendenzen dieser Wirkungen skizziere, sei ein menschlicher Aspekt angesprochen, der bei Rekonstruktionen der Trennungsgeschichte von Philosophie, Geisteswissenschaften und Physik oft unerwähnt bleibt: Die Diskussionskultur zwischen spekulativen Philosophen und analytisch orientierten Naturwissenschaftlern war seit dem Anfang des 19. Jahrhunderts von unsachlichen und aggressiven Polemiken gekennzeichnet und nach den Kriterien unserer political correctness alles andere als vorbildlich oder kooperativ; positiv gewendet kann man auch von ungewohnter Ehrlichkeit und Offenheit sprechen. Die Gründe für die Kluft zwischen Philosophie und Naturwissenschaften sind mannigfaltig: Sie liegen in unterschiedlichen Interessen und Mentalitäten und nicht zuletzt wohl auch in der Unfähigkeit, die Ergebnisse anderer Disziplinen wahrzunehmen und in ihrer philosophischen Bedeutung einzuordnen. In der Philosophie wurde die Frage sträflich übergangen, warum man glaube, besser als die naturwissenschaftlichen Koryphäen deren Theorien interpretieren zu können. Man kann keine fundierte Geistmetaphysik betreiben, wenn man beispielsweise die Erhaltungssätze nicht ernst nimmt.

5 Fourier: „Éloge Historique de M. le Marquis de Laplace“, S. VII–VIII.

6 Dan Kurth: „Von der Prägeometrie zur Topologischen Komplexität“, in: Saltzer, Eisenhardt u. a. (Hrsg.): „Die Erfindung des Universums?“, S. 250.

Eine bedeutende Rolle spielte Hegel, dessen Beurteilungen in Bezug auf seinen Umgang mit den Naturwissenschaften die gesamte Bandbreite umfassen. In jüngeren Arbeiten werden sowohl seine Haltung zu den Naturwissenschaften als auch sein diesbezüglicher Sachverstand wertschätzt.[7] Hegel schreibt über Newtons Bestimmung des Unendlichen: „Der Gedanke kann nicht richtiger bestimmt werden, als Newton ihn gegeben hat."[8] Andererseits ist es ein nicht zu leugnender Befund, daß Hegel die Trennung von Philosophie und analytischen Naturwissenschaften befördert hat.[9]

In Hegels drittem Band der „Vorlesungen über die Geschichte der Philosophie" gibt es ein kurzes beleidigendes Kapitel zu Newton, dessen Duktus mit der zitierten Wertschätzung von Newton schwerlich zu vereinbaren ist. Liest man das als Naturwissenschaftler, fällt – wohl für viele nachvollziehbar – der Respekt in jeder Hinsicht schwer:

> „Physik, hüte dich vor Metaphysik, war sein [Newtons] Wahlspruch: d. h. also, Wissenschaft, hüte dich vor dem *Denken*. Und er sowohl als alle diese physischen Wissenschaften bis diesen Tag haben treulich darauf gehalten, als sie sich nicht auf eine Untersuchung ihrer Begriffe, das Denken der Gedanken, eingelassen haben. Die Physik kann aber doch nichts machen ohne Denken, ihre Kategorien, Gesetze hat sie nur durch das Denken, – ohne dasselbe geht es nicht."[10]

In einem späteren Kapitel gilt Newton als „vollkommener Barbar an Begriffen"[11]. Hegels Wertschätzung der Entwicklung der analytischen Mechanik und der Himmelsmechanik in den Vorlesungen tendiert gegen Null:

> „Fragt man nach der Ursache, warum man in solchen Wissenschaften [den physikalischen Wissenschaften] keine Fortschritte macht, so ist es, weil man nicht versteht, nicht mit Begriffen zu tun hat, sondern sie sich entschließen, ohne Sinn und Verstand diese Bestimmungen aufzunehmen."[12]

---

7 Ich möchtehierzu auf die Arbeiten von Renate Wahsner und Horst-Heino von Borzeszkowski verweisen.

8 Hegel: „Wissenschaft der Logik", in: Werke, Bd. 5, S. 298.

9 Vgl.: „Hegel galt als Hauptvertreter einer spekulativen Naturphilosophie, von der sich die Naturwissenschaft mit Nachdruck abgewandt hatte." (Heinz Kimmerle: „Georg Wilhelm Friedrich Hegel", in: Gernot Böhme: „Klassiker der Naturphilosophie", München 1989, S. 263.)

10 Hegel: „Vorlesungen über die Geschichte der Philosophie", Bd. III, S. 314–315.

11 Hegel: „Vorlesungen über die Geschichte der Philosophie", Bd. III, S. 315. Friedrich Engels bezeichnet in Gegenüberstellung zu Leibniz Newton als „Induktionsesel" (Friedrich Engels: „Dialektik der Natur", in: Karl Marx/Friedrich Engels: „Werke", hrsg. vom Institut für Marxismus-Leninismus beim ZK der SED, Berlin 1956 ff., Bd. 20, S. 476.)

12 Hegel: „Vorlesungen über die Geschichte der Philosophie", Bd. III, S. 315.

Die Formulierung „Wissenschaft, hüte dich vor dem *Denken*" vermittelt, daß kognitive Abstinenz die Daseinsmaxime von Naturwissenschaftlern wäre. Selbstverständlich muß der Begriff des Denkens in Hegels System verstanden werden: In ihm zielt das Denken auf Begriffe und auf das Absolute, systemimmanent ist diese Definition des Denkens konsequent.[13] Doch Hegels Definition besitzt weder philosophieintern noch in außerphilosophischen Disziplinen Verbindlichkeit. Derartige Stellen fördern bei Naturwissenschaftlern nicht die Motivation, sich so intensiv mit Hegel auseinanderzusetzen, daß eine Würdigung überhaupt erst möglich wird; dies lehrt die Wissenschaftsgeschichte.[14] Auch die Einschätzung, daß die physikalischen Wissenschaften keine Fortschritte aufzuweisen haben, ist eine Dummdreistheit gegenüber Wissenschaftlern, die an der Forschungsspitze stehen und die den Scharfsinn der Mechaniker, deren mathematisch-physikalische Virtuosität und die Entdeckungen erfolgreicher Lösungsstrategien und Formalismen wertschätzen können; Hegel kannte die Physik nicht besser als Laplace. Es sei an Laplace' Würdigung erinnert, daß Lagrange die Mechanik vollendet habe, an Fouriers Nekrolog und auf Humboldts Euphorie im nächsten Kapitel vorverwiesen.[15] Ludwig Büchner bezieht als Mediziner im Kontext von Hegels Philosophie unmißverständlich Stellung:

> „Nichts ist widerlicher, als jene anscheinend tiefgelehrte philosophische Renommisterei, welche sich mit Hohlheit brüstet, und welche glücklicherweise in unsern Tagen einen mächtigen Damm in dem festen und von tausend Erfolgen gekrönten Auftreten der empirischen Wissenschaften gefunden hat."[16]

Die gegenseitige Polemik hat einen bis heute dauernden Schaden angerichtet.

---

13 „Nur insofern die Reflexion Beziehung aufs Absolute hat, ist sie Vernunft und ihre Tat ein Wissen; durch diese Beziehung vergeht aber ihr Werk, und nur die Beziehung besteht und ist die einzige Realität der Erkenntnis; es gibt deswegen keine Wahrheit der isolierten Reflexion, des reinen Denkens, als die ihres Vernichtens." (Hegel: „Differenz des Fichteschen und Schellingschen Systems", S. 31.)

14 Siehe dazu die Haltung von Ludwig Büchner, S. 225.

15 Es kommt der Philosophie nicht zugute, daß Heidegger den Hegelschen Wortlaut fast wörtlich übernimmt: „Die Wissenschaft denkt nicht." (Martin Heidegger: „Was heisst Denken?", S. 9.)

16 Ludwig Büchner: „Kraft und Stoff", Frankfurt 1886, S. 126. Lange äußert sich besser über Hegel, nicht aber über dessen Schüler, die Hegel studieren und nicht das, das Hegel studiert habe: „Was dabei herauskommt, haben wir hinlänglich gesehen: ein hohles Phrasenwerk, eine Schattenphilosophie, deren Arroganz jedem an ernstem Stoff gebildeten Manne zum Ekel werden mußte." (Lange: „Geschichte des Materialismus", Bd. 2, S. 189.)

1. Laplace' Einfluß auf die Physik

Die Überzeugungskraft der analytischen Methode erbrachten Lagrange und Laplace. Laplace war in der französischen Wissenschaft nicht nur durch seine Œuvre, sondern auch durch seine Schüler einflußreich, wie Roger Hahn darlegt:

> „Most of the noted teachers of science of the early 19th century in France – Prony, Lacroix, Biot, Arago, Poisson – and many other practising scientists, including his colleague Berthollet and his disciples Gay-Lussac, Malus, Alexander von Humboldt, and Quételet (to name a few), adopted his techniques and their implied philosophy. [...] His attitudes permeated all of the physical sciences in France in the early 19th century, and may even have been influential in the newly emerging life sciences."[17]

Humboldt nennt die Exposition seines Vorbilds „ein unsterbliches Werk"[18]. Wie Laplace sieht Humboldt den Kern der Himmelsmechanik in der Mechanik: „Der Bau des Himmels erscheint darin als die einfache Lösung eines großen Problems der Mechanik."[19] Das Ziel der Astronomie ist „das Auffinden von Naturgesetzen, die Ergründung ordnungsmäßiger Gliederung in den Gebilden, die Einsicht in den notwendigen Zusammenhang aller Veränderungen im Weltall".[20] Der Determinismus bedingt wie bei Laplace, daß der Begriff des Zufalls als eine Reaktion auf Erkenntnisdefizite gesehen wird.[21] Eine solche Begriffsbestimmung entwächst nur einer optimistischen Auffassung vom Status quo der Naturwissenschaften: „Meine Zuversicht gründet sich auf den glänzenden Zustand der Naturwissenschaften selbst, deren Reichtum nicht mehr die Fülle, sondern die Verkettung des Beobachteten ist."[22] Der glänzende Zustand der Laplaceschen Himmelsmechanik besteht in der Kohärenzbildung und der gesetzlichen Einheit, durch die sich der Kosmos „durch Ableitung aus wenigen, von der Vernunft gegebenen Grundprinzipien"[23] erklären läßt. Dem systematischen Aspekt entspricht die Beurteilung der Geschichte der Astronomie, in der der Aufweis der physikalischen Einheit des Universums die Aufteilung in verschiedene physikalische Bereiche korrigiert:

> „Je tiefer man eindringt in das Wesen der Naturkräfte, desto besser erkennt man den Zusammenhang von Phänomenen, die lange, vereinzelt und ober-

---

17 Roger Hahn: „The Laplacean View of Calculation", S. 364.

18 Alexander von Humboldt: „Kosmos – Entwurf einer physischen Weltbeschreibung", Bd. I, Stuttgart, Tübingen 1845, S. 30.

19 Humboldt: „Kosmos", Bd. I, S. 30.

20 Humboldt: „Kosmos", Bd. I, S. 37.

21 Humboldt: „Kosmos", Bd. III, S. 431; zum Verhältnis von Humboldt und Laplace siehe Eberhard Knobloch: „Naturgenuss und Weltgemälde", S. 14.

22 Humboldt: „Kosmos", Bd. I, S. 32–33.

23 Siehe Humboldt: „Kosmos", Bd. I, S. 31.

flächlich betrachtet, jeglicher Anreihung zu widerstreben schienen, desto mehr werden Einfachheit und Gedrängtheit der Darstellung möglich."[24]

Gleiches gilt für Kirchhoff, der 1865 in der Rektoratsrede an der Universität Heidelberg „Über das Ziel der Naturwissenschaften" den Laplaceschen Geist reformuliert:

> „Kennte man alle Kräfte der Natur und wüßte man, welches der Zustand der Materie in einem Zeitpunkte ist, so würde man ihren Zustand für jeden späteren Zeitpunkt durch die Mechanik ermitteln und ableiten können [...]. Das höchste Ziel, welches die Naturwissenschaften zu erstreben haben, ist die Verwirklichung der eben gemachten Voraussetzung [...], also die Zurückführung aller Naturerscheinungen auf die Mechanik."[25]

Ernst Cassirer hat hinsichtlich des Dämons historische Fehlerhaftigkeit beklagt und betont, daß Leibniz der Vater des physikalischen Determinismus und die Diskussion zu Unrecht auf Laplace bezogen seien.[26] Das stimmt, doch zeigt Kirchhoffs Zitat an, daß die Gewichtung in der Philosophiegeschichte und in den Wissenschaften unterschiedlich sind: Leibnizens Schriften spielen weder für Laplace noch für Kirchhoff eine ausdrückliche Rolle.[27] Auch bei Ernst Mach und seinen Zeitgenossen ist der Gewährsmann des Determinismus Laplace.[28] Die philosophische Grundlegung ist von Leibniz, die wirkungsmächtige Ausarbeitung und Formulierung in der Physik von Laplace.

Laplace' Einfluß in der Physik nimmt dadurch ab, daß erstens die Mechanik als Forschungsgebiet erschlossen war und zweitens neue physikalische Ansätze an die Seite der klassischen Mechanik traten, z. B. die Elektrodynamik und Thermodynamik. Seine Begrifflichkeit und seine Philosophie der Wahrscheinlichkeitsrechnung basierten auf der deterministischen Naturwissenschaft.[29] Laplace hatte sich durch die subjektivistische Interpretation der Wahrscheinlichkeit und wissenschaftsfernen Anwendungen der Wahrscheinlichkeitsrechnung wie Zeugenaussagen in Gerichtsprozessen diskreditiert. Beides wirkte der Etablierung der Statistik als nicht nur erkenntnistheoretisch, sondern naturwissenschaftlich prinzipiell berechtigter Methode entgegen. Ihre naturwissenschaftliche Etablierung

---

24 Humboldt: „Kosmos", Bd. I, S. 30–31.

25 Kirchhoff, zit. nach: Karl von Meÿenn (Hrsg.): „Die großen Physiker – von Aristoteles bis Kelvin", Bd. I, München 1997, S. 427.

26 „Der Gedanke, daß ein Geist, der einen momentanen Zustand des Alls völlig durchschaute, in ihm zugleich die gesamte Zukunft übersehen und nach mathematischen Regeln berechnen könnte: dieser Gedanke, den die moderne Diskussion fälschlich auf Laplace zurückzuführen pflegt, stammt in Wahrheit von Leibniz her und ist von ihm allseitig und rückhaltlos durchgeführt worden." (Ernst Cassirer: „Zur Biologie und Entwicklungsgeschichte", in: „Werke", CD-Edition, Bd. IX, S. 546.)

27 Zu Laplace' Einordnung von Leibniz als Metaphysiker siehe oben, S. 206.

28 Siehe Ernst Mach: „Die Analyse der Empfindungen", S. 237–238.

29 Hier bin ich Lorraine Daston für Hinweise dankbar (siehe auch Stephen M. Stigler: „History of Statistics", S. 158).

wurde zusätzlich dadurch erschwert, daß die Statistik intensiv in der Gesellschaftstheorie angewendet wurde, z. B. von Auguste Comte und später von Adolphe Quetélet in der Physique Sociale. Die zentrale Stellung der Wahrscheinlichkeitsrechnung in der statistischen Mechanik hat später die Determinismus-Debatte der Quantenmechanik vorbereitet. Bei dieser Debatte taucht Laplace nur noch als Namenspatron für den physikalischen Determinismus auf.

2. Reaktionen in der Philosophie

Für die Physik waren Lagrange und Laplace bedeutend, für die Philosophie Laplace jedoch wichtiger. Die weltsystematische Bedeutung der Astronomie ist offensichtlicher als die der analytischen Mechanik, auch wenn es im Grunde um die Interpretation derselben physikalischen Prinzipien geht. Die Philosophie der Himmelsmechanik liegt auch mit der Exposition und in Übersetzung ausgearbeitet vor. Es überrascht nicht, daß ihr nicht alle Philosophen uneingeschränkt zugestimmt haben, zumal bereits vor Laplace die Frage nach der Vereinbarkeit von Naturwissenschaft und Religion diskutiert wurde, z. B. von Kant in „Über den Gebrauch teleologischer Prinzipien in der Philosophie". Zuviele Philosophen reagierten dahingehend, daß sie mindestens die Legitimität ihrer eigenen Untersuchungen und Methoden verteidigten, wenn sie nicht sogar die quantitative Methode als für philosophische Belange prinzipiell unzulänglich herabsetzten, um sie um Intuition, Gefühl oder Anschauung zu ergänzen.

Für das Verständnis der Reaktionen auf die analytisch-quantitative Weltbetrachtung ist vorauszustellen, daß die Philosophie am Ende des 18. Jahrhunderts nicht auf die Kosmologie konzentriert ist. Kants Erkenntnistheorie, die Anthropologie in der Folge von Lamettries L'homme machine (1784), die spekulativ-idealistische und die romantische Naturphilosophie sind weitere Strömungen der Zeit. Die materialistische Anthropologie hatte sich nicht zuletzt durch Kants Kritiken in der Hinsicht als defizitär erwiesen, daß sie nicht den Erkenntnisbeitrag des Subjekts und das Phänomen der Freiheit erklären konnte. Fichte kritisiert mit geringem Respekt von den Leistungen der Naturwissenschaften:

> „Dass alle Einwirkung mechanisch sey, und dass durch Mechanismus keine Vorstellung entstehe, kann kein Mensch, der nur die Worte versteht, läugnen. Aber gerade da liegt die Schwierigkeit. Es gehört schon ein Grad der Selbstständigkeit und Freiheit des Geistes dazu, um das geschilderte Wesen der Intelligenz, worauf unsere ganze Widerlegung des Dogmatismus sich gründete, zu begreifen. Viele sind nun einmal mit ihrem Denken nicht weiter gekommen, als zum Fassen der einfachen Reihe des Naturmechanismus […]."[30]

---

30 Johann Gottlieb Fichte: „Erste Einleitung in die Wissenschaftslehre", in: Philosophisches Journal, Bd. 5, 1797, Heft 1, S. 1–47; hier zit. nach: „Johann Gottlieb Fichtes sämmtliche Werke", hrsg. von I. H. Fichte, Bd. I, Berlin 1845/46, S. 439.

Die Philosophie des Geistes mit der Naturphilosophie zu vereinigen, war eines der wichtigsten Anliegen vieler zeitgenössischer idealistischer Naturphilosophen. Naturphilosophie und Anthropologie sind dort wieder so eng miteinander verbunden, daß auch die Anthropologie auf die Naturphilosophie wirkt. Hierin liegt wohl der Hauptkonflikt zwischen Philosophie des Geistes und physikalischem Mechanismus, denn die Darstellungen naturwissenschaftlicher deterministischer Weltsysteme lassen gerade solche Fragen außen vor und eigentlich auch nicht zu.

Analoges gilt für die religionsphilosophische Betrachtung der Natur. Ihr Ziel ist der Nachweis des göttlichen Schöpfungsplans mit seinen zahlreichen Implikationen wie Güte, Einheit, Weisheit, schöpferische Allmacht etc. Schleiermacher tendiert zur Auffassung, daß die Beschränkung der Wahrnehmung auf die Ermittlung von Planetenpositionen und ihre mathematische Berechnung die Perfektheit der Schöpfung unangemessen reduziere:

> „Die Unfähigkeit Eurer Sinne kann nicht der Stolz Eures Geistes sein, und was macht sich der Geist aus Zahlen und Größen, da er ihre ganze Unendlichkeit in kleine Formeln zusammenfassen und damit rechnen kann wie mit dem unbedeutendsten?“[31]

Das Defizit der analytischen Methode liege nicht in deren Falschheit, sondern in deren Unzulänglichkeit für das Ganze. Schleiermacher empfindet das Weltsystem der Himmelsmechanik als nicht holistisch, die geschaffene Welt sei vielmehr ein Kunstwerk, von dem die mathematische Analyse nur einen Ausschnitt behandle.[32] Damit fehle aus religionsphilosophischer Perspektive den naturwissenschaftlichen Weltsystemen eine der Bedingungen von Weltbildern: die ‚majestätische Offenbarung des Weltgeists‘, der den Menschen zur „innige[n] Ehrfurcht vor dem Ewigen und Unsichtbaren“ und zur „wahre[n] ungekünstelte[n] Demut“ bewegt.[33] Schleiermacher setzt dem die Anschauung als methodisches Prinzip entgegen:

> „Erhebt Euch einmal – es ist doch für die meisten unter Euch ein Erheben – zu jenem Unendlichen der sinnlichen Anschauung, dem bewunderten und gefeierten Sternenhimmel. Die astronomischen Theorien, die tausend Sonnen mit ihren Weltsystemen um eine gemeinschaftliche führen, und für diese wiederum ein höheres Weltsystem suchen, welches ihr Mittelpunkt sein könnte, und so fort ins Unendliche nach innen und nach außen, diese werdet Ihr doch nicht ein System von Anschauungen als solchen nennen wollen?“[34]

Die Haltung, daß die Naturwissenschaften für dasjenige blind sei, das die Philosophie zu erfassen in der Lage sei, liegt auch Hegels Kritik an einer metaphysikfreien und mechanistischen Weltsicht zugrunde. Er entwickelt sie nicht an Laplace,

---

31 Friedrich Ernst Daniel Schleiermacher: „Über die Religion“, Göttingen 1991, S. 69.
32 Siehe Schleiermacher: „Über die Religion“, S. 71.
33 Schleiermacher: „Über die Religion“, S. 85.
34 Schleiermacher: „Über die Religion“, S. 55.

sondern an der Newtonschen Philosophie. Im Fall der Kosmologie führt seine Geistmetaphysik zu Fragen, auf die die Himmelsmechanik nicht antwortet. Laplace mißachte die Vernunftgemäßheit der Planetenanordnung, wie aus einer Bemerkung zu Keplers Lehre der Sphärenharmonien hervorgeht:

> „Das Unvernünftige aber ist, den Gedanken der Zufälligkeit dabei zugrunde zu legen und z. B. in *Keplers* Gedanken, die Anordnung des Sonnensystems nach den Gesetzen der musikalischen Harmonie zu fassen, nur eine *Verirrung* einer träumerischen *Einbildungskraft* (mit *Laplace*) zu sehen und nicht den tiefen Glauben, daß Vernunft in diesem *Systeme* ist, hochzuschätzen, – ein Glaube, welcher der einzige Grund der glänzenden Entdeckungen dieses großen Mannes gewesen ist."[35]

Das legt nahe, daß Laplace' Urteil über Keplers Lehre der Sphärenharmonie mit dem Grund der Zufälligkeit einher gehe; – nur weniges ist für den Laplaceschen Determinismus unzutreffender. Zwecks des Verständnisses der ablehnenden Haltung der Naturwissenschaftler gegenüber der Philosophie sei dargestellt, wie Hegels dialektische Theorie des Sonnensystems aussieht; A steht für Allgemeines, E für Einzelnes, B für Besonderes:

> „Die Kometen haben nun ihr Zentrum in der Sonne; der Mond, als das Starre, ist dem Planeten näher verwandt, indem er, als Darstellung des Kerns der Erde für sich, das Prinzip der abstrakten Individualität in sich hat. Komet und Mond wiederholen so auf abstrakte Weise Sonne und Planet. Die Planeten sind die Mitte des Systems, die Sonne das eine Extrem, die Unselbständigkeiten als der noch auseinanderfallende Gegensatz das andere (A – E – B). Das ist jedoch der unmittelbare, nur formelle Schluß; dieser Schluß ist aber nicht der einzige. Das andere, bestimmtere Verhältnis ist, daß die unselbständigen Körper das Vermittelnde sind, die Sonne das eine Extrem und die Erde das andere (E – B – A); dadurch, daß die Erde unselbständig ist, bezieht sie sich auf die Sonne. Das Unselbständige, als die Mitte, muß aber die beiden Momente der Extreme in sich haben, und weil sie deren Einheit ist, muß sie ein in sich Gebrochenes sein. Jedes Moment muß dem einen Extrem angehören; indem nun das Lunarische dem Planeten angehört, so muß das Kometarische der Sonne angehören, weil der Komet, als die innere Haltungslosigkeit, sich auf das formale Zentrum beziehen muß. So sind die Hofleute, die dem Fürsten näherstehen, selbstloser durch ihr Verhältnis zum Fürsten, während die Minister und ihre Untergeordneten als Beamte mehr Regelmäßigkeit und daher Gleichförmigkeit zeigen. Der dritte Schluß ist der, worin die Sonne selber die Mitte ist (B – A – E)."[36]

---

35 Hegel: „Enzyklopädie der philosophischen Wissenschaften", Bd. II, S. 220–221.

36 Georg Wilhelm Friedrich Hegel: „Enzyklopädie der philosophischen Wissenschaften", CD-Werkausgabe des Hegel-Instituts Berlin, S. 217–218.

Hegels Dialektik kann hier keiner ausführlichen Analyse unterzogen werden; daß aber derartige Passagen für die mathematische Himmelsmechanik keinen Beitrag leisten, liegt auf der Hand.

Der Schaden, den die spekulative Naturphilosophie angerichtet hat, findet bei vielen Autoren seinen Ausdruck.[37] Gemäß Ludwig Büchner brachte Hegels Philosophie Naturwissenschaftler dazu, sich gar nicht mehr mit Philosophie befassen:

> „Nach dem Vorbeizug jener kurzen Glanzperiode Hegelscher Offenbarung und Modephilosophie schleichen unsre deutschen Philosophen heute ziemlich betrübt einher und müssen es sich gefallen lassen, daß man sie entweder gar nicht oder nur mit halben Ohren hört."[38]

Seine Polemik gegen Teleologie geht in dieselbe Richtung:

> „Die heutige Naturforschung hat sich von diesen leeren und nur die Oberfläche der Dinge beschauenden Zweckmäßigkeitsbegriffen ziemlich allgemein emanzipiert und überläßt es der Schullehrerweisheit, dergleichen unschuldige Studien mit den kindlichen Bewohnern ihrer Hörsäle fortzusetzen."[39]

Büchners Einschätzung, die Philosophen werden nicht mehr gehört, wiederholt die Haltung, die schon Laplace gegenüber den Metaphysikern eingenommen hatte. Man kritisiert die Metaphysik nicht einmal mehr, man nimmt sie lieber erst gar nicht wahr.[40] Es gibt gegen solche Pauschalurteile immer Gegenbeispiele, insbesondere Kant erfuhr in Deutschland auch außerhalb der Philosophie Beachtung und Respekt,[41] dennoch zeigen Urteile wie die von Büchner die gegenseitige Geringschätzung von vielen Philosophen und Naturwissenschaftlern an.[42]

---

37 Hegel gibt in der Enzyklopädie folgende Definition der Leber: „Die Leber dagegen ist das aus dem Kometarischen in das Fürsichsein, in das Lunarische Zurückkehren; es ist das seinen Mittelpunkt suchende Fürsichsein, die Hitze des Fürsichseins, der Zorn gegen das Anderssein und das Verbrennen desselben." (Hegel: „Enzyklopädie der philosophischen Wissenschaften", Bd. II, S. 808.) Gemäß dem Motto, daß man manche Leute nicht zu parodieren brauche, es genüge, sie zu zitieren, führt Schleiden die Stelle an und kommentiert: „Ich möchte wohl wissen, was eine Examinationskommission dazu sagen würde, wenn der Kandidat des medizinischen Staatsexamens auf die Frage ‚Was ist die Leber?' die obige Definition zur Antwort gäbe." (Matthias Jacob Schleiden: „Schellings und Hegels Verhältnis zur Naturwissenschaft", in: „Wissenschaftsphilosophische Schriften", Köln 1989, S. 244; siehe auch Charpa: „Wissenschaftsphilosophie", S. 75.) – In Machs Mechanik kommt Hegel nicht vor.

38 Ludwig Büchner: „Kraft und Stoff", S. 126.

39 Ludwig Büchner: „Kraft und Stoff", S. 77.

40 Die Königliche Akademie der Wissenschaften zu Berlin hatte in Unsicherheit über den Sinn der Metaphysik für 1791 sogar die Preisfrage ausgesetzt: „Welches sind die wirklichen Fortschritte, die die Metaphysik seit Leibnitzens und Wolf's [sic] Zeiten in Deutschland gemacht hat?"

41 Ernst Mach z. B. hat sich intensiv mit Kant befaßt. Lange teilt in der „Geschichte des Materialismus" ebendiese Geschichte in bis und seit Kant ein.

42 Vgl.: „Trotz aller scharfsinnigen Überlegungen von Hume und Kant war die Wirkung der logischen und erkenntnistheoretischen Argumentationen auf die Naturwissen-

Man muß sich für ein Verständnis der geistigen Situation Deutschlands vergegenwärtigen, daß die Differenz zwischen naturwissenschaftlicher und philosophischer Mentalität mit der institutionellen Trennung von Naturwissenschaften und Geisteswissenschaften einher ging; seitdem ist die Philosophie den Geisteswissenschaften zugeordnet, der Begriff ist an Hegel angelehnt. Darauffolgende Theorien der Geisteswissenschaften, z. B. Diltheys Einleitung von 1883, sind häufig Rehabilitations-, Legitimations- und Abgrenzungsbemühungen der Geisteswissenschaftler, die in ihrem Untersuchungsgegenstand ein Mehr gegenüber Kraft und Stoff der Physik sehen. So schreibt Dilthey über die Himmelsmechanik:

> „Indem aber die mechanische Theorie von Kant und Laplace dazu angewendet wurde, die Entstehung des Planetensystems zu erklären, trat in der neuen Hypothese der Mechanismus an die Stelle der Gottheit.
> Die metaphysische Beweisführung, welche uns durch die ganze Geschichte der Metaphysik begleitet hat, ist als solche von jetzt an zerstört. Zudem ist die Unterscheidung einer höheren unveränderlichen Welt von der des Wechsels unter dem Monde nunmehr durch die Entdeckungen über die Veränderungen auf den Gestirnen sowie durch die Mechanik und Physik des Himmels aufgehoben. Was zurückbleibt ist die metaphysische Stimmung, ist jenes metaphysische Grundgefühl des Menschen [...]. Dieses metaphysische Grundgefühl ist in dem menschlichen Bewußtsein mit dem psychologischen Ursprunge des Gottesglaubens überall verwoben; es beruht auf der Unermeßlichkeit des Raumes, welcher ein Symbol der Unendlichkeit ist, auf dem reinen Lichte der Gestirne, das auf eine höhere Welt zu deuten scheint, vor allem aber auf der gedankenmäßigen Ordnung, welche auch die einfache Bahn, die ein Gestirn am Himmel beschreibt, zu unserer geometrischen Raumanschauung in eine geheimnisvolle aber lebendig empfundene Beziehung setzt. Dies alles ist in einer Stimmung verbunden, die Seele findet sich erweitert, ein gedankenmäßiger göttlicher Zusammenhang breitet sich rings um sie in das Unermeßliche aus. Dies Gefühl ist nicht fähig, in irgendeine Demonstration aufgelöst zu werden. Die Metaphysik verstummt. Aber von den Sternen her klingt, wenn die Stille der Nacht kommt, auch zu uns noch jene Harmonie der Sphären, von welcher die Pythagoreer sagten, daß nur das Geräusch der Welt sie übertäube; eine unauflösliche metaphysische Stimmung, welche jeder Beweisführung zugrunde lag und sie alle überleben wird."[43]

Dilthey deutet an, daß Laplace nur noch als Stellvertreter der quantitativen Methode und einer metaphysikfreien Wissenschaft wahrgenommen wurde. Eine

---

schaft gering." (Bernulf Kanitscheider: „Von der mechanistischen Welt zum kreativen Universum – zu einem neuen philosophischen Verständnis der Natur", Darmstadt 1993, S. 21.)

[43] Wilhelm Dilthey: „Einleitung in die Geisteswissenschaften", in: „Gesammelte Schriften", hrsg. von Bernhard Groethuysen u. a., Leipzig 1914 ff., Bd. I, S. 364–365.

Auseinandersetzung mit seinem Werk findet wohl ab der Mitte des 19. Jahrhunderts nur noch selten statt, doch das Schlagwort des Laplaceschen Geists vermittelt in zahlreichen Schriften weiterhin seinen Determinismus.[44] Die Laplace-Kenntnis von der heutigen nicht verschieden.[45]

Die Wirkung auf die Wissenschaftstheorie

Das wichtigste Ereignis für die sich zu Beginn des 19. Jahrhunderts entwickelnde Wissenschaftstheorie war Auguste Comtes Positivismus.[46] Daß die Himmelsmechanik als Vorbild bei der Ausgestaltung des Positivismus diente, zeigt der erste Satz des Discours sur l'Esprit positif. Die Astronomie sei die Disziplin, die den Stand wissenschaftlicher Theoriebildung markiere und damit zum Element einer allgemeinen Philosophie werde:

> „L'ensemble des connaissances astronomiques, trop isolément considéré jusqu'ici, ne doit plus constituer désormais que l'un des éléments indispensables d'un nouveau système indivisible de philosophie générale [...].“[47]

---

44 Zum Beispiel August Friedrich Lange: „Geschichte des Materialismus“, 2. Aufl., Leipzig 1873–1875, Bd. II, S. 196; Karl Vorländer: „Geschichte der Philosophie“, 5. Aufl., Leipzig 1919, Bd. V, S. 309; Ernst Mach: „Erkenntnis und Irrtum“, 2. Aufl., Leipzig 1917, S. 283; siehe auch Eislers Philosophenlexikon und Mauthners Wörterbuch der Philosophie (Eintrag: „Laplacescher Geist“).

45 Es seien drei Beispiele gegeben:
– Spaemann und Löw: „Die Welt als Uhr (auch als Sanduhr) ist ein altes Bild; bei Newton und Laplace wird es schließlich ‚perfekt'. Es hinkt nur noch in der Frage, für wen oder wofür diese Uhr die Zeit anzeigt.“ (Robert Spaemann und Reinhard Löw: „Die Frage Wozu – Geschichte und Wiederentdeckung des teleologischen Denkens“, 3. Aufl., München 1991, S. 110, Anm. 7.)
– Pascual Jordan: „Wir erinnern uns ja, welche Rolle dieses Wort ‚Hypothese' gespielt hat in dem berühmten Gespräch zwischen Laplace und Napoleon.“ (Pascual Jordan: „Die weltanschauliche Bedeutung der modernen Physik“, in: Hans-Peter Dürr (Hrsg.): „Physik und Transzendenz“, 9. Aufl., München 1996, S. 207.)
– Eccles zitiert Popper: „Er [der Laplacesche Determinismus] macht die menschliche Kreativität zu einer Sache des bloßen Zufalls.“ (Popper zit. nach John C. Eccles: „Die Evolution des Gehirns – die Erschaffung des Selbst“, 3. Aufl., München 1999, S. 373. Daß Laplace' radikaler Determinismus mit Zufall in Zusammenhang gebracht wird, tauchte schon bei Hegel auf.)

46 Vgl. Carnap: „Die Ausschaltung der Metaphysik und die Einsicht, daß wissenschaftstheoretische Arbeiten logische, wissenschaftslogische Arbeiten sind, geht historisch auf zwei verschiedene Entwicklungslinien zurück. Die erste Linie kommt von der vor allem antiidealistischen Einstellung der Empiristen, Materialisten und Positivisten her; hier sind unter anderen zu nennen: Hume, die französischen Aufklärer, die französischen und deutschen Materialisten [...].“ (Rudolf Carnap: „Die Aufgabe der Wissenschaftslogik“, in: Joachim Schulte, Brian McGuiness [Hrsg.]: „Einheitswissenschaft“, Frankfurt 1992, S. 107.)

47 Auguste Comte: „Discours sur l'Esprit Positif“, Hamburg 1956, S. 2.

Zwei Schriften waren beim Entwurf der positivistischen Geisteshaltung Comtes konkrete Vorbilder: Fontenelles Entretiens sur la pluralité des mondes und die Exposition du système du monde.[48] In seiner Popularastronomie betont Comte den über das Fachspezifische hinausgehenden Wert: „l'extrême importance, soit mentale, soit même sociale, que présente désormais de plus en plus une sage vulgarisation du système des conceptions astronomiques."[49] Laplace' Exposition sei „bien propre à caractériser la haute supériorité didactique du véritable esprit philosophique sur l'esprit scientifique proprement dit"[50] und eine „instruction positive"[51]. Der didaktische Wert der Astronomie liege in der Herausbildung einer wissenschaftlichen Geisteshaltung, die zur Aufdeckung von Gesetzen und Zurückdrängung der traditionellen kausalen Erklärung durch erste Ursachen oder Zwecke anstifte; die mathematische Analyse ersetzt die kausale Erklärung.[52] Comte wendet die Methode auf fünf Phänomenkategorien an: astronomische, physikalische, chemische, physiologische und soziale Phänomene. Die methodische Übereinstimmung bedingt die Zuordnung dieser unterschiedlichen Untersuchungsgegenstände zu einer Wissenschaft, die übergeordnet Physik heißt. Daher spricht Comte – wie 1869 Adolphe Quételet – von einer physique sociale.[53] Das Wichtige ist, daß bei Comte die Gesetzeserklärung als universelle Anforderung an beliebige Theorien ihren philosophischen Ausdruck erhält. Ausgesondert sind die Methoden der Theologie und der Metaphysik.[54] Philosophen bekannt ist Comtes Drei-Stadien-Gesetz, demgemäß sowohl Kultur als auch Individuum die drei Stadien Religion → Metaphysik → Wissenschaft durchmachen. Das Gesetz stimmt mit Laplace' Auffassung der Entwicklung der Astronomie überein.

Mit Comtes Ausarbeitung des Positivismus unter dem Leitbild der Himmelsmechanik war die Orientierung der Wissenschaftstheorie an den analytischen Naturwissenschaften für die nachfolgenden Wissenschaftstheoretiker vorgegeben. – Das ist keine Selbstverständlichkeit, da im 17. Jahrhundert Geometrie und Mathematik die Theorienvorbilder ausmachten.[55] Es kann gar nicht ausbleiben, daß mit naturwissenschaftlichem Fortschritt Themen, die sich aus den Naturwissenschaften ergeben, problematisch werden und in den Vordergrund treten.

---

48 „[...] deux ouvrages vraiment remarquables, les *Entretiens sur la pluralité des mondes* de Fontenelle, et l'*Exposition du système du monde* de Laplace." (Auguste Comte: „Traité philosophique d'Astronomie populaire", Paris 1844, S. VII.)

49 Auguste Comte: „Traité philosophique d'Astronomie populaire", Paris 1844, S. VII.

50 Comte: „Traité philosophique d'Astronomie populaire", S. VIII.

51 Comte: „Traité philosophique d'Astronomie populaire", S. VIII.

52 Siehe Comte: „Cours de philosophie positive", Bd. I, Paris 1830, S. 14.

53 Comte: „Cours de philosophie positive", Bd. I, S. 25.

54 „Les méthodes théologiques et métaphysiques [...] ne sont plus maintenant employées par personne [...]." (Comte: „Cours de philosophie positive", Bd. I, S. 21.)

55 Carnap fällt hier vielleicht etwas aus dem Rahmen. „Der logische Aufbau der Welt" ist durch die Paradoxien der Mengenlehre und Russells Typentheorie motiviert.

Das deduktive Denken war alt und philosophisch gedeutet; die Induktion von Naturgesetzen zu beschreiben und zu verstehen war aktuell. – Die bei Comte anzutreffende Universalität der Gesetzeserklärung erleichterte zwar die grundsätzliche Unabhängigkeit der Wissenschaftstheorie von einer einzelnen Disziplin, dennoch machte eine Wissenschaftstheorie erst dann Sinn, wenn die Rückbindung an konkrete Wissenschaften und ihre Ergebnisse vorgeführt wurden. Whewell nennt Mechanik, Astronomie und Chemie als erfolgreiche induktive Wissenschaften[56] und Mill verwendet die Newtonsche Mechanik zur Erklärung der wissenschaftlichen Erklärung.[57] Mill gibt der wissenschaftlichen Erklärung die Form der syllogistischen Deduktion.[58] Die Erklärung mittels Naturgesetzen exemplifiziert er an der Planetenbewegung, und diese Erklärung dient dann als Analogon der Gesetzeserklärung des Magnetismus und der Elektrizität.[59] Im 13. Kapitel des 3. Buchs des Systems of Logic, in dem Beispiele der Gesetzeserklärungen gegeben werden, wird die Newtonsche Mechanik noch als Referenz erwähnt, die zu behandeln ihre Bekanntheit offenbar für Mill unnötig macht.[60] Statt ihrer erläutert Mill aktuellere Beispiele wie Daltons Atomtheorie, Grahams Kristalltheorie und Liebigs Theorie der chemischen Verbindung. Es ist interessant zu sehen, daß die Vorbildlichkeit der nomologischen Erklärung, für die Mill Newton heranzieht, in der rationalen Mechanik von Leibniz, Euler, d'Alembert, Lagrange und Laplace in deutlich höherem Maß vorliegt. Mill hatte sich mit Laplace auseinandergesetzt, nicht so sehr mit der Exposition oder der Mécanique céleste als mit dem Essai philosophique sur les probabilités, an dem er seinen Wahrscheinlichkeitsbegriff ausarbeitet hat.

Die Richtungsvorgabe durch Comte, Whewell und Mill bedeutet nicht, daß die Gründe für die Physikorientierung in der Geschichte der Wissenschaftstheorie immer dieselben geblieben wären und daß die Physikorientierung auf ein einheitliches Ergebnis verpflichtet hat. Karl Popper sagt beispielsweise im Vorwort zur Logik der Forschung, daß „das zentrale Problem der Erkenntnislehre das Problem des Wachstums oder des Fortschrittes unseres Wissens [ist]. *Um das Wachstum unseres Wissens zu studieren, studiert man am besten das Wachstum der Wissenschaft.*"[61] Popper antwortet auf diese Fragestellung mit dem Fallibilismus, der nicht – in der Terminologie von Kuhn – für die Situation des Problemlösens charakteristisch ist. Durch die ein Jahrhundert andauernde Physikorientierung der Wissenschaftstheorie war der Grund dafür gelegt, daß sich das Modell der wissenschaftlichen Erklärung von Carl Gustav Hempel schnell zum Standardmodell

---

56 William Whewell: „History of Inductive Sciences", Bristol 2001, Bd. I, S. 3.
57 Siehe Mill: „System of logic", Book III, Chapter 12, § 2, S. 465 und § 5, S. 469.
58 Siehe Mill: „System of logic", Book III, Chapter 12, § 4, S. 466–467.
59 Siehe Mill: „System of logic", Book III, Chapter 12, § 5, S. 470.
60 Siehe Mill: „System of logic", Book III, Chapter 13, § 1, S. 473 ff.
61 Popper: „Logik der Forschung", S. XIV–XV.

etablieren konnte. Noch Hempel rekurriert auf die deterministisch-nomologische Himmelsmechanik:

> „The explanation must contain general laws, and these must actually be required for the derivation of the explanandum. We shall not make it a necessary condition for a sound explanation, however, that the explanans must contain at least one statement which is not a law; for, to mention just one reason, we would surely want to consider as an explanation the derivation of the general regularities governing the motion of double stars from the laws of celestial mechanics, even though all the statements in the explanans are general laws."[62]

In den 1960-er Jahren setzte berechtigterweise die kritische Erörterung der deduktiv-nomologischen Erklärung ein, die jedoch bis heute keinen common sense darüber zustande gebracht hat, wie eine wissenschaftliche Erklärung logisch und vor allem semantisch zu charakterisieren ist. Doch hat die Kritik dazu geführt, daß neue Erklärungsansätze nicht mehr ausschließlich an einer deterministischen Naturwissenschaft ausgerichtet sind und die von Laplace und Comte ausgehende Tradition stark abgeschwächt ist.

Die Wirkung auf die Wissenschaftsphilosophie

Die Reaktionen in der Wissenschaftsphilosophie auf die analytisch-quantitative Methode sind Zustimmung und Vorbehalte. Die Gründe für die Vorbehalte sind mit denen von Schleiermacher durchaus vergleichbar und haben in den Lebensphänomenen ihren Anlaß. Laplace stellt die analytische Methode der Himmelsmechanik zwar als wahre Methode dar, ihre Verbindlichkeit für die Lebenswissenschaften ist aber rechtfertigungsbedürftig und eine kritiklose Übernahme nicht zu erwarten. Für die Reaktion seitens der Naturgeschichte ist einflußreich, daß es seit dem Ende des 17. Jahrhunderts Alternativen zu einem mechanomorphen Organismusmodell gab, das den Menschen einschloß und zur Iatromechanik führte. Die Abwendung von antiken und mittelalterlichen Organismuslehren führte einerseits zur Renaissance eines biologischen Protestantismus, bzw. einer kreationistischen Physikotheologie, andererseits zur Fokussierung der Dynamik von Lebensprozessen, bei der die Auseinandersetzung mit der Umwelt und die Anpassung an sie die zu erklärenden Lebensphänomene ausmachten. Entsprechende Theorien waren der Animismus und der Psychovitalismus. Mit dem Aufkommen des französischen Materialismus brachen solche Tendenzen nicht ab. Wie in der Philosophie zeigten auch die Fragestellungen der Biologie eine Stabilität an, die materialistisch-reduktionistische Einschüchterungen überdauerten.[63]

---

62 Carl G. Hempel: „Studies in the logic of explanation", in: ders., „Aspects of Scientific Explanation", New York 1965, S. 248.

63 Zur biologischen Fragestellungen im 18. Jahrhundert siehe Ilse Jahn: „Geschichte der Biologie", Heidelberg, Berlin 2000, S. 232–234. Die gegenwärtige Debatte über die

Für die Reaktionen nach Laplace ist Cuvier exemplarisch: Er charakterisiert im „Règne animal" von 1817 die Methode der physique générale als Isolierung von Körpern oder deren experimentelle Analyse in kleinste Bestandteile in der Chemie. In der Biologie gehe es jedoch um komplexe Zusammenhänge, deren Auflösung den Untersuchungsgegenstand vernichte: „il faut qu'il le prenne tout entier avec toutes ses conditions à la fois".[64] Das Fazit ist eine Klassifikation der Naturwissenschaften gemäß ihrer Methode in mathematische, experimentelle und beschreibende Wissenschaften:

> „Ainsi la dynamique est devenue une science presque toute de calcul: la chimie est encore une science toute d'expérience; l'histoire naturelle restera long-temps dans un grand nombre de ses parties, une science toute d'observation."[65]

Cuvier reagiert im Grunde mit einer Ablehnung der physikalischen Methode, obwohl er nur den erheblich schwächeren Anspruch der Naturbeschreibung entgegenhalten kann. Die Naturgeschichte besaß noch keine überzeugenden Leitbilder und noch keine Methodologie.

Im Fall der Biologie kommt eine ethische Komponente hinzu. Laplace und Lavoisier hatten selbst in den Arbeiten zur tierischen Wärme die quantitative Methode auf Lebewesen angewendet und zur materialistischen Deutung von Lebewesen beigetragen. Dieser Reduktionismus ging in die sehr brutalen Vivisektionen von Magendie („Leçons sur les phénomènes physique de la vie", 1839) ein, so daß eine Ablehnung der Experimentalisierung des Lebens auch zu einer emotionalen und ethischen Angelegenheit wurde.

Seit dem 19. Jahrhundert setzt sich die Bandbreite an wissenschaftsphilosophischen Reaktionen fort, wobei weiterhin psychologische oder anthropologische Argumente wie Bewußtsein oder Willensfreiheit in die Beurteilung der Wissenschaften eingehen:

– Metaphysikfreiheit: Ein Kapitel aus Eugen Dühring: „Kritische Geschichte der allgemeinen Prinzipien der Mechanik" trägt die aussagekräftige Überschrift: „Schädlicher Charakter aller metaphysischen Einflüsse. Hauptfälle. Gegenmittel gegen metaphysische Umnebelung der mechanischen Begriffe besonders bei Hume anzutreffen."[66] Die Metaphysikfreiheit wurde zu Beginn des 20. Jahrhunderts ein zentrales Dogma der Wissenschaftstheorie des logischen Positivismus.[67]

Willensfreiheit zeigt, daß der Konflikt, der sich aus einer neurophysiologischen und aus alternativen Sichtweisen ergibt, noch lange nicht abgeschlossen ist.

64 Georges Cuvier: „Règne animal distribué d'après son organisation", Paris 1817, Bd. I, S. 5.

65 Cuvier: „Règne animal", Bd. I, S. 5.

66 Eugen Dühring: „Kritische Geschichte der allgemeinen Prinzipien der Mechanik", 3. Aufl., Leipzig 1887, S. XXIV.

67 Vgl.: „Jede wissenschaftliche These muß sich rational begründen lassen; [...] der Physiker beruft sich zur Begründung einer These nicht auf Irrationales, sondern gibt eine

– Orientierung an der Physik: Vergleiche dazu Ernst Mach: „Ich halte auch die Mechanik nicht sowohl für die erklärende Grundlage aller übrigen Gebiete, als vielmehr wegen ihres formalen Vorsprunges für ein vorzügliches Vorbild derselben.“[68]

– Vorbehalte gegenüber der Universalität des methodischen Primats der Physik: Lange schreibt in der Geschichte des Materialismus bei Anspielung auf Du Bois-Reymonds Ignorabimus:

> „Zwei Stellen sind es nun, wo auch der von Laplace gedachte Geist Halt machen müßte. Wir sind nicht imstande die Atome zu begreifen, und wir vermögen nicht aus den Atomen und ihrer Bewegung auch nur die geringste Erscheinung des Bewußtseins zu erklären.“[69]

Dennoch war die Naturkunde der Physik bei der Etablierung von Wissenschaftsstandards unterlegen. Die Entwicklung der Methodenuniversalisierung hat auch deshalb ihren Verlauf genommen, weil die Naturgeschichte der bereits etablierten hohen Anforderung an wissenschaftliche Theorien, der Prognoseleistung, nicht entsprach. Die Geschichte der Wissenschaftsphilosophie und -theorie des 19. Jahrhunderts nahm auch deshalb ihren Verlauf, weil beide ihre Ausprägungen vor dem großen biologischen Ereignis, der Evolutionstheorie, hatten. Welche Disziplin für sie maßgeblich ist, war vor dem Darwinismus bereits entschieden. Das wirkt sich bis heute aus: In biologischer Literatur wird das Erklären noch immer am Vorbild der Physik vorgeführt. Herders Lexikon der Biologie bietet eine Darlegung des Deduktiv-Nomologischen-Schemas, bei der ein Beispiel aus der Physik dem biologischen Beispiel vorausgeht.[70] Im Artikel Erklärung wird zunächst eine Anwendung des Schemas am Fallgesetz vorgeführt und dann auf die Plasmolyse übertragen:

L_1: $\Psi_z = p - (\pi^* + \tau)$
L_2: Potentialdifferenzen gleichen sich aus
L_3: Kausalitätsprinzip
C_1: Die Zelle wird hinsichtlich ihrer osmotischen Eigenschaften durch ein Osmometer repräsentiert
C_2: Standardbedingungen (Temperatur, Außendruck) müssen im physiologischen Bereich liegen

rein empirisch-rationale Begründung. Dasselbe verlangen wir von uns in der philosophischen Arbeit. […] Was gibt uns […] die Zuversicht, mit unserem Ruf nach Klarheit, nach metaphysikfreier Wissenschaft durchzudringen? Das ist die Einsicht, oder, um es vorsichtiger zu sagen, der Glaube, daß jene entgegenstehenden Mächte der Vergangenheit angehören.“ (Carnap: „Der logische Aufbau der Welt“, S. XV.)

68 Ernst Mach: „Die Mechanik in ihrer Entwicklung“, S. 406.

69 Lange: „Geschichte des Materialismus“, Bd. II, S. 197.

70 Siehe Herder: „Lexikon der Biologie“, Bd. III, Freiburg 1984, S. 177–180.

Das sind Spätfolgen der Entwicklung des frühen 19. Jahrhunderts.[71]

Ferner scheint mir relevant zu sein, daß die Polemik seitens der Vertreter der quantitativen Physik gegenüber jeder alternativen wissenschaftlichen Haltung von so einschüchternder Aggressivität und Überheblichkeit war, daß sich zur konterkarierten Mentalität kaum jemand bekennen konnte. Auch kam die methodologische Dominanz der Himmelsmechanik nicht ausschließlich durch eine innernaturwissenschaftliche Auseinandersetzung zustande, sondern auch durch die Abgrenzung gegen naturwissenschaftsexterne Disziplinen, bzw. deren Reaktion auf die Analytik; hier sind insbesondere die philosophische Anthropologie, die Psychologie und die Medizin zu nennen.

Die Entwicklung der Wissenschaftsphilosophie in der zweiten Hälfte des 20. Jahrhunderts antwortet auf diese Vorgaben. Die Annahme der naturwissenschaftlichen Metaphysikfreiheit ließ sich nicht aufrechterhalten, die Biologie avancierte partiell zum Leitbild, nicht-lineare Komplexitätstheorien traten in verschiedensten Disziplinen auf. Daher ist bemerkenswert, daß heute keine Disziplin mehr einen strengen Gesetzesdeterminismus à la Laplace lehrt, aber dennoch die Gesetzeserklärung als Ideal allgegenwärtig ist, wie es das Beispiel aus Herders Lexikon zeigt. Der Kampf zwischen einer wissenschaftlichen Tradition und philosophischen oder naturwissenschaftlichen Korrekturbemühungen ist sehr langwierig.

Neben die strenge Sicht der positivistischen Wissenschaftstheorie trat eine Untersuchung der wissenschaftlich erfolgreichen oder aussichtsreichen Strategien; sprichwörtlich wurde Feyerabends Everything goes. Was jüngst angegangen wird, ist eine wissenschaftsphilosophische Verwertung geisteswissenschaftlicher Methoden. Ein Desiderat der letzten Jahrzehnte, dessen Thematisierung die Entwicklung der Wissenschaftsphilosophie, die Trennung von Natur- und Geisteswissenschaften und Diltheys Dichotomie von Erklären und Verstehen verhindert haben, ist eine Wissenschaftshermeneutik. Systematische Ansätze liegen vor.[72] Es ist zu erwarten, daß weitere historische Untersuchungen folgen werden: Welche Strategien wurden in der Wissenschaftsgeschichte angewendet, um wissenschaftliche Sachverhalte zu verstehen? Die systematische Konsequenz ist schon jetzt das Auftauchen partieller Hermeneutiken. Dennoch: Einige Nachteile der Entwicklung der Wissenschaftsphilosophie seit dem 19. Jahrhundert lassen sich durch eine induktive Wissenschaftshermeneutik beheben.

---

71 Es sei auch an den Positivismus-Streit der Soziologie erinnert. Daß man die Frage nach der Gesetzeshaftigkeit sozialer Entwicklungen überhaupt stellt, hat in Comtes Physikorientierung ihren historischen und systematischen Ursprung.

72 Zum Beispiel Reinhard Schulz: „Naturwissenschaftshermeneutik“, Würzburg 2004.

Literaturverzeichnis

Abkürzungen

DK: Diels, Hermann und Walther Kranz: „Fragmente der Vorsokratiker", 18. Aufl., Hildesheim 1989.

DSB: Gillispie, Charles Coulston (Hrsg.): „Dictionary of Scientific Biography", 14 Bde. und 2 Supplementbde., New York 1981.

Encyclopédie: Diderot, Denis und Jean LeRond d'Alembert: „Encyclopédie ou dictionnaire raisonné des sciences, des arts et des métiers", 35 Bde., Paris 1751–1780.

HWPh: Ritter, Joachim und Karlfried Gründer (Hrsg.): „Historisches Wörterbuch der Philosophie", 13 Bde., Basel 1971–2007.

OC: siehe Laplace: „Œuvres complètes".

SdM: siehe Laplace: „Exposition du système du monde".

Acontius, Jacobus (Giacomo Aconcio): „De Methodo, Hoc est de recta investigandarum tradendarumque artium ac scientiarum ratione", photomechanischer Nachdruck der 2. Aufl. von 1582, hrsg. von Lutz Geldsetzer, Düsseldorf 1971.

Allen, Diogenes: „From vis viva to Primary Force in Matter", in: Albert Heinekamp [Hrsg.]: „Leibniz' Dynamica", S. 55–61.

„Allgemeine Deutsche Biographie", hrsg. von der Historischen Commission bei der Königlichen Akademie der Wissenschaften, München, Neudruck der 1875–1912 erschienenen 1. Aufl., 56 Bde., Berlin 1967–1971.

Aristoteles: „Metaphysik", hrsg. von Horst Seidl, Bd. I, Hamburg 1989; Bd. II, Hamburg 1991.

— „Topica", hrsg. von W. D. Ross, Oxford 1958.

— „De caelo", in: „Thesaurus Linguae Graecae" (TLG), CD-Edition, Irvine, Cal.

— „Analytica priora et posteriora", hrsg. von W. D. Ross, Oxford 1964.

— „De la génération et de la corruption", bearb. und übers. von Charles Mugler, Paris 1966.

— „Physik", 2 Bde., hrsg. von Hans Günter Zekl, Hamburg 1988.

— „De generatione animalium", Oxford 1965.

Arnauld, Antoine und Pierre Nicole: „La Logique ou L'Art de penser, contenant, outre les Règles communes, plusieurs observations nouvelles, propres à former le jugement", 6. Aufl., Amsterdam 1685.

Bacon, Francis: „Instauratio magna", London 1620.

Bartels, Andreas: „Grundprobleme der modernen Naturphilosophie", Paderborn, München, Wien, Zürich 1996.

Becker, Oskar: „Größe und Grenze der mathematischen Denkweise", Freiburg, München o. J.

Berger, Marcel: „Cinq siècles de mathématiques en France", Paris 2005. Quelle [Januar 2006]: http://www.adpf.asso.fr/folio/textes/maths.pdf

Berkeley, George: „Treatise concerning principles of human knowledge", in: „The Works of George Berkeley", Bd. I, Oxford 1901.

Berry, Arthur: „A short history of Astronomy", New York 1961.
Bessel, Friedrich Wilhelm: „Messung der Entfernung des 61. Sterns im Sternbilde des Schwans" (1836), in: Hamel: „Astronomiegeschichte in Quellentexten", S. 277–279.
Boethius: „Trost der Philosophie", hrsg. von Olof Gigon, München 1990.
Böhme, Gernot: „Die kognitive Ausdifferenzierung der Naturwissenschaften", in: Gernot Böhme, Wolfgang van den Daele, Wolfgang Krohn: „Experimentelle Philosophie – Ursprünge autonomer Wissenschaftsentwicklung", Frankfurt 1977, S. 237–263.
Borda, Jean Charles, Joseph Louis Lagrange und Gaspard Monge: „Sur l'uniformité et le système général des poids et mesures", Paris 1793.
Borsche, T.: „Materie", in: HWPh, Bd. 5, Sp. 905–914.
Bos, H. J. M.: „Huygens", in: DSB, Bd. 6, S. 597–613.
Boscovich, Ruder Josip: „De continuitatis lege", Rom 1754.
Brahe, Tycho: „Opera omnia", Frankfurt 1648 (Nachdruck Hildesheim 2001).
Brosche, Peter, siehe Laplace: „Beweis des Satzes ..."
Buffon, Georg Louis Leclerc: „Théorie de la Terre", in: ders., „Œuvres complètes", Bd. I, Paris 1854.
Büchner, Ludwig: „Kraft und Stoff", Frankfurt 1886.
Burtt, Edwin Arthur: „The metaphysical foundations of modern physical science", 8. Aufl., Atlantic Highlands 1996.

Cajori, Florian: „A history of mathematical notations", 2 Bde., Chicago 1928–1929.
Camus, Charles Etienne Louis: „Traité des forces mouvantes pour la pratique des arts et métiers", Paris 1722.
Carnap, Rudolf: „Der logische Aufbau der Welt", Hamburg 1998.
— „Mein Weg in die Philosophie", Stuttgart 1999.
— „Die Aufgabe der Wissenschaftslogik", in: Joachim Schulte, Brian McGuiness [Hrsg.]: „Einheitswissenschaft", Frankfurt 1992, S. 90–117.
Carrier, Martin: „Nikolaus Kopernikus", München 2001.
Casini, Paolo: „Isaac Newton", in: Friedrich Ueberweg: „Grundriss der Geschichte der Philosophie. Die Philosophie des 17. Jahrhunderts – England", neubearb. Ausgabe, hrsg. von Jean-Pierre Schobinger, Basel 1988, S. 454–484.
Cassirer, Ernst Cassirer: „Determinismus und Indeterminismus in der modernen Physik" [Editio princeps 1937], in: ders.: „Zur modernen Physik", 7. Aufl., Darmstadt 1994.
— „Zur Biologie und Entwicklungsgeschichte", in: ders., „Gesammelte Werke", CD-Edition, Bd. IX, Hamburg 2002.
Champagne, Ruth Ines: „The role of five eighteenth-century French mathematicians in the development of the metric system", Reproduktion von University Microfilms International, London 1979.
Charpa, Ulrich: „Grundprobleme der Wissenschaftsphilosophie", Paderborn 1996.
Chastellet, siehe Newton, Isaac
Clairaut, Alexis: „Théorie de la Lune", St. Petersburg 1752.
Cohen, I. Bernard, George E. Smith (Hrsg.): „The Cambridge Companion to Newton", Cambridge 2002.
— „Newton's concepts of force and mass", in: Cohen, Smith (Hrsg.): „The Cambridge Companion to Newton", S. 57–84.
— „Roemer and the first determination of the velocity of light (1676)", in: Nr. 84, Isis XXXI (2), April 1940, S. 327–379.
Comte, Auguste: „Traité philosophique d'Astronomie populaire", Paris 1844.
— „Cours de philosophie positive", 6 Bde., Paris 1830 ff.
— „Discours sur l'Esprit Positif", Hamburg 1956.
Copernicus, Nicolaus „De revolutionibus orbium cœlestium, Libri VI", Nürnberg 1543.
— „De Revolutionibus Libri Sex", hrsg. von Heribert Maria Nobis, Bd. II der Nicolaus Copernicus Gesamtausgabe, Hildesheim 1984.

— „Das neue Weltbild“, übers. und hrsg. von Hans Günter Zekl, Hamburg 1990.
Costabel, Pierre: „Varignon“, in: DSB, Bd. 13, S. 584–587.
— „Coriolis, Gaspard Gustave de“, in: DSB, Bd. 3, S. 416–419.
Cuvier, Georges: „Règne animal distribué d'après son organisation“, Bd. I, Paris 1817.
Czuber, Emanuel: „Die Entwicklung der Wahrscheinlichkeitstheorie und ihrer Anwendungen“, in: G. Hauck, A. Gutzmer (Hrsg.): „Jahresbericht der Deutschen Mathematiker-Vereinigung“, Bd. 7, Leipzig 1899, S. 1–271.

D'Alembert, Jean: „Traité de Dynamique“, Paris 1758.
Delambre, Jean Baptiste Joseph: „Astronomie théorique et pratique“, Bd. I, Paris 1814.
— „Histoire de l'Astronomie“, Paris 1817–1823.
Descartes, René: „Discours de la Methode Pour bien conduire sa raison, & de chercher la verité dans les sciences. Plus la Dioptrique. Les Meteores. Et la Geometrie. Qui sont des essais de cete Methode“, Leiden 1637.
— „Les Principes de la Philosophie. Ecrits en Latin, par René Descartes. Et traduits en François par un de ses Amis“, Rouen 1698.
Diederich, Werner (Hrsg.): „Beiträge zur diachronen Wissenschaftstheorie“, Frankfurt 1976.
Diels, Hermann und Walther Kranz: „Fragmente der Vorsokratiker“, 18. Aufl., Hildesheim 1989 (= DK).
Dijksterhuis, Eduard J.: „Die Mechanisierung des Weltbildes“, 2. Nachdruck des Reprints der deutschen Erstausgabe von 1956, Berlin, Heidelberg, New York 2002.
Dilthey, Wilhelm: „Einleitung in die Geisteswissenschaften“, in: ders., „Gesammelte Schriften“, hrsg. von Bernhard Groethuysen u. a., Leipzig 1914 ff., Bd. I.
Dhombres, Jean: „La theorie de la capillarité selon Laplace: mathématisation superficielle ou étendue“, in: Revue d'Histoire des sciences et de leurs applications 62 (1989), S. 43–77.
Dhombres, Nicole und Jean: „Naissance d'un nouveau pouvoir: sciences et savants en France 1793–1824“, Paris 1989.
Drechsler, Adolph: „Illustriertes Lexikon der Astronomie“, Leipzig 1881.
Dreyer, J. L. E. Dreyer: „Tycho Brahe – Ein Bild wissenschaftlichen Lebens und Arbeitens im sechzehnten Jahrhundert“, Karlsruhe 1894 (unveränderter Nachdruck Wiesbaden 1972).
Duhem, Pierre Maurice Marie: „Medieval Cosmology – Theories of Infinity, Place, Time, Void, and the Plurality of Worlds“, Chicago 1985.
Dürr, Hans-Peter (Hrsg.): „Physik und Transzendenz“, 9. Aufl., München 1996.

Eccles, John C.: „Die Evolution des Gehirns – die Erschaffung des Selbst“, 3. Aufl., München 1999.
Eisler, Rudolf: „Philosophenlexikon“, 2. Aufl., Berlin 1904.
Einstein, Albert und Infeld, Leopold: „The Evolution of Physics“, New York 1938.
— „Die Evolution der Physik, von Newton bis zur Quantentheorie“, Hamburg 1956.
— „Ideas and opinions“, New York 1954.
Engels, Friedrich: „Dialektik der Natur“, in: Karl Marx, Friedrich Engels: „Werke“, hrsg. vom Institut für Marxismus-Leninismus beim ZK der SED, Berlin 1956 ff., Bd. 20.
Euler, Leonhard: „Mechanica sive motus scientia analytice exposita“, 2 Bde., Leipzig 1912.
— „Methodus inveniendi lineas curvas maximi mimive proprietate gaudentes, sive solutio problematis isoperimetrici latissimo sensu accepti“, Lausanne, Genf 1744.
— „Opera omnia“, Reihe IV, Bd. 5, Basel 1980.

Fichte, Johann Gottlieb: „Erste Einleitung in die Wissenschaftslehre“, in: „Johann Gottlieb Fichtes sämmtliche Werke“, hrsg. von I. H. Fichte, Bd. I, Berlin 1845/46.
Fontenelle, Bernard L.: „Entretiens sur la pluralité des mondes“, nouvelle édition, Paris 1724.

Forbes, Eric G.: „Mayer, Johann Tobias", in: DSB, Bd. 9, S. 232–235.
Fourier, Jean-Baptiste Joseph: „Éloge Historique de M. le Marquis de Laplace", in: P. S. Laplace: „Exposition du système du monde", 6. Aufl., Paris 1835, S. I–XIV.
Fraassen, Bas van: „The scientific image", Oxford 1980.
Frängsmyr, Tore, J. L. Heilbron und Robin E. Rider: „The Quantifying Spirit in the 18th century", Berkeley, Oxford 1990.

Galilei, Galileo: „Dialogo sopra i due massimi sistemi del mondo tolemaico e copernicano", Florenz 1632.
— „Discorsi e Dimostrazioni matematiche, intorno à die nuoue scienze Attenenti alla Mecanica & i Movimenti Locali", Leiden 1638.
— „Le Opere", 21 Bde., Neudruck der Nationalausgabe von 1890–1909, Firenze 1968.
Geldsetzer, Lutz: „Methodologie", in: HWPh, Bd. 5, Sp. 1379–1386.
Gethmann, Carl Friedrich: „Erkenntnistheorie, Erkenntnislehre, Erkenntniskritik", in: HWPh, Bd. 2, Sp. 683–684.
Gilbert, William: „De Magnete", übers. von P. Fleury Mottelay, New York 1958.
Gillispie, Charles Coulston: „Pierre-Simon Laplace, 1749–1827: A Life in Exact Science", with the collaboration of Robert Fox and Ivor Grattan-Guinness, Princeton 1997.
Goodstein, David L. und Judith R. Goodstein: „Feynmans verschollene Vorlesung – Die Bewegung der Planeten um die Sonne", München 1998.
Grosland, Maurice: „The Society of Arcueil", London 1967.

Hacking, Ian: „Einführung in die Philosophie der Naturwissenschaften", Cambridge 1983.
Hahn, Roger: „The Laplacean View of Calculation", in: Tore Frängsmyr, J. L. Heilbron, Robin E. Rider: „The Quantifying Spirit in the 18th century", Berkeley, Oxford 1990, S. 363–378.
— „Laplace's religious views", in: Archives internationales d'histoire des sciences 8 (1955), S. 38–40.
— „Laplace as a Newtonian Scientist", Los Angeles 1967.
— „Pierre Simon Laplace – 1749–1827, A Determinated Scientist", London 2005.
Halfwassen, Jens: „Plotin und der Neuplatonismus", München 2004.
Hamel, Jürgen: „Astronomiegeschichte in Quellentexten", Heidelberg 1996.
Harper, William: „Newton's argument for universal gravitation", in: Cohen, Smith (Hrsg.): „The Cambridge Companion to Newton", S. 174–201.
Hawking, Stephen W. und Werner Israel: „Three hundred years of gravitation", Cambridge 1987.
Hegel, Georg Wilhelm Friedrich: „Werke", CD-Werkausgabe des Hegel-Instituts Berlin, ohne Jahresangabe.
Heidegger, Martin: „Was heisst Denken?", in: ders., Gesamtausgabe, I. Abt.: „Veröffentlichte Schriften 1910–1976", Bd. VIII: Vorlesung Wintersemester 1951/52, hrsg. von Paola-Ludovika Coriando, Frankfurt 2002.
Heinekamp, Albert [Hrsg.]: „Leibniz' Dynamica", Stuttgart 1984.
Heisenberg, Werner: „Tradition in der Wissenschaft", München 1977.
Heitler, Walter: „Der Mensch und die naturwissenschaftliche Erkenntnis", Braunschweig 1966.
Heller, Bruno: „Grundbegriffe der Physik im Wandel der Zeit", Braunschweig 1970.
Helmholtz, Hermann von: „Über die Entstehung des Planetensystems", in: ders., „Populäre wissenschaftliche Vorträge", Heft 3, Braunschweig 1876, S. 99–137.
Helvetius, Claude Adrien: „De l'esprit", Paris 1758.
Hempel, Carl G.: „Aspects of Scientific Explanation: And Other Essays in the Philosophy of Science", New York 1965; darin: „Science and Human Values" (1964) und „Studies in the Logic of Explanation" (1948).
— „Philosophie der Naturwissenschaften", München 1977.

Henrich, Jörn: „Die Metaphysik Theophrasts“, Leipzig 2000.
Herder, Johann Gottfried: „Ideen zur Philosophie der Geschichte der Menschheit“, hrsg. von Heinz Stolpe, 2 Bde., Berlin, Weimar 1965.
Herder-Verlag: „Lexikon der Biologie“, Bd. III, Freiburg 1984.
Heron: „Catoptrica“, in: „Thesaurus Linguae Graecae“ (TLG), CD-Edition, Irvine, Cal.
Heuser, Marie-Luise: „Creatio ex zéro. Ursprungs-Konzepte in der mathematischen Naturphilosophie des 19. Jahrhunderts“, in: Saltzer, Eisenhardt u. a. (Hrsg.): „Die Erfindung des Universums?“, S. 294–306.
Hollemann, Arnold F.: „Lehrbuch der anorganischen Chemie“, überarb. von Egon Wiberg, 100. Aufl., Berlin 1985.
Hooke, Robert: „Posthumous Works“, hrsg. von Richard Waller, London 1705.
Hoßfeld, Uwe, siehe Junker, Thomas
Humboldt, Alexander von: „Briefe aus Amerika, 1799–1804“, hrsg. Ulrike Moheit, Berlin 1993.
— „Kosmos – Entwurf einer physischen Weltbeschreibung“, 5 Bde., Stuttgart 1845–1862.
Hume, David: „The philosophical works“, 4 Bde., Aalen 1992.
Hund, Friedrich: „Theoretische Physik“, Bd. 1, Stuttgart 1962.

Iltis, Caroline: „Leibniz and the *Vis Viva* Controversy“, in: Isis 62 (1971), S. 21–35.
— „D'Alembert and the *Vis viva* controversy“, in: Studies in History and Philosophy of Science 1 (1970), S. 135–144.
Infeld, Leopold, siehe Einstein, Albert
Israel, Werner, siehe Hawking, Stephen W.
Itard, Jean: „Lagrange, Joseph Louis“, in: DSB, Bd. 7, S. 559–573.

Jagtenberg, Tom: „The social construction of science“, London 1983.
Jammer, Max: „Concepts of Force“, Cambridge, Massachusetts 1957.
— „Energie“, in: HWPh, Bd. 2, Sp. 494–499.
Jahn, Ilse: „Geschichte der Biologie“, Heidelberg, Berlin 2000.
Janich, Peter: „Beobachtung“, in: Jürgen Mittelstraß (Hrsg.): „Enzyklopädie Philosophie und Wissenschaftstheorie“, Bd. 1, S. 281–282.
Jordan, Pascual: „Die weltanschauliche Bedeutung der modernen Physik“, in: Hans-Peter Dürr (Hrsg.): „Physik und Transzendenz“, 9. Aufl., München 1996.
Jung, Gertrud und Werner Ziegenfuss: „Philosophen-Lexikon“, Berlin 1950.
Junker, Thomas und Uwe Hoßfeld: „Die Entdeckung der Evolution“, Darmstadt 2001.

Kanitscheider, Bernulf: „Kosmologie – Geschichte und Systematik in philosophischer Perspektive“, 2. Aufl., Stuttgart 1991.
— „Von der mechanistischen Welt zum kreativen Universum – zu einem neuen philosophischen Verständnis der Natur“, Darmstadt 1993.
— „Die Feinabstimmung des Universums und die Existenz von Leben, ein Rätsel der Kosmologie?“, in: Saltzer, Eisenhardt u. a. (Hrsg.): „Die Erfindung des Universums?“, S. 29–44.
Kant, Immanuel: „Kritik der Urteilskraft“, in: ders., „Werke“, hrsg. von Wilhelm Weischedel, Bd. V, Darmstadt 1983.
— „Allgemeine Naturgeschichte und Theorie des Himmels“, in: ders., „Werke“, Bd. I.
— „Metaphysische Anfangsgründe der Naturwissenschaft“, in: ders., „Werke“, Bd. V.
— „Über den Gebrauch teleologischer Prinzipien in der Philosophie“, in: ders., „Werke“, Bd. V.
— „Welches sind die wirklichen Fortschritte, die die Metaphysik seit Leibnitzens und Wolf's Zeiten in Deutschland gemacht hat?“, in: ders., „Werke“, Bd. III.
Kepler, Johannes: „Somnium“, in: ders., „Gesammelte Werke“, hrsg. von Volker Bialas und Helmuth Grössing, Bd. XI,2, München 1993.

Keyer, Paul T. [Hrsg.]: „Greek Science of the Hellenistic Era", London, New York 2002.
Kimmerle, Heinz: „Georg Wilhelm Friedrich Hegel", in: Gernot Böhme: „Klassiker der Naturphilosophie", München 1989, S. 263–278.
Kipnis, Nahum: „History of the Principle of Interference of Light", Basel 1991.
Kirchner, Friedrich: „Wörterbuch der philosophischen Grundbegriffe", 5. Aufl., Leipzig 1907.
Kjørup, Søren: „Humanities, Geisteswissenschaften, Sciences humaines", Stuttgart, Weimar 2001.
Knobloch, Eberhard: „Zur Genese der Fehlertheorie", in: „Mathesis rationis – Festschrift für Heinrich Schepers", hrsg. von Albert Heinekamp u. a., Münster 1990, S. 301–327.
— „Materie des Himmels", in: „Acta historica Leopoldina", Bd. 31, Leipzig 2000, S. 89–107.
— „Naturgenuss und Weltgemälde – Gedanken zu Humboldts Kosmos", in: Das Altertum 50 (2005), S. 1–17.
Koyré, Alexandre: „Études d'histoire de la pensée scientifique", Paris 1973.
Krohn, Wolfgang: „Die ‚Neue Wissenschaft' der Renaissance", in: Gernot Böhme et al.: „Experimentelle Philosophie – Ursprünge autonomer Wissenschaftsentwicklung", Frankfurt 1977, S. 13–128.
Kuhn, Thomas S.: „Die Struktur wissenschaftlicher Revolutionen", Nachdruck der 2. Aufl., 15. Aufl., Frankfurt 1999.
Kula, Witold: „Measures and Men", Princeton 1986.
Kullmann, Wolfgang: „Zur wissenschaftlichen Methode des Aristoteles", in: G. A. Seeck (Hrsg.): „Die Naturphilosophie des Aristoteles", Darmstadt 1975, S. 301–338.
Kurth, Dan: „Von der Prägeometrie zur Topologischen Komplexität", in: Saltzer, Eisenhardt u. a. (Hrsg.): „Die Erfindung des Universums?", S. 247–293.
Kutschmann, Werner: „Die Newtonsche Kraft", Wiesbaden 1983.

Lagrange, Joseph Louis: „Mécanique Analitique", Paris 1788; 2. Aufl., Paris 1811.
— „Théorie des fonctions analytiques, contenant les principes du calcul différentiel, dégagés de toute considération d'infiniment petits ou d'évanouissans, de limites ou de fluxions, et réduits a l'analyse algébrique des quantités finies", Paris V nach der Revolution.
— „Essai d'arithmétique politique sur les besoins de l'intérieur de la République", Paris 1791.
— siehe auch Borda, Jean Charles
Lakatos, Imre: „Die Geschichte der Wissenschaft und ihre rationalen Rekonstruktionen", in: Werner Diederich (Hrsg.): „Beiträge zur diachronen Wissenschaftstheorie", Frankfurt 1976.
Lambert, Johann Heinrich: „Beyträge zum Gebrauche der Mathematik und deren Anwendung", Bd. I, Berlin 1765.
Lange, Friedrich Albert: „Geschichte des Materialismus und Kritik seiner Bedeutung in der Gegenwart", 2 Bde., 2. Aufl. Leipzig 1873/1875.
Laplace, Pierre Simon Marquis de: „Œuvres complètes", Ausgabe der Académie des sciences, 14 Bde., Paris 1878–1912.
— „Exposition du système du monde", Originalausgabe, Paris 1796.
— „Exposition du système du monde", Reprint der Ausgabe von 1835, Paris 1984.
— Peter Simon La Place: „Darstellung des Weltsystems", übers. von Johann Karl Friedrich Hauff, Frankfurt 1797.
— „Beweis des Satzes, daß die anziehende Kraft bey einem Weltkörper so groß seyn könne, daß das Licht davon nicht ausströmen kann", in: Peter Brosche: „Astronomie der Goethezeit", in: Ostwald's Klassiker der exakten Wissenschaften, Bd. 280, Frankfurt 1995, S. 98–102.
Laudan, Larry L.: „The *Vis viva* Controversy, a Post-Mortem", in: Isis 59 (1968), S. 131–143.

Laudan, Rachel: „Histories of the Sciences and their Uses: A Review to 1913", in: History of Science 31 (1993), S. 1–34.

Layzer, David: „Das Universum – Aufbau, Entdeckungen, Theorien", 3. Aufl., Heidelberg 1989.

Leibniz, Gottfried Wilhelm: „De ipsa natura sive de vi insita actionibusque creaturarum", ursprünglich in den Acta Eruditorum von 1698, wiederabgedruckt in: G. W. Leibniz: „Schriften zur Logik und zur philosophischen Grundlegung von Mathematik und Naturwissenschaft", Philosophische Schriften, hrsg. von Herbert Herring, Frankfurt 1996.

— „Brevis demonstratio erroris memorabilis Cartesii et aliorum circa legem naturalem, secundum quam volunt a deo eandem semper quantitatem motus conservari, qua et in re mechanica abutuntur", in: siehe vorhergehende Angabe, S. 215–225.

„Gothofredi Guillelmi Leibnitii Opera omnia", hrsg. von Ludovicus Dutens, Genf 1768 (Nachdruck Hildesheim 1989).

— „Die Theodizee", Philosophische Schriften, Bd. 2.1, hrsg. von Herbert Herring, Frankfurt 1996.

— „Specimen Dynamicum I", in: ders., „Specimen Dynamicum I und II", hrsg. von Hans G. Dosch et al., Hamburg 1982.

Linsenbarth, H.: „Abhandlungen über das Gleichgewicht und die Schwingungen der ebenen elastischen Kurven von Jakob Bernoulli und Leonh. Euler", Leipzig 1910.

Locke, John: „An Essay concerning human understanding", Oxford 1975.

Lopes Coelho, Ricardo: „Zur Konzeption der Kraft der Mechanik", Münster 2001.

Lorenzen, Paul: „Lehrbuch der konstruktiven Wissenschaftstheorie", Mannheim, Wien, Zürich 1987.

Losee, John: „Wissenschaftstheorie", München 1977.

Löw, Reinhard, siehe Spaemann, Robert

Lüders, Klaus: „Physik für Naturwissenschaftler", Berlin 2000.

Mach, Ernst: „Die Mechanik in ihrer Entwicklung, historisch-kritisch dargestellt", hrsg. von Renate Wahsner und Horst-Heino von Borzeszkowski, Berlin 1988.

— „Erkenntnis und Irrtum", 2. Aufl., Leipzig 1917.

— „Die Analyse der Empfindungen und das Verhältniss des Physischen zum Psychischen", 3. Aufl., Jena 1902.

Mainzer, Klaus: „Symmetriebrechung und Emergenz in der Kosmologie", in: Saltzer, Eisenhardt u. a. (Hrsg.): „Die Erfindung des Universums?", S. 72–96.

— „Kontinuum, Kontinuität", in: HWPh, Bd. 4, Sp. 1057–1062.

— „Mechanik", in: HWPh, Bd. 5, Sp. 952–959.

Mason, Stephen F.: „Geschichte der Naturwissenschaften", Stuttgart 1961.

Maupertuis, Pierre Louis Moreau de: „Sur les loix de l'attraction", in: „Mémoires de l'Académie Royale", Paris 1732.

Maxwell, James Clark: „Dynamical Theory of the Electromagnetic Field", London 1865.

McLaughlin, Peter: „vera causa", in: Jürgen Mittelstraß (Hrsg.): „Enzyklopädie Philosophie und Wissenschaftstheorie", Bd. 4, S. 498.

— „Contraries and Counterweights: Descartes's Statical Theory of Impact", in: Barry Smith (Hrsg.): „The Monist", Vol. 84, Nr. 4: „Physics Before Newton", Illinois 2001, S. 562–581.

Merleau-Ponty, Jacques: „Laplace As a Cosmologist", in: W. Yourgrau, A. D. Breeks: „Cosmology, History, and Theology", New York 1977, S. 283–291.

Mettrie, Julien Offray de la: „L'Homme Machine", in: ders., „Œuvres philosophiques", 2. Nachdruck der verbess. und erweiterten Ausgabe von 1774, Hildesheim 1988.

Meyer, Hans: „Abendländische Weltanschauung", Bd. IV, Paderborn, Würzburg 1950.

Mittelstraß, Jürgen (Hrsg.): „Enzyklopädie Philosophie und Wissenschaftstheorie", 4 Bde., korrigierter Nachdruck, Mannheim 1995.

Mitton, Simon (Hrsg.): „Cambridge Enzyklopädie der Astronomie", Berlin 1978.
Monge, Gaspard, siehe Borda, Jean Charles
Montesquieu, Charles: „Œuvres complètes", 2 Bde., Paris 1949–1951.
Montucla, Jean-Étienne: „Histoire des mathématiques", 2 Bde., Paris 1758.

Nagel, Ernest: „The Structure of Science – Problems in the Logic of Scientific Explanation", New York 1961.
Newton, Isaac: „Traité d'Optique sur les Reflexions, Refractions, Inflexions, et les Couleurs, de la Lumiere", übers. von M. Coste, 2. Aufl., Paris 1722.
— „Optique de Newton – Traduction Nouvelle", übers. von Jean-Paul Marat, 2 Bde., Paris 1787.
— „Principes Mathématiques de la Philosophie Naturelle", übers. Madame la Marquise du Chastellet, 2 Bde., Paris 1759.
— „Über die Gravitation ... Texte zu den philosophischen Grundlagen der klassischen Mechanik", übers. und erläutert von Gernot Böhme, Frankfurt 1988.
Nicole, Pierre, siehe Arnauld, Antoine

Papineau, David: „The *Vis Viva* controversy: Do Meanings Matter?" in: Studies in History and Philosophy of Science 8 (1977), S. 111–142.
Pecker, Jean-Claude: „Understanding the Heavens", Berlin 2001.
Petanides, Kaisar: „Rätselhafte Naturkonstanten", in: Saltzer, Eisenhardt u. a. (Hrsg.): „Die Erfindung des Universums?", S. 109–125.
Pitt, Joseph C.: „Theories of Explanation", New York 1989.
Platon: „Werke", hrsg. von Gunter Eigler, Darmstadt 1990.
Plotinus: „Ennead V", Cambridge 1994.
Popper, Karl R.: „Logik der Forschung", 10., verbesserte und vermehrte Aufl., Tübingen 1994.
Porter, Theodore M.: „The Rise of statistical thinking 1820–1900", Princeton 1986.
Poser, Hans: „Observatio, Beobachtung", in: HWPh, Bd. 6, Sp. 1072–1081.
— „Wissenschaftstheorie", Stuttgart 2001.
Ptolemaios (Ptolemäus): „Handbuch der Astronomie", hrsg. und übers. von Karl Manitius, 2 Bde., Leipzig 1962.
Pulte, Helmut: „Das Prinzip der kleinsten Wirkung und die Kraftkonzeption der rationalen Mechanik", Stuttgart 1989.
— „After 150 Years: News from Jacobi about Lagrange's Analytical Mechanics", in: The mathematical intelligencer 19 (1997), Nr. 3, S. 48–54.
Putnam, Hilary: „Für eine Erneuerung der Philosophie", übers. von Joachim Schulte, Stuttgart 1997.

Routledge: „Routledge Encyclopedia of Philosophy", CD-Lexikon, 1998.
Rudolph, Enno: „Die Bedeutung des aristotelischen Entelechiebegriffs für die Kraftlehre von Leibniz", in: Albert Heinekamp [Hrsg.]: „Leibniz' Dynamica", S. 49–54.
Russell, Bertrand: „Einführung in die mathematische Philosophie", hrsg. von Michael Otte und Johannes Lenhard, Hamburg 2002.

Saltzer, Walter G.: „Grundzustand und Erschaffung der Neuelemente in Platos Timaios-Kosmologie", in: Walter G. Saltzer, Peter Eisenhardt u. a. (Hrsg.): „Die Erfindung des Universums? Neue Überlegungen zur philosophischen Kosmologie", Frankfurt, Leipzig 1997, S. 224–246.
Sandvoss, Ernst R.: „Sternstunden des Prometheus – Vom Weltbild zum Weltmodell", Frankfurt 1998.
Sarton, George: „Das Studium der Geschichte der Naturwissenschaften", Frankfurt 1965.
— „Laplace's Religion", in: Isis 33 (1941), S. 309–312.

Savigny, Eike von: „Argumentation in der Literaturwissenschaft – Wissenschaftstheoretische Untersuchungen zu Lyrikinterpretationen“, München 1976.

Schäfer, Lothar und Elisabeth Ströker (Hrsg.): „Naturauffassungen in Philosophie, Wissenschaft, Technik“, Bd. II: „Renaissance und frühe Neuzeit“, Freiburg, München 1994.

Scheibe, E.: „Kausalgesetz“, in: HWPh, Bd. 4, Sp. 789–797.

Schepers, Heinrich: Artikel „Heuristik“, in: HWPh, Bd. 3, Sp. 1115–1119.

Schickore, Jutta und Friedrich Steinle (Hrsg.): „Revisiting Discovery and Justification, historical and philosophical perspectives of the context distinction“, Dordrecht 2006.

Schleiden, Matthias Jacob: „Schellings und Hegels Verhältnis zur Naturwissenschaft“, in: ders., „Wissenschaftsphilosophische Schriften“, Köln 1989.

Schleiermacher, Friedrich Ernst Daniel: „Über die Religion. Reden an die Gebildeten unter ihren Verächtern“, Göttingen 1991.

Schmidt, Heinrich (Hrsg.): „Die Kant-Laplace'sche Theorie. Ideen zur Weltentstehung von Immanuel Kant und Pierre Laplace“, Leipzig 1925.

Schmutzer, Ernst: „Grundprinzipien der klassischen Mechanik und der klassischen Feldtheorie“, Berlin 1973.

Schneider, Ivo: „Die Entwicklung des Wahrscheinlichkeitsbegriffs in der Mathematik von Pascal bis Laplace“, München 1972.

Schneider, Manfred: „Himmelsmechanik“, Bd. I–IV, 3. Aufl., Mannheim 1992 ff.

Schröder, Richard: „Du hast die Welt nach Maß, Zahl und Gewicht geordnet. Über einen Konsens im astronomischen Weltbilderstreit des 16. und 17. Jahrhunderts“, in: „Denkwürdiges Geheimnis. Beiträge zur Gotteslehre. Festschrift für Eberhard Jüngel zum 70. Geburtstag“, hrsg. von Ingolf U. Dalferth, Johannes Fischer und Hans-Peter Großhans, Tübingen 2004, S. 479–506.

Schröder, Winfried (Hrsg.): „Französische Aufklärung“, Leipzig 1974.

Schulz, Reinhard: „Naturwissenschaftshermeneutik. Eine Philosophie der Endlichkeit in historischer, systematischer und angewandter Hinsicht“, Würzburg 2004.

Shapiro, Alan E.: „Newton's optics and atomism“, in: Cohen, Smith (Hrsg.): „The Cambridge Companion to Newton“, S. 227–255.

Sheynin, O. B.: „P. S. Laplace's Work on Probability“, in: Archive for the History of Exact Sciences 16 (1976), S. 137–187.

— „Laplace's Theory of Error“, in: Archive for the History of Exact Sciences 17 (1977), S. 1–61.

— „On the History of the Statistical Method in Physics“, in: Archive for the History of Exact Sciences 33 (1985), S. 351–382.

Smith, George E.: „The methodology of the Principia“, in: Cohen, Smith (Hrsg.): „The Cambridge Companion to Newton“, S. 138–173.

Spaemann, Robert und Reinhard Löw: „Die Frage Wozu – Geschichte und Wiederentdeckung des teleologischen Denkens“, 3. Aufl., München 1991.

Stegmüller, Wolfgang: „Probleme und Resultate der Wissenschaftstheorie und Analytischen Philosophie“, Berlin 1969 ff.

Stein, Howard: „Newton's metaphysics“, in: Cohen, Smith (Hrsg.): „The Cambridge Companion to Newton“, S. 256–307.

Steinle, Friedrich, siehe Schickore, Jutta

Stigler, Stephen M.: „The History of Statistics – The Measurement of Uncertainty before 1900“, Cambridge, Massachusetts, London 1986.

Streeter, Burnett Hillman: „Reality – a new correlation of science & religion“, London 1927.

Ströker, Elisabeth, siehe Schäfer, Lothar

Stumpff, Karl: „Himmelsmechanik“, 3 Bde., Berlin 1959–1974.

Szabó, István: „Geschichte der mechanischen Prinzipien und ihrer wichtigsten Anwendungen“, Basel, Stuttgart 1977.

Taton, René: „Der Aufbruch der Wissenschaft in Frankreich“, in: Friedrich Ueberweg: „Grundriss der Geschichte der Philosophie. Die Philosophie des 17. Jahrhunderts“, Bd. 2, hrsg. von Jean-Pierre Schobinger, Basel 1993.

— „Servois, Francois-Joseph“, in: DSB, Bd. 12, S. 325–326.

Theophrast: „De causis plantarum“, 3 Bde., hrsg. von Benedict Einarson und George K. Link, Cambridge, Massachusetts, London 1990.

— „Recherches sur les plantes“, 3 Bde., hrsg. von Suzanne Amigues, Paris 1988–1993.

Thiel, Christian: „Analogie“, in: Jürgen Mittelstraß (Hrsg.): „Enzyklopädie Philosophie und Wissenschaftstheorie“, Bd. 1, S. 98–99.

Thiele, Rudiger: „Wirkungsprinzip; Prinzip der kleinsten Aktion“, in: HWPh, Bd. 12, Sp. 847–850.

Trabaud, Jean: „Principes sur le Mouvement et l'Equilibre: pour servir d'introduction aux mécaniques et à la physique“, Paris 1741.

Valentiner, Wilhelm: „Handwörterbuch der Astronomie“, Bd. 1, Breslau 1897.

Voigt, Hans-Heinrich: „Das Universum“, Stuttgart 1994.

Voltaire: „La Métaphysique de Neuton où Parallèle des Sentimens de Neuton et de Leibnitz“, Amsterdam 1740.

Vorländer, Karl: „Geschichte der Philosophie“, 5. Aufl., Leipzig 1919, Bd. V.

Waschkies, Hans-Joachim: „Mathematische Schriftsteller“, in: Friedrich Ueberweg: „Grundriss der Geschichte der Philosophie. Die Philosophie der Antike“, Bd. 2/1: „Sophistik · Sokrates · Sokratik · Mathematik · Medizin“, hrsg. von Hellmut Flashar, Basel 1998, S. 365–455.

Weizsäcker, Carl Friedrich von: „Zum Weltbild der Physik“, 3. Aufl., Leipzig 1945.

Whewell, William: „History of Inductive Sciences“, in: ders., „Collected Works of William Whewell“, 3 Bde., Bristol 2001.

Whitehead, Alfred North: „Prozeß und Realität. Entwurf einer Kosmologie“, Frankfurt 1987.

Will, Clifford M.: „Experimental gravitation from Newton to Einstein“, in: Hawking: „Three hundred years of gravitation“, Cambridge 1987, S. 80–127.

Wilson, Curtis: „The great inequality of Jupiter and Saturn from Kepler to Laplace“, in: Archive for the History of Exact Sciences 33 (1985), S. 15–290.

— „The problem of perturbation analytically treated: Euler, Clairaut, d'Alembert“, in: René Taton, Curtis Wilson (Hrsg.): „Planetary astronomy from the Renaissance to the rise of astrophysics – Part B: The eighteenth and nineteenth centuries“, Cambridge 1995, S. 89–107.

— „Newton and celestial mechanics“, in: Cohen, Smith (Hrsg.): „The Cambridge Companion to Newton“, S. 202–226.

Wodarzik, Ulrich F.: „Naturphilosophisch-deterministische und probabilistische Betrachtungen zum Zeitpfeil“, in: Saltzer, Eisenhardt u. a. (Hrsg.): „Die Erfindung des Universums?“, S. 201–221.

Wolf, Abraham: „A History of science technology, and philosophy in the eighteenth century“, London 1938.

Youschkevitch, A. P.: „Ostrogradsky, Mikhail Vasilievich“, in: DSB, Bd. 10, S. 247–251.

Zeller, Eduard: „Die Philosophie der Griechen in ihrer geschichtlichen Entwicklung“, Nachdruck der 6. Aufl., Darmstadt 2006.

Ziegenfuss, Werner, siehe Jung, Gertrud

Zika, Anna: „Ist alles eitel? – Zur Kulturgeschichte deutschsprachiger Modejournale zwischen Aufklärung und Zerstreuung 1750–1950“, Weimar 2006.

Zimmermann, Helmut: „Lexikon der Astronomie“, 9. Aufl., Heidelberg 1999.

Personenverzeichnis

www.ingramcontent.com/pod-product-compliance
Lightning Source LLC
La Vergne TN
LVHW010634300926
849161LV00005B/942
9783050046631